L'ÂME ET LE SOI

Œuvres inédites de C.G. Jung
aux Éditions Albin Michel

Sous la direction d'Antoine Faivre et Frédérick Tristan :

COMMENTAIRE SUR LE MYSTÈRE
DE LA FLEUR D'OR

LA PSYCHOLOGIE DU TRANSFERT

MYSTERIUM CONJUNCTIONIS
(2 volumes)
(Traduction d'Étienne Perrot)

AÏON
ÉTUDES SUR LA PHÉNOMÉNOLOGIE DU SOI
(Traduction d'Étienne Perrot et Marie-Martine Louzier-Sahler)

PSYCHOLOGIE ET ORIENTALISME
(Traduction de Paul Kessler, Josette Rigal et Rainer Rochlitz)

Sous la direction de Michel Cazenave

SYNCHRONICITÉ ET PARACELSICA
(Traduction de Claude Maillard et Christine Pflieger-Maillard)

LA VIE SYMBOLIQUE
PSYCHOLOGIE ET VIE RELIGIEUSE
(Traduction de Claude Maillard et Christine Pflieger-Maillard)

L'ÂME ET LE SOI
RENAISSANCE ET INDIVIDUATION
(Traduction de C. Maillard, C. Pflieger-Maillard et R. Bourneuf)

ESSAIS SUR LA SYMBOLIQUE DE L'ESPRIT
(Traduction d'Alix et Christian Gaillard, et de Gisèle Marie)

CORRESPONDANCE *(1906-1961)*
(5 volumes)

SUR L'INTERPRÉTATION DES RÊVES
(Traduction d'Alexandra Tondat)

LES ÉNERGIES DE L'ÂME
SÉMINAIRE SUR LE YOGA DE LA KUNDALINI
(Traduction de Zéno Bianu)

PSYCHOGENÈSE DES MALADIES MENTALES
(Traduction de Josette Rigal)

LES RÊVES D'ENFANTS (séminaires)
(Tome 2. Traduction d'Alexandra Tondat)

CARL GUSTAV JUNG

L'ÂME ET LE SOI

RENAISSANCE ET INDIVIDUATION

Traduit de l'allemand par
Claude MAILLARD, Christine PFLIEGER-MAILLARD
et ROLAND BOURNEUF

Ouvrage publié avec le concours du
Centre national des Lettres

Albin Michel

Édition originale allemande :

GESAMMELTE WERKE

SOMMAIRE

AVANT-PROPOS

Ce nouveau volume de la traduction des œuvres complètes de Carl Gustav Jung en français continue comme il avait été annoncé dans l'avant-propos de la *Vie symbolique* la publication de tous les textes jusqu'ici demeurés inédits, et qui touchent d'une façon ou d'une autre à l'expérience religieuse.

La Vie symbolique tentait de faire le point, d'une façon réglée, des rapports de Jung et de la psychologie analytique avec le Christianisme, ou avec ses hérésies et ses refoulements culturels tels que la gnose ou l'alchimie. Les *Essais sur la symbolique de l'esprit,* qui reprendront l'essentiel non encore traduit de *Symbolik des Geistes,* porteront à l'évidence sur la dialectique de l'esprit avec l'inconscient collectif, le mot *esprit* étant ici pris dans un double sens de principe dynamique de l'âme et de métaphore de l'énergie qui se déploie à partir de l'*imago Dei.*

Le présent volume, *L'Ame et le Soi,* a été volontairement bâti sur un aspect beaucoup plus expérimental, puisque nous y voyons se développer les étapes *vécues* d'un processus d'individuation — cette expérience progressive dans laquelle l'âme se découvre dans son *entièreté* effectuée autour de l'archétype surordonnateur du Soi — et que la réflexion s'y mène, dans le texte fondamental sur la *fonction transcendante,* sur la façon dont s'ajustent les rapports entre le *moi* et le *Soi,* entre le *conscient* et l'*inconscient,* et dont s'instaure un équilibre dont la caractéristique principale est de ne jamais se donner comme statique.

Nous avons cru bon d'y ajouter différents textes de Jung sur les « phénomènes occultes ». D'abord parce que ces textes sont toujours en relation avec des observations et des expériences vécues, et qu'ils entrent, de ce point de vue, en résonance étroite avec le corps du volume, tout en s'intéressant à ce qu'on pourrait appeler des « sentiments religieux à la limite ». Ensuite parce que l'étalement dans le temps de leur rédaction, de 1905 à 1954, permet de suivre l'évolution et l'approfondissement de la pensée de Jung à ce sujet — particulièrement par rapport à son texte canonique en la matière, c'est-à-dire *Psychologie et pathologie des phénomènes dits occultes,* publié en français comme la deuxième partie de l'*Energétique psychique.*

Nous pensons que, de cet ensemble, le sous-titre choisi : *Renaissance et Individuation,* rend bien compte ; et nous espérons qu'il permettra un nouvel accès raisonné à une part importante de l'œuvre de Jung demeurée jusqu'à aujourd'hui encore inconnue d'une très grande partie du public français.

MICHEL CAZENAVE

NOTE MÉTHODOLOGIQUE

Afin de faire de ce livre un véritable outil scientifique pour tous ceux qui voudraient travailler sur l'œuvre et sur la pensée de Carl Gustav Jung, il était important d'offrir un système simple de concordance entre la traduction ici donnée et l'édition de référence allemande des *Gesammelte Werke.*

Nous avons adopté dans ce but une double numérotation pour chacun des paragraphes. Le premier chiffre en caractères romains, indique le numéro d'ordre dans le présent volume, cependant que le second chiffre, imprimé en italique et entre parenthèses, indique le numéro du paragraphe correspondant à l'intérieur du tome concerné des *Gesammelte Werke.*

La concordance générale entre les textes traduits et leur tomaison en langue allemande est fournie dans la « Note bibliographique » qui suit. Un problème particulier se posait cependant, et il est nécessaire d'indiquer ici la solution qui lui a été apportée.

Par rapport à l'édition allemande des *Gesammelte Werke,* en effet, l'avant-propos à « La fonction transcendante » a été augmenté par Jung lui-même pour la publication des *Collected Works* (Routledge and Kegan Paul, G. B., et *Bollinger Series,* Princeton University, University Press, USA).

Nous avons choisi de publier ici cet ajout, en le signalant particulièrement à l'attention du lecteur.

Dernière remarque enfin : pour que le lecteur soit à tout

moment en mesure de savoir quelle est exactement l'origine de l'appareillage critique qui est ici utilisé et dont il sera éventuellement amené à se servir, la présentation suivante a été adoptée pour les notes :

— Les remarques qui concernent la compréhension de la traduction, ainsi que les éclaircissements complémentaires qui ont paru nécessaires pour un public francophone, sont signalés par une étoile * et renvoient à une note en pied de page. Ces remarques sont dues aux traducteurs.

— Les notes et les références qui figurent dans l'édition allemande, et qui ont été consignées par Jung comme une part intégrante de son travail, sont renvoyées à la fin de chaque texte et sont signalées selon leur ordre par les chiffres correspondants.

Les chapitres I, II, et IV, « A propos de la renaissance », « Une expérience du processus d'individuation » et « Psychanalyse et cure d'âme », ont été traduits par M. Claude Maillard. Le chapitre III, « La Fonction transcendante », a été traduit par M. Roland Bourneuf avec la collaboration de M. Christian Gaillard. Ce travail avait été accompli dans le cadre de séminaires « Analyse et Création » de l'Institut C. G. Jung de Paris; le chapitre V « Sur les phénomènes occultes » a été traduit par Mme Christine Pflieger-Maillard.

NOTE BIBLIOGRAPHIQUE

Les textes qui figurent dans le présent volume proviennent des tomes suivants de la grande édition allemande des Œuvres Complètes *(Gesammelte Werke [G.W.])* qui sert de référence pour tout travail sur Jung :

1. *Über Wiedergeburt* (1940/1950) — A propos de la renaissance T. IX.1 (1976) pp. 125-162.
2. *Zur Empirie des Individuationsprozesses* (1934) — Une expérience du processus d'individuation (1934 dans *Eranos Jahrbuch*, puis 1950, remanié dans *Gestaltungen des Unbewußten* (Psychologische Abhandlungen, VII) — T. IX.1 (1976) pp. 309-372.
3. *Die transzendente Funktion* (1916-1958) — La fonction transcendante — T. VIII (1985) pp. 137-193.
4. *Psychoanalyse und Seelsorge* (1928). Psychanalyse et cure d'âme — T. XI (1988) pp. 377-383.
5. *Annexes sur les phénomènes occultes :* a) *Über spiritistische Erscheinungen* (1905) — A propos des phénomènes spirites. b) *Vorrede zu Jung : « Phénomènes occultes »* (1939) — Préface à Jung : Phénomènes occultes ». c) *Psychologie und Spiritismus* (1948). Psychologie et spiritisme (préface à Stewart Edward White : *Uneingeschränktes Weltall* « Un Univers sans frontières ». d) *Vorrede und Beitrag zu Moser : « Spuk : Irrglaube oder Wahrglaube ? »* (1950). Préface et contribution à Moser : « Les revenants : superstition ou croyance fondée ? » e) *Vorwort zu Jaffé : Geistererscheinungen und Vorzeichen* (1957) — Préface à Jaffé : « Apparitions, fantômes, rêves et mythes. » f) *Über : « Flying Saucers »* (1954, 1958) — A propos des soucoupes volantes. Les textes a, b, c, d et e sont repris du

T. VIII, pp. 317-360; le texte f est repris du T. XVIII, pp. 670-671.

Les traducteurs ont reproduit, dans le texte français, les notes explicatives fournies par les *Gesammelte Werke (G.W.)* destinées à indiquer la date ainsi que le lieu de chaque édition d'origine; de même que les courts commentaires d'information qui les accompagnent quelquefois.

I

À PROPOS DE LA RENAISSANCE

REMARQUE LIMINAIRE

L'exposé ci-dessous restitue pour l'essentiel la teneur de deux conférences que j'avais improvisées. Il en avait été pris des notes sténographiées, que j'ai pu utiliser pour rédiger ce travail. J'ai dû, il est vrai, laisser de côté certains passages, principalement parce que les exigences d'un texte imprimé sont différentes de celles de l'exposé oral libre. En revanche, j'ai réalisé dans toute la mesure du possible mon projet initial qui était de résumer la substance de mes conférences sur le thème de la renaissance; je me suis de même efforcé de restituer dans ses principaux aspects mon analyse de la 18e sourate du Coran en tant qu'exemple du mystère de la renaissance. J'ai ajouté l'indication d'une série de sources que le lecteur aura peut-être souhaité connaître. Ce résumé n'a pas d'autre ambition que de donner un aperçu, dans un domaine du savoir dont le cadre étroit d'une conférence permet tout juste de mettre en lumière les aspects les plus superficiels.

La notion de renaissance n'est pas toujours employée dans 1 *(199)*
un sens univoque. Etant donné qu'elle présente plusieurs

aspects, j'ai tenté de rassembler ici ses principales significations. J'en dégage cinq différentes, auxquelles il faudrait sans doute en ajouter d'autres encore si l'on allait plus avant dans le détail ; mais il me semble qu'ainsi les plus importantes au moins sont retenues. La première partie de mon exposé donne une brève description des différentes formes de renaissance ; la seconde présente leurs divers aspects psychologiques. [Dans la troisième partie, une série de symboles illustre par l'exemple le processus de transformation.]

1. LES FORMES DE LA RENAISSANCE

2 *(200)* 1. *La métempsycose.* La notion de renaissance présente, comme on vient de le voir, des contenus multiples. Je dégagerai en premier lieu celui de la métempsycose, de la migration des âmes. Cette idée est la représentation d'une vie qui se poursuit dans le temps à travers une pluralité de corps, ou dont le cours est fractionné en diverses réincarnations. Même selon le bouddhisme, où il est tout particulièrement question de cette doctrine, — le Bouddha lui-même a vécu une très longue série de renaissances —, on ne voit pas clairement si la continuité de la personnalité est assurée ou non ; en d'autres termes, il peut s'agir aussi seulement d'une continuité du karma. Du vivant même du Maître, ses disciples lui ont posé cette question, mais il n'a jamais indiqué de façon claire s'il y a ou non une permanence de la personnalité [1].

3 *(201)* 2. *La réincarnation.* La deuxième forme est la réincarnation, qui par définition implique la notion de continuité personnelle. Dans ce cas, donc, la personnalité humaine est conçue comme continue et capable de réminiscence, de telle sorte que quand on s'incarne, quand on vient au monde, on est pour ainsi dire virtuellement en mesure de se rappeler que l'on a eu des vies antérieures, et que ces vies antérieures étaient celles du même, que la forme du moi y était la même

que dans la vie présente. La réincarnation se fait en règle générale par renaissance dans un corps humain.

3. *La résurrection.* Une troisième forme est la résurrection. 4 *(202)*
On entend par là une reconstitution de l'existence humaine après la mort. Ici vient s'ajouter une autre nuance : celle de la transformation, de la transmutation de l'être. Cette transmutation peut être conçue au sens propre, ce qui signifie que l'être ressuscité est devenu autre ; ou bien dans un sens figuré : les conditions générales de l'existence sont autres qu'auparavant, on est dans un autre lieu, ou dans un autre corps, autrement constitué. Ce peut être un corps charnel, comme dans le cas du christianisme qui postule que le même corps est reconstitué. A un niveau supérieur, ce processus n'est plus conçu de façon grossièrement matérielle, mais il est admis que la résurrection des morts est une élévation du *corpus glorificationis,* du *subtle body,* à l'état d'incorruptibilité.

4. *La renaissance (renovatio).* La quatrième forme est la 5 *(203)*
renaissance au sens le plus strict, c'est-à-dire à l'intérieur même des limites temporelles de la vie individuelle. Au mot allemand *Wiedergeburt* correspond l'anglais *rebirth.* Mais il ne semble pas exister de terme français correspondant (*sic*) qui aurait la signification précise de *re-naissance.* Le mot *Wiedergeburt* possède une coloration spécifique, une aura qui implique l'idée de *renovatio,* de renouvellement, voire d'amélioration par efficacité magique. La renaissance peut être un renouvellement sans changement essentiel, en ce sens que la personnalité rénovée n'est pas changée dans son essence mais que seules des fonctions, des parties de la personnalité sont soumises à un processus de guérison, de renforcement ou d'amélioration. C'est ainsi que même le corps est guéri de ses états pathologiques par le cérémonial de la renaissance.

Une autre modalité est la transformation ou métamor- 6 *(204)*
phose, au sens propre, la renaissance totale de l'individu. Ici, le renouvellement est lié à une modification de son essence même, que nous pouvons qualifier de transmutation. Il s'agit

de la transformation de l'être mortel en être immortel, de l'être corporel en être spirituel, de l'être humain en être divin. Un exemple connu de tous est la transfiguration, l'ascension du Christ, ou encore l'assomption de la Mère de Dieu, montée au ciel avec son corps après sa mort. On trouve des vues analogues dans la seconde partie du *Faust,* avec la métamorphose de Faust en jeune garçon, puis en le Docteur Marianus.

7 (205) 5. *La participation au processus de transformation.* La cinquième forme, enfin, est la renaissance indirecte. Ici, la transformation ne s'opère pas directement, l'être humain passant lui-même par la mort et la renaissance, mais indirectement, par sa participation à un processus de transformation conçu comme se déroulant en dehors de l'individu. Celui-ci prend part à un rituel de transformation ou est présent lorsqu'il s'accomplit. Il peut s'agir d'une cérémonie comme la messe, où s'opère la transsubstantiation. Le rituel produit sur l'individu présent l'effet d'une grâce. C'est de transformations analogues qu'il s'agit aussi dans les mystères du paganisme, où l'initié qui y participe reçoit également sa part de la grâce divine, ainsi que nous le savons des mystères d'Eleusis. Je rappellerai ici la profession de foi de l'initié d'Eleusis, qui célèbre cette grâce dont l'effet prend la forme de la certitude d'être immortel[2].

2. LA PSYCHOLOGIE DE LA RENAISSANCE

8 (206) La renaissance n'est pas un événement que nous pouvons observer de n'importe quelle manière. Nous ne pouvons pas le mesurer, ni le photographier. Il est totalement soustrait à notre perception. Nous avons affaire à une réalité purement psychique, dont nous n'avons communication qu'indirecte, à travers des témoignages. On parle de la renaissance, on déclare y croire, on en est tout rempli — telle est la réalité dont nous nous contenterons. Nous ne nous occupons pas ici

de savoir si la renaissance est un processus tangible, d'une manière ou d'une autre; il nous faut nous contenter de la réalité psychique. Je dois toutefois ajouter que je ne reprends pas par là le jugement vulgaire selon lequel le « psychique » ne serait rien du tout, ou serait à la rigueur une réalité plus ténue encore qu'une forme gazeuse. Je suis d'avis, tout au contraire, que la psyché est la donnée de fait la plus puissante de l'univers humain. Plus encore, elle est la mère de tous les faits humains, de la civilisation, et de la guerre qui tue les hommes. Tout cela est d'abord psychique, et invisible. Tant que cela reste « seulement » psychique, on n'en peut certes faire l'expérience sensible, mais ce n'en est pas moins indéniablement réel. Le fait que des êtres humains parlent de renaissance, et qu'un tel concept même existe, signifie en effet qu'il existe aussi une réalité psychique concrète que l'on désigne ainsi. Ce qu'il en est au juste de cette réalité concrète, nous ne pouvons que l'induire à partir des témoignages. Il nous faut donc nous confronter avec l'histoire universelle pour apprendre ce qu'elle appelle renaissance, si nous voulons savoir ce qu'est celle-ci.

La « renaissance » est l'une des assertions les plus 9 *(207)*
anciennes et les plus fondamentales de l'humanité. De telles assertions reposent sur ce que je désigne par le terme d' « archétype ». Toutes les assertions concernant une réalité suprasensible sont, en leur fond ultime, toujours déterminées par l'archétype, et il n'y a donc pas lieu de s'étonner si l'on trouve chez les peuples les plus divers des assertions concordantes concernant la renaissance. Elles ont nécessairement leur origine dans un processus psychique dont la psychologie doit tenter de rendre compte, laissant de côté toutes les hypothèses métaphysiques et philosophiques sur leur signification. Pour prendre une vue d'ensemble de la phénoménologie des expériences de transformation, il est nécessaire de délimiter un peu plus précisément le terrain. On peut, pour l'essentiel, distinguer deux types d'expérience vécue : l'expérience de la transcendance de la vie, et celle de la transformation du sujet lui-même.

A. L'EXPÉRIENCE DE LA TRANSCENDANCE DE LA VIE

10 (208) 1. *Expériences vécues à l'occasion d'actes cultuels.* Par la notion de « transcendance de la vie », je renvoie à ces expériences déjà mentionnées que l'initié fait en participant à un acte cultuel et qui lui montrent que la transformation et le renouvellement permettent à la vie de se prolonger indéfiniment. Dans la représentation dramatique des mystères, la transcendance de la vie par rapport aux diverses formes concrètes qu'elle prend est figurée la plupart du temps par les métamorphoses — mort et renaissance — que comporte la destinée d'un dieu ou d'un héros divin. L'initié est donc soit simple témoin de ce qui se passe, soit l'un des acteurs du drame divin, ou bien il est saisi jusqu'au fond de lui-même par ce drame, ou bien encore il est identifié au dieu par l'action rituelle. Le facteur décisif en l'occurrence, c'est qu'une substance, ou une existence, ou une forme de vie objective connaît une transformation rituelle au cours d'un processus qui a sa réalité propre, l'initié subissant l'influence, l'impression, recevant l' « initiation » ou la « grâce » du seul fait de sa présence ou de sa participation. Le processus de transformation n'a pas lieu en lui, mais à l'extérieur, bien qu'il puisse y être impliqué. L'initié qui vit en participation rituelle la mise à mort, le démembrement d'Osiris et la dispersion de ses restes, puis sa résurrection, apprend par là la permanence et la continuité de la vie, qui se poursuit à travers tous les changements de ses formes manifestées et renaît sans cesse de ses cendres comme le phénix. La participation au déroulement de ce rituel a pour effet, par exemple, de produire cette foi dans l'immortalité qui caractérise l'initié d'Eleusis.

11 (209) Un exemple vivant de représentation du mystère qui figure la permanence de la vie et sa transformation est donné par la messe. Lorsque nous observons le public pendant que se déroule l'action sacrée, nous pouvons voir tous les degrés de participation, depuis la simple présence indifférente jusqu'à l'émotion qui saisit tout l'être. Les groupes

d'hommes qui restent rassemblés pendant la messe à proximité de la sortie, poursuivent toutes sortes de conversations profanes, font mécaniquement le signe de la croix et plient mécaniquement un genou, participent en dépit de leur inattention à l'action sacrée du seul fait qu'ils sont présents dans l'espace qu'emplit la grâce. Dans la messe, le Christ est sacrifié en un acte extérieur au monde et au temps, et il est ressuscité sous les espèces transsubstantiées. La mort par le sacrifice rituel n'est pas une répétition de ce qui s'est passé dans l'histoire, mais un événement premier, unique, éternel. Vivre la messe, c'est donc participer à une transcendance de la vie qui surmonte toutes les limites de l'espace et du temps. C'est un instant d'éternité dans le temps[3].

2. *Expériences vécues sans médiation.* Ce que la représentation 12 *(210)*
dramatique du mystère donne à voir et provoque chez le spectateur peut aussi se produire sans accomplissement d'un rituel, sous la forme d'une expérience intérieure spontanée, extatique ou visionnaire. Un exemple classique de cette espèce est la vision de Midi qu'eut Nietzsche[4]. Chez lui, comme on le sait, c'est Dionysos-Zagreus, démembré et ressuscité, qui prend la place du mystère chrétien (« ... tout embrassé par le riche amour d'un cep de vigne, et caché à lui-même... »). Ainsi l'expérience qu'il vit est dionysiaque, c'est une intuition de la Nature; la divinité apparaît drapée dans le vêtement de la Nature antique, et l'instant d'éternité, c'est l'heure de midi, consacrée à Pan : « Le temps s'est-il enfui peut-être ? Ne tombé-je pas ? Ne suis-je pas tombé ? — Ecoute ! dans la source de l'éternité ? » Même l' « anneau d'or », l' « anneau de l'Eternel Retour » lui apparaît ici, porteur d'une promesse de résurrection de la vie[5]. Il vit cela comme s'il avait assisté au déroulement d'un mystère.

Beaucoup d'expériences mystiques ont un caractère analo- 13 *(211)*
gue : celui d'une représentation dans laquelle le spectateur est impliqué; toutefois, cela ne suppose pas nécessairement qu'il en soit aussi métamorphosé dans son être profond. De même, les rêves les plus beaux et les plus impressionnants restent souvent sans influence quelque peu profonde ou

transformatrice sur la personne du rêveur, quelque impressionné qu'il puisse être en raison de leur qualité : il peut ne pas y voir de problème. Alors, naturellement, ce qui se passe reste « à l'extérieur », comme une action rituelle exécutée par d'autres. Ces formes d'expérience intérieure, souvent de nature plutôt esthétique, doivent être soigneusement distinguées de celles qui ont pour sens indubitable quelque transformation profonde du sujet.

B. LA TRANSFORMATION SUBJECTIVE

14 *(212)* Les transformations de la personnalité ne sont pas, en soi, des événements rares. Elles jouent même un rôle considérable en psychopathologie. Il s'agit alors, à vrai dire, d'autre chose que des expériences mystiques dont il vient d'être question, que la psychologie ne peut que très difficilement appréhender. Les phénomènes que nous allons maintenant considérer se situent, eux, sur un terrain familier de la psychologie.

15 *(213)* 1. *Réduction de la personnalité.* On entend par là son altération dans le sens d'une réduction. Un exemple en est ce que la psychologie des primitifs appelle la « perte d'âme ». Il s'agit là d'un état singulier que le primitif explique par le fait qu'une âme se perd, s'égare. Selon cette conception, une âme s'en va, comme un chien qui la nuit échappe à son maître. La tâche du *medicine-man,* du sorcier, consiste alors à aller chercher et à ramener la fugitive. La perte survient souvent avec soudaineté et se manifeste par une perturbation considérable de l'état général. Ce phénomène est lié à la constitution propre de la conscience primitive, qui ne possède pas, en effet, la cohérence et la solidité de notre conscience à nous. Nous disposons d'une force de volonté, le primitif n'en a pas. Il a besoin d'exercices compliqués pour parvenir tout simplement à se rassembler lui-même en vue d'une activité consciente, volontaire, et non déterminée par l'émotion et l'instinctivité seules. A cet égard notre cons-

cience est plus sûre, on peut s'y fier davantage ; à vrai dire, quelque chose d'analogue peut arriver à l'occasion aussi à l'homme d'une civilisation avancée ; toutefois on ne parle plus alors de perte d'âme, mais d' « abaissement du niveau mental », concept créé par Pierre Janet et qui qualifie avec pertinence le phénomène[6]. Il s'agit d'une chute de tension de la conscience, comparable à une baisse de la pression barométrique qui annonce le mauvais temps. Le tonus a diminué, et le sujet éprouve de ce fait une impression de pesanteur, de dégoût et de mélancolie. On a perdu le « goût » et le courage d'affronter la journée et le travail. On se sent soi-même lourd comme du plomb, parce que tout entier incapable de mouvement. La raison en est que l'on n'a plus d'énergie disponible[7]. Ce phénomène bien connu correspond à la perte d'âme des primitifs. Cet état de dégoût et de paralysie de la volonté peut aller jusqu'au point où la personnalité se disloque pour ainsi dire, et l'unité de la conscience se rompt ; les différentes parties de la personnalité accèdent à une autonomie qui les fait échapper au contrôle de la conscience. Il en résulte, par exemple, des phénomènes d'anesthésie locale, ou des amnésies systématiques. Ces dernières sont des symptômes de conversion hystérique avec éclipse d'une fonction. Cette terminologie médicale correspond à la « perte d'âme » des primitifs.

Cet abaissement du niveau mental peut être la consé- 16 *(214)*
quence d'une fatigue physique et psychique, de maladies somatiques, d'affects violents, d'un choc dont l'effet sur l'assurance de la personnalité est particulièrement délétère. Il agit toujours dans le sens d'un rétrécissement de la personnalité globale. Il réduit la confiance en soi et réduit l'horizon mental en accentuant l'égocentrisme. Il peut en fin de compte conduire au développement d'une personnalité pour l'essentiel négative, qui représente par rapport à la personnalité originelle une contrefaçon.

2. *Changement dans le sens d'un accroissement.* La personnalité 17 *(215)*
est rarement dès le début ce qu'elle sera plus tard. C'est pourquoi elle a, du moins dans la première moitié de la vie,

la possibilité de s'accroître ou de se modifier. Cette possibilité peut se réaliser par un accroissement venu du dehors, la vie recevant de l'extérieur et assimilant un flux de contenus nouveaux. La croissance que la personnalité connaît de cette manière peut être d'une importance capitale. C'est pourquoi l'on suppose volontiers que cette extension ne peut venir *que* de l'extérieur, et l'on fonde là-dessus le préjugé selon lequel pour devenir une personnalité il faut se bourrer autant que l'on peut de ce qui vient du dehors. Or plus on suit cette recette, plus on pense que tout accroissement vient du dehors et plus on s'appauvrit intérieurement. En conséquence, quand une grande idée venue du dehors s'impose à nous, il nous faut bien comprendre qu'elle ne s'empare de nous que parce qu'il y a en nous quelque chose qui va à sa rencontre et qui lui correspond. C'est le capital de disponibilité psychique qui fait la richesse, et non l'accumulation des trophées de chasse. Tout ce qui vient de l'extérieur, de même que tout ce qui émerge au-dedans des profondeurs, en effet, ne devient notre bien propre que si nous sommes capables de développer un espace intérieur assez vaste pour recevoir dans toute leur grandeur les contenus qui nous viennent, de l'extérieur ou de l'intérieur. Le véritable accroissement de la personnalité, c'est l'accès à la conscience d'un afflux intérieur qui repousse les limites de la personnalité. Sans cette ampleur de l'âme, l'objet sera toujours trop grand pour nous. C'est pourquoi l'on dit avec raison que l'être humain croît avec la grandeur de sa tâche. Mais il faut qu'il ait en lui une capacité de croître, sinon la tâche la plus difficile même ne lui sert à rien. Elle est tout au plus l'écueil sur lequel il se brise.

18 *(216)* Un exemple classique d'accroissement est la rencontre de Nietzsche avec Zarathoustra, qui a fait du philosophe critique, auteur d'aphorismes, un poète et un prophète tragique. Un exemple analogue est celui de Paul voyant soudain, sur le chemin de Damas, le Christ venir à lui. Même si ce Christ tel qu'il le vit n'eût probablement pas été possible sans le Jésus historique, l'apparition du Christ à Paul pourtant n'est pas issue du Jésus historique, mais de l'inconscient de Paul.

Quand la vie atteint un sommet où le bourgeon s'ouvre, et que de ce qui était petit sort ce qui est grand, alors « un devient deux », et la figure plus grande qu'en fait on a toujours été, bien qu'elle soit restée jusqu'alors invisible, se présente à l'homme que l'on était, avec la puissance d'une révélation. Celui qui est vraiment et irrémédiablement petit toujours tirera la révélation de ce qui est plus grand vers le bas, vers la sphère de sa petitesse, et jamais ne comprendra que pour sa petitesse c'est alors le jour du jugement qui est venu. Mais celui qui à l'intérieur est grand sait que l'ami de l'âme longuement attendu, l'immortel, est maintenant venu en réalité, afin d' « emmener prisonnière la prison[8] », c'est-à-dire de s'emparer maintenant, lui-même, de celui qui l'a depuis toujours porté en lui et tenu prisonnier, et de faire déboucher la vie de celui-ci dans la sienne : c'est l'instant d'un danger mortel ! La vision prophétique qu'avait eue Nietzsche du danseur de corde[9] dévoile le danger menaçant d'une attitude de « funambule » en face d'un événement auquel Paul a donné le nom le plus sublime qu'il était capable de donner. 19 *(217)*

Le Christ lui-même est le symbole le plus sublime de l'entité immortelle qui habite en l'homme, voilée[10]. Ce problème est représenté d'ordinaire par un motif double, celui par exemple des Dioscures, dont l'un est mortel et l'autre immortel. Un parallèle indien est le couple d'amis : 20 *(218)*

Deux beaux êtres ailés, unis par l'amitié,
Enlacent tous les deux un même arbre ;
L'un mange les baies sucrées,
L'autre ne mange pas, mais regarde seulement.
Descendu des hauteurs vers un tel arbre, l'esprit
Dans son impuissance, captif d'une illusion, se ronge de chagrin ;
Mais qu'il regarde et vénère la toute-puissance de l'autre
Et sa majesté, alors il est délivré de son chagrin[11].

Un autre parallèle remarquable est la légende islamique de la rencontre de Moïse et Khider[12], sur laquelle je reviendrai. On ne doit pas, bien entendu, se représenter la 21 *(219)* transformation de la personnalité dans le sens d'un accroissement sous la seule forme d'événements marquants de ce genre. Elle se produit aussi d'une façon plus banale, qu'il serait aisé d'illustrer en rassemblant certains cas de maladie nerveuse et en décrivant le cours de la guérison. Relèvent finalement de cette catégorie tous les cas où l'être, découvrant en lui-même plus grand que lui, sent se briser une chaîne qui lui enserrait le cœur [13].

22 (220) 3. *Modification de la structure interne.* Dans ce cas il ne s'agit ni d'un accroissement ni d'une réduction, mais d'une modification structurelle de la personnalité. Je mentionnerai comme l'une des formes principales *le phénomène de possession,* qui consiste en ce qu'un contenu psychique, une pensée quelconque, une quelconque partie de la personnalité parvient à exercer sa domination sur l'individu. Ces contenus qui le possèdent se manifestent à travers des convictions bizarres, des phobies, des projets obstinés, etc. Ils sont en règle générale inaccessibles à toute influence corrective. Il faut être déjà un ami particulièrement proche du possédé et disposé à subir quantité de désagréments, pour tenter quelque chose contre des états de ce genre. Je ne me hasarderais pas à tracer une frontière précise entre la possession et la paranoïa. On peut définir la possession comme une identification de la personnalité centrée sur le moi à un complexe de représentations [14].

23 (221) Un cas fréquent est l'identification à la *persona,* ce dispositif d'adaptation au monde que nous développons dans nos rapports avec lui. Presque chaque profession a sa persona spécifique. Il est facile aujourd'hui d'étudier la chose, grâce aux nombreuses photographies que la presse publie de personnages connus. Le monde impose un certain comportement, et les professionnels s'efforcent de correspondre à son attente. Mais le danger, c'est que l'on s'identifie à sa persona, comme par exemple le professeur à son manuel ou le ténor à sa voix. C'est alors la catastrophe. On ne vit plus alors en effet que selon sa biographie. On n'est plus capable d'accomplir de manière naturelle l'acte le plus simple ; déjà

la chose est écrite : « ... et puis il se rendit à tel endroit, et il tint tel propos », etc. La tunique de Nessus vous a collé à la peau. Il ne faut pas moins alors que la résolution désespérée d'un Hercule pour se l'arracher du corps, et pour monter sur le bûcher et se faire dévorer par le feu de l'immortalité, afin de se changer en ce que l'on est réellement. En exagérant un peu, on pourrait dire aussi que la persona, c'est ce que l'on n'est pas réellement mais que les autres croient que l'on est [15]. En tout cas, grande est la tentation d'être ce que l'on paraît, car la persona est souvent rétribuée en argent comptant.

Il y a d'autres éléments encore qui peuvent provoquer 24 *(222)*
chez l'individu une obsession dangereuse. L'un des plus importants est ce que j'appelle *la fonction inférieure.* Ce n'est pas ici le lieu d'entrer dans le détail de cette problématique [16]. Je voudrais seulement remarquer que la fonction inférieure coïncide en pratique avec le côté sombre de la personnalité humaine. Ce côté sombre inhérent à toute personnalité est la voie d'accès à l'inconscient et le portail du rêve. C'est de là que ces deux figures crépusculaires que sont l' « ombre » et l' « anima » sortent pour se présenter dans les visions du rêve ou prendre possession, invisiblement, du moi conscient. Un être possédé par son ombre se nuit à lui-même et se prend à ses propres pièges. Chaque fois qu'il le peut, il s'arrange pour donner de lui-même aux autres une impression défavorable. C'est la plupart du temps un malchanceux, parce qu'il vit en dessous de lui-même et n'obtient, dans le meilleur cas, que ce qui lui est contraire. Et là même où il n'y a pas de seuil où il pourrait buter, il s'en fabrique un et s'imagine avoir fait chose utile.

La possession provoquée par l'*anima* ou l'*animus* présente, 25 *(223)*
elle, un tout autre aspect. Quand la personnalité se transforme, ce sont avant tout les éléments relevant du sexe opposé qui se manifestent, féminins chez l'homme, masculins chez la femme. Dans l'état de possession, ces deux figures perdent leur charme et leurs valeurs spécifiques, qu'elles ne possèdent que dans l'état d'introversion, quand elles ne sont pas tournées vers le monde extérieur : quand, donc, elles

forment pont vers l'inconscient. Tournée vers l'extérieur, l'anima est versatile, capricieuse, excessive, incontrôlée, émotionnelle; parfois elle a des intuitions archaïques, de nature démonique; elle peut se comporter aussi sans ménagements, ni scrupules; être mensongère, hypocrite, insondable[17]. L'animus, lui, est rigide, bardé de principes, législateur forcené, acharné à refaire le monde, pédant, théoricien, empêtré dans le discours, querelleur et dominateur[18]. Ils ont tous les deux mauvais goût : l'anima s'entoure de créatures inférieures et l'animus se laisse piéger par la pensée inférieure.

26 *(224)* Un autre type encore de modification structurelle peut être observé dans quelques cas peu fréquents, sur lesquels je ne me prononcerais qu'avec une extrême réserve. Il s'agit encore d'états de possession, mais dans lesquels la possession est déclenchée par quelque chose que l'on peut appeler sans doute avec le maximum de pertinence « l'âme de l'ancêtre », et plus précisément *d'un certain* ancêtre. Il s'agit, pratiquement, de cas d'identification frappante avec des défunts. (Les phénomènes d'identification ne se manifestent naturellement qu'après la mort de l' « ancêtre ».) C'est Léon Daudet qui a le premier attiré mon attention sur la possibilité de tels cas, par son livre chaotique mais génial, *L'Hérédo*. Son hypothèse est que la structure de la personnalité comporte des éléments hérités d'un aïeul et qui peuvent se manifester soudain avec force, à la faveur de circonstances quelconques. De ce fait, l'individu se trouve investi à l'improviste d'un rôle d'ancêtre. Or nous savons que chez les primitifs un tel rôle revêt une grande importance. Ils ne supposent pas seulement que les esprits des ancêtres se réincarnent dans des enfants, mais ils essaient même de provoquer cette réincarnation en donnant aux enfants les noms correspondants. Les primitifs tentent également de se retransformer eux-mêmes, rituellement, en leurs ancêtres. Je renverrai ici à la notion australienne de l'*altjirangamitijna*[19], de l'âme à demi animale de l'ancêtre, dont la reviviscence opérée par le culte est de la plus grande importance fonctionnelle pour la vie de la tribu. Ces conceptions de l'âge de la pierre étaient très répandues, ainsi

que l'on peut encore le constater aux traces qu'elles ont laissées en d'autres lieux. Il n'est pas invraisemblable, en conséquence, que de telles formes archaïques d'une expérience vécue se répètent aujourd'hui encore, sous les espèces de l'identification avec une âme d'ancêtre, et je crois avoir rencontré de tels cas.

4. *Identification à un groupe.* Nous allons passer maintenant 27 *(225)*
à la description d'une autre forme d'expérience de la transformation, que j'appelle identification à un groupe. Il s'agit, plus précisément, de l'indistinction d'un individu par rapport à un certain nombre d'autres qui, en tant que groupe, vivent un processus collectif de transformation. C'est là une situation psychologique particulière, qu'il ne faut pas confondre avec la participation à un rituel de transformation, pratiqué certes devant un public mais qui ne repose nullement sur une identité de groupe et n'a pas nécessairement pour effet de la produire. Vivre la transformation dans un groupe est tout autre chose que de la vivre en soi-même. Dans un groupe humain d'une certaine ampleur dont les individus sont reliés entre eux par un état psychique donné qui les rend identiques, il se produit un événement vécu de transformation qui ne peut être comparé que de loin à une transformation individuelle. Un événement vécu en groupe se déroule sur un plan de conscience inférieur à celui de l'événement individuel. C'est un fait : lorsqu'un grand nombre d'êtres se rassemblent et s'unissent dans un état psychique commun, il se dégage du groupe une âme collective dont le niveau est en dessous de celui de l'individu. Lorsque le groupe est très vaste, c'est une sorte d'âme animale qui prend naissance. C'est la raison, sans doute, pour laquelle la morale des grandes organisations est toujours douteuse. Il est inévitable que la psychologie d'un agrégat d'humains chute au niveau de celle de la populace [20]. Si donc on a dans un groupe ce qui s'appelle un vécu communautaire, il a lieu sur un plan de conscience relativement bas : c'est pourquoi un tel vécu de groupe est beaucoup plus fréquent qu'un processus de transformation vécu indivi-

duellement. Il est aussi beaucoup plus facile d'y atteindre, car la réunion d'un grand nombre d'êtres possède un grand pouvoir de suggestion. Dans la foule, l'individu est facilement victime de la suggestibilité. Il suffit que quelque chose se passe, qu'une proposition soit faite, par exemple, et l'on suit, même si c'est immoral. Dans la masse, on n'éprouve aucun sentiment de responsabilité, mais non plus aucune crainte.

28 *(226)* Ainsi donc l'identification au groupe est une voie simple et facile ; mais l'événement vécu dans le groupe n'agit pas à un niveau plus profond que celui où l'on se trouve précisément alors. Il y a changement dans l'individu, mais quand il se retrouve seul, le changement ne tient pas ; au contraire, on en est alors réduit sans cesse à rechercher l'ivresse de masse pour conforter l'événement vécu et pour y croire. Car lorsqu'on n'est plus dans la foule on est un autre, qui ne peut plus reproduire l'état qu'il a connu. Dans la masse règne la participation mystique, qui n'est rien d'autre qu'une identité inconsciente. On va par exemple au théâtre ; aussitôt le regard de tous s'attache à tous les regards, chacun regarde comment l'autre regarde, et tous sont pris dans l'invisible réseau d'une relation réciproque inconsciente. Lorsque cet état s'intensifie, l'on est carrément porté par la vague de l'identité collective. Cela peut être un sentiment agréable : être un mouton parmi dix mille moutons. Et si de surcroît j'entends dire que cette foule est une unité grandiose et merveilleuse, alors je suis un héros, exhaussé avec le groupe. Si je reviens ensuite à moi, je découvre que je m'appelle prosaïquement Untel, que j'habite telle ou telle rue, au troisième étage, et que cette histoire était vraiment bien belle ; j'espère qu'elle recommencera demain, pour que je puisse avoir de nouveau le sentiment d'être tout un peuple, ce qui est autre chose que d'être l'honnête Monsieur X. Comme c'est là une voie simple et commode pour accéder à un niveau supérieur de personnalité, les hommes ont toujours constitué des groupes qui leur permettaient de vivre collectivement la transformation, souvent dans des états rappelant l'ébriété. L'identification régressive à des niveaux

de conscience inférieurs et primitifs est toujours liée à une exaltation du sentiment de la vie; c'est la raison pour laquelle l'identification régressive à l'ancêtre mi-homme mi-animal, au stade de l'âge de la pierre, exerce un effet favorable à la vie[21].

L'inévitable régression psychologique qui se produit dans 29 *(227)*
le groupe est compensée, au moins en partie, par le rite, c'est-à-dire par l'action cultuelle qui fait de la représentation solennelle des actes et des événements sacrés le centre de l'activité du groupe et empêche ainsi la foule de retomber dans une instinctivité inconsciente. En captivant l'intérêt et l'attention de l'individu, l'action cultuelle lui permet d'en vivre une participation relativement individuelle et de rester ainsi conscient dans une certaine mesure. Mais si la relation à un centre exprimant l'inconscient au moyen de sa symbolique fait défaut, alors inévitablement c'est l'âme collective de la masse qui devient le centre dont la fascination subjugue tous les individus. C'est pourquoi les rassemblements humains sont toujours des foyers d'épidémie psychique[22], ce dont les événements d'Allemagne représentent l'exemple classique.

Contre ce jugement pour l'essentiel négatif porté sur la 30 *(228)*
psychologie des masses, on objectera qu'il existe aussi des expériences positives, par exemple un enthousiasme positif qui soulève l'individu et le pousse à des actes généreux, ou encore un sentiment également positif de solidarité humaine. On ne saurait nier qu'il y ait des faits de ce genre. La communauté peut donner à l'individu un courage, une tenue et une dignité qu'il risquerait facilement de perdre dans l'isolement. Elle peut lui rappeler qu'il a le devoir d'être homme parmi les hommes. Mais cela n'empêche pas que même alors elle lui ajoute quelque chose qu'il ne posséderait pas en tant qu'individu. De tels cadeaux, souvent immérités, constituent certes sur le moment une grâce particulière, mais à long terme le cadeau risque de se transformer en perte, la nature humaine ayant la faiblesse de considérer les cadeaux comme chose toute naturelle, et donc de les revendiquer dans les moments difficiles plutôt que de compter sur elle-même

pour vaincre la difficulté. On ne voit ceci que trop clairement dans la tendance à tout exiger de l'Etat, sans prendre garde alors que celui-ci, de son côté, est constitué précisément de ces mêmes individus qui revendiquent. Développée avec conséquence, cette tendance mène au communisme, dans lequel chaque individu asservit la communauté et celle-ci s'incarne dans un dictateur, un propriétaire d'esclaves. Toutes les tribus primitives qui possèdent une organisation sociale communiste ont aussi au-dessus d'elles un chef au pouvoir absolu. L'Etat communiste n'est rien d'autre qu'une monarchie absolue où il n'y a pas de sujets, mais seulement des serfs.

31 (229) 5. *Identification cultuelle au héros.* Une autre identification qui peut jouer un rôle important dans l'expérience vécue de la transformation est celle qui s'opère avec le dieu ou le héros qui se transforme au cours de l'action sacrée. Beaucoup d'actions cultuelles ont pour but d'opérer l'identification. On en trouve un exemple parlant dans les *Métamorphoses (L'Ane d'or)* d'Apulée, où l'initié, homme très ordinaire, est choisi pour devenir Hélios, couronné de palmes, revêtu du manteau sacré et vénéré par la foule. La communauté provoque par sa suggestion l'identité avec le dieu. La participation de la communauté peut aussi s'opérer, sans apothéose d'un initié, par le fait que l'action sacrée lui est racontée, ce qui a pour effet de produire, mais peu à peu, sur de longs laps de temps, des modifications dans le psychisme des individus eux-mêmes. Le culte d'Osiris en est un exemple. D'abord, c'était le pharaon qui participait du dieu soumis aux métamorphoses, lui seul « ayant un Osiris »; par la suite ce fut au tour des nobles de l'empire d'y avoir droit, et pour finir, le christianisme a couronné cette évolution en accordant à chacun une âme immortelle et une participation directe à la divinité. A l'intérieur même du christianisme l'évolution s'est poursuivie, en ce sens que le dieu, le Christ extérieur, devient peu à peu le Christ intérieur de l'individu, présent en tous et cependant toujours unique et identique à lui-même : vérité qui est déjà préfigurée dans la psychologie du totémisme, où

lors des repas rituels l'animal totémique est mis à mort et mangé en de nombreux exemplaires tout en restant unique, de même qu'il n'y a jamais qu'un seul petit Jésus et un seul saint Nicolas.

En participant dans les mystères au destin du dieu, 32 *(230)* l'individu est transformé indirectement. Dans le christianisme d'Eglise, l'expérience vécue de la transformation est indirecte en ce sens qu'elle se fait par participation à l'action accomplie ou racontée. L'action accomplie (le *dromenon*) est l'une des formes de participation, le récit, ou la « parole » ou le « message » en est l'autre. La première est caractéristique des richesses liturgiques du culte catholique. L'autre est celle du protestantisme, la « proclamation de la Parole ».

6. *Procédures magiques*. Une autre modalité encore de la 33 *(231)* transformation est celle que produit l'usage à cet effet d'un rituel. La transformation n'est pas vécue dans la participation; le rite est utilisé dans le dessein délibéré de la provoquer. Il devient ainsi en quelque sorte une technique à laquelle on se soumet. Exemple : un homme est malade, il faudrait donc le « renouveler ». Le renouvellement doit être quelque chose qui « lui arrive »; pour que la chose « lui arrive », on le tire à travers un trou pratiqué dans le mur à la tête de son lit, et il renaît; ou bien on lui donne un autre nom et par là même une autre âme, et les démons ne le reconnaissent plus; ou bien il doit passer par une mort symbolique; ou encore, on le tire, bizarrement, à travers une vache de cuir qui pour ainsi dire le dévore par-devant et le rejette par-derrière; ou bien il subit une ablution ou un bain baptismal qui le transforme en un être à demi divin doté d'un autre caractère et d'un destin métaphysique modifié.

7. *Transformation technique*. Outre l'usage magique du 34 *(232)* rituel, il existe encore des techniques spéciales qui non seulement attirent sur l'initié la grâce correspondant au rituel, mais encore font appel à son effort personnel pour atteindre le but. Il s'agit là d'une transformation vécue qui

est induite par des moyens d'ordre technique. De cette catégorie relèvent les méthodes que l'on appelle en Orient yoga et en Occident exercices spirituels. Ce sont des techniques bien définies, prescrites avec une plus ou moins grande précision, dont le but est de produire un certain effet sur le psychisme, ou du moins de travailler en vue de produire cet effet. Cela vaut aussi bien dans le cas du yoga que dans celui des méthodes occidentales correspondantes[23]. Ce sont donc des techniques au plein sens du mot, qui ont été développées en travaillant à modifier les processus de transformation primitivement naturels. Alors qu'autrefois, lorsqu'il n'y avait pas encore de base historique traditionnelle, des phénomènes de transformation se produisaient de manière en un certain sens naturelle, spontanée, aujourd'hui les mêmes processus sont utilisés par la technique pour aboutir à la transformation. Comment de telles méthodes ont bien pu se constituer à l'origine, c'est ce que je voudrais expliquer au moyen d'un apologue :

35 *(233)* Il était une fois un vieil homme bien singulier. Il vivait dans une caverne où il s'était retiré, loin du bruit des villages. Il avait la réputation d'être un magicien, et des élèves lui étaient venus, espérant apprendre de lui la magie. Lui-même cependant n'avait rien de tel en tête. Sa seule occupation était de chercher à savoir ce qu'il pouvait en être de ce qu'il ne savait pas, mais qu'il savait avec certitude se produire toujours. Et lorsqu'il eut très longuement tenté de penser l'impensable, il ne trouva plus d'autre solution, dans cette situation pénible, que de prendre une craie et de faire sur les parois de sa caverne toutes sortes de dessins afin de trouver à quoi pouvait bien ressembler *cela,* ce qu'il ne savait pas. Après bien des essais, il en vint à dessiner un cercle. Il eut le sentiment que c'était bien *cela;* et maintenant, encore un carré dedans, et ainsi c'était encore mieux. Ses élèves étaient pleins de curiosité, mais tout ce qu'ils savaient, c'est que le vieux avait trouvé quelque chose, et ils auraient bien voulu arriver à comprendre ce qu'il faisait au juste. Ils le questionnèrent : « Que fais-tu donc là-dedans ? » Mais il ne leur en dit rien. Ils découvrirent alors les dessins sur les parois de la

caverne, et dirent : « Voilà, c'est cela ! » et ils se mirent à imiter les dessins. Or ils renversaient, ce faisant, sans s'en rendre compte, tout l'ordre des opérations : partant du résultat, ils espéraient ressaisir la démarche même qui y avait conduit. C'est ainsi que les choses se passèrent alors, et qu'elles se passent encore aujourd'hui.

8. *Transformation naturelle.* J'ai déjà indiqué qu'à côté des 36 (234)
processus de transformation opérés par la technique il y a également des transformations naturelles. C'est sur celles-ci que se fondent toutes les représentations que l'on s'est faites de la renaissance. La nature elle-même veut la mort et la renaissance. Démocrite, le vieil alchimiste grec, dit : « La nature se réjouit de la nature, et la nature triomphe de la nature, et la nature domine la nature[24]. » Il existe des processus naturels de transformation, qui surviennent en nous que nous le voulions ou non, que nous le sachions ou non. Ces processus produisent des effets psychiques considérables, qui pourraient suffire en eux-mêmes à inciter un être réfléchi à essayer de comprendre ce qui a bien pu lui arriver. Comme le vieux de notre apologue ils vont dessiner des mandalas, entrer eux-mêmes dans le cercle tutélaire de ceux-ci et, dans la perplexité et la détresse, dans cette prison qu'ils ont eux-mêmes choisie en croyant qu'elle était un refuge, ils seront transformés en êtres dont la nature s'apparente au divin. Les mandalas sont des lieux de naissance, à très proprement parler des coquilles natales, des lotus où prend naissance un Bouddha. Assis en lotus, le yogin se *voit,* transformé en une figure d'immortel.

Les processus naturels de transformation se font connaître 37 (235)
avant tout par le rêve. J'ai présenté ailleurs une série de symboles oniriques du processus d'individuation[25]. C'étaient des rêves qui tous sans exception usaient du symbolisme de la renaissance. Il s'agissait dans ce cas d'un long processus de transformation intérieure qui donnait naissance à un autre être. Cet « autre être », c'est l'autre en nous, la personnalité future, plus vaste et plus grande, dont nous avons fait déjà la connaissance sous le nom de l'ami intérieur

de l'âme. C'est pourquoi il y a pour nous quelque chose de consolant à trouver, représenté en image dans l'action sacrée, l'ami, le compagnon, comme par exemple dans la relation d'amitié qui unit Mithra au dieu Soleil, énigme pour l'entendement érudit, dont l'attitude habituelle consiste à regarder les choses de ce genre sans participation affective. Or s'il tenait compte du sentiment, il découvrirait que c'est l'ami que le dieu Soleil emmène avec lui sur son char solaire, ainsi qu'on le voit représenté sur les monuments. C'est la représentation d'une amitié entre hommes, image visible d'une donnée de fait d'ordre intérieur : ce n'est pas autre chose que la représentation du rapport avec l'ami intérieur de l'âme en lequel la nature elle-même voudrait nous métamorphoser, cet autre que nous sommes déjà mais que nous ne pouvons jamais devenir intégralement. L'homme est ce couple de Dioscures dont l'un est mortel et l'autre immortel, qui sont toujours ensemble et ne peuvent pourtant jamais se constituer entièrement en unité. Les processus de transformation tendent à les rapprocher l'un de l'autre, mais la conscience y éprouve des résistances parce que « l'autre » lui apparaît d'abord comme de nature différente et peu rassurant, et que nous ne pouvons nous habituer à l'idée de ne pas être seuls maîtres chez nous. Nous aimerions mieux être toujours « moi », moi seul et rien d'autre. Mais nous sommes confrontés à l'ami ou à l'ennemi intérieur, et il dépend de nous qu'il soit l'un ou l'autre.

38 *(236)* Il n'est pas nécessaire d'avoir l'esprit dérangé pour entendre sa voix. C'est au contraire la chose la plus simple et la plus conforme à la nature. On peut par exemple se poser une question, et recevoir de lui une réponse. Les pensées alors s'enchaînent comme dans une conversation ordinaire. On peut nommer cela « développement d'associations », ou « conversation avec soi-même », ou « méditation » au sens des anciens alchimistes qui définissaient l'interlocuteur comme « *aliquem alium internum* », quelqu'un d'autre à l'intérieur[26]. Cette forme d'entretien avec l'ami de l'âme a même trouvé accès à la méthode des *Exercitia spiritualia* d'Ignace de

Loyola[27], avec à vrai dire cette restriction que seul parle celui qui médite, et qu'il n'est pas question de réplique intérieure. Celle-ci serait probablement considérée comme devant être rejetée parce que provenant de l'homme et de lui seul, et il en est toujours ainsi aujourd'hui. Le préjugé n'est plus métaphysique et moral, mais intellectuel — ce qui est pire. On considère la « voix » comme le jeu d'associations d'un esprit débile, qui fonctionne sans but ni sens comme un mécanisme d'horlogerie détraqué. Ou bien l'on se dit : « Mais ce ne sont après tout que mes propres pensées », dût-il apparaître à l'examen approfondi que ce sont des pensées que l'on rejette, ou que l'on n'a même jamais eues consciemment ; comme si toute réalité psychique dont le moi prend connaissance devait relever depuis toujours du moi ! Cette *hybris* accomplit à vrai dire la tâche utile de maintenir dans son existence et sa suprématie la conscience, qui a besoin d'être protégée contre la dissolution dans l'inconscient. Mais elle s'effondre misérablement s'il arrive que l'inconscient un jour s'avise de transformer en obsession quelques pensées absurdes, ou de produire d'autres symptômes psychogènes dont on ne voudrait à aucun prix être responsable.

Notre jugement sur la voix intérieure oscille entre deux 39 *(237)*
extrêmes : nous la considérons ou bien comme une absurdité totale, ou bien... comme la voix de Dieu. Qu'il pourrait y avoir entre les deux quelque chose qui mérite d'être pris en considération, voilà qui ne vient à l'esprit de personne. L'*autre* est probablement tout aussi enfermé dans sa manière d'être que le moi dans la sienne. Du conflit entre les deux peuvent sortir la vérité et le sens, mais à condition que le moi soit disposé à accorder à l'*autre* la personnalité qui lui est légitimement due. Il a certes une personnalité du fait même de son existence, tout comme les voix du malade mental, mais un véritable entretien avec lui ne devient possible que lorsque le moi admet l'existence d'un interlocuteur. On ne saurait attendre de quiconque qu'il l'admette, car en fin de compte tout le monde n'est pas apte aux *exercitia spiritualia*. Lorsqu'on se borne à parler à l'autre, comme le fait par

exemple George Sand dans ses conversations avec son ami spirituel[28], ce n'est naturellement pas une conversation ; sur trente pages elle est seule à parler et l'on attend en vain d'entendre parler l'autre. Les entretiens des *exercitia* peuvent déboucher sur la grâce muette à laquelle le sceptique moderne ne croit pas. Mais qu'arriverait-il si le Christ auquel on s'adresse répondait lui-même directement dans le langage d'un cœur humain, d'un cœur pécheur ? Quels abîmes effrayants s'ouvriraient soudain, béants ? Quelle folie ne devrait-on pas craindre alors ? On comprend qu'il vaut mieux que les images de Dieu soient muettes, et que le moi conscient préfère croire à sa suprématie plutôt que... de poursuivre ses associations. On comprend que l'ami intérieur apparaisse si souvent comme un ennemi, et pourquoi il est si lointain et sa voix si faible. Qui « est proche de Lui est proche du feu[29] ».

40 *(238)* Peut-être pensait-il quelque chose d'analogue, cet alchimiste qui disait : « Choisis-toi comme pierre celui par le pouvoir de qui les rois sont honorés dans leur royauté et les médecins guérissent leurs malades ; car celui-là est proche du feu[30]. » Les alchimistes projettent ce qui se passe à l'intérieur sur une figure extérieure, et c'est ainsi que l'ami intérieur apparaît chez eux sous la forme de la « pierre », dont le *Tractatus aureus* dit ceci : « Comprenez, ô fils des sages, ce que la pierre vous dit : protège-moi et je te protégerai, donne-moi ce qui me revient afin que je te vienne en aide[31]. » Un scoliaste remarque à ce propos[32] : « Celui qui recherche la vérité entend parler pour ainsi dire d'une seule et même voix la pierre aussi bien que le philosophe. » Le philosophe, c'est Hermès, et la pierre est identique à Mercure, qui n'est autre que l'Hermès latin[33]. Depuis les temps les plus anciens, Hermès est le mystagogue et le psychopompe des alchimistes, leur ami, leur conseiller[34], celui qui les mène au but de leur Œuvre : « *tanquam praeceptor intermedius inter lapidem et discipulum*[35] ». Il en est d'autres auxquels l'ami apparaît sous les traits du Christ, ou de Khider, ou d'un gourou, visible ou invisible. Il peut encore se manifester sous la forme de quelque guide à l'échelle individuelle ou collective. Dans ce

cas, l'entretien est très nettement à sens unique. Il n'y a pas de dialogue intérieur, mais la réplique possible se manifeste dans l'action de l'Autre, c'est-à-dire comme événement extérieur. Pour l'alchimiste, sa manifestation visible était la transformation de la substance chimique. Lorsque quelqu'un, donc, cherchait la transformation, il la découvrait à l'extérieur dans cette substance, dont la transformation lui disait en quelque sorte : « Je suis la transformation » ; quelques-uns avaient assez d'intelligence pour comprendre et se dire : « C'est *ma* transformation, mais elle n'est pas personnelle, c'est la transformation de ce qui est mortel en moi en quelque chose d'immortel qui se libère de l'enveloppe mortelle que je suis et s'éveille maintenant à sa vie propre, monte sur la barque solaire et peut-être m'emmènera avec soi[36]. »

C'est là une très vieille idée. Je suis allé voir en Haute 41 *(239)*
Egypte, dans la région d'Assouan, une tombe de l'Egypte ancienne qui venait d'être ouverte. Derrière la porte d'entrée il y avait une petite corbeille de roseau contenant le corps desséché d'un nouveau-né, enveloppé de pauvres haillons. Apparemment, la femme d'un ouvrier avait déposé en hâte l'enfant mort-né dans cette tombe de noble, afin qu'étant enterré en un lieu sacré, à portée de la grâce, il eût part au salut lorsque le noble monterait dans la barque solaire pour renaître.

3. EXEMPLE D'UNE SÉRIE DE SYMBOLES ILLUSTRANT LE PROCESSUS DE TRANSFORMATION

J'ai choisi comme exemple une figure qui joue un grand 42 *(240)*
rôle dans la mystique islamique : Chadir , ou Khider, « le Vert », « le Verdissant ». Il apparaît dans la 18e sourate du Coran, intitulée « La caverne » et qui traite d'un mystère de renaissance. La caverne est le lieu de la renaissance, cet espace clos où l'on est enfermé pour y être couvé et

renouvelé. Le Coran en dit ceci : « Tu aurais vu le soleil, quand il se levait, passer à droite de l'entrée de la caverne, et, quand il se couchait, s'en éloigner à gauche; et ils se trouvaient dans un endroit spacieux de la caverne[37]. » Cet « endroit spacieux », c'est le centre où est enfoui le joyau, où l'incubation, le sacrifice ou la transformation s'opère. On trouve le plus beau développement de cette symbolique sur certains autels mithraïques[38] et sur des représentations alchimiques de la substance de la transformation[39], qui apparaît toujours entre le Soleil et la Lune. Les représentations de la crucifixion reproduisent aussi souvent le même schéma. La même disposition symbolique se retrouve dans les cérémonies de transformation (ou de salut) des Navajos[40]. Ce lieu central, ce lieu de la transformation, c'est encore la caverne où les Sept Dormants s'étaient retirés, sans soupçonner qu'ils allaient y connaître un allongement de la vie qui atteignait à une relative immortalité. Lorsqu'ils se réveillèrent, ils avaient dormi trois cent neuf ans.

43 *(241)* Le sens de cette légende est le suivant : celui qui d'aventure pénètre dans cette caverne, c'est-à-dire dans la caverne que chacun porte en lui, ou dans cette obscurité qui se trouve derrière sa conscience, celui-là est entraîné dans un processus de transformation d'abord inconscient. Entrant dans l'inconscient, il établit un lien entre les contenus de celui-ci et sa conscience. Il peut en résulter une modification de sa personnalité, lourde de conséquences positives ou négatives. Souvent cette transformation est interprétée dans le sens d'une prolongation de la vie naturelle, ou d'une perspective d'accès à l'immortalité. Le premier de ces deux sens se rencontre chez beaucoup d'alchimistes, notamment chez Paracelse (dans le traité *De vita longa*[41]), le second sous sa forme classique dans les mystères d'Eleusis.

44 *(242)* Le nombre des Dormants : sept, montre par son caractère sacré qu'il s'agit de dieux qui sont métamorphosés dans leur sommeil[42] et jouissent ainsi d'une jeunesse éternelle[43]. Cette constatation nous permet de savoir d'emblée qu'il s'agit de la relation d'un mystère. La destinée qu'elle relate est celle de

figures de nature numineuse*, et elle captive l'auditeur parce que sa description exprime des processus parallèles qui se déroulent dans son inconscient et permet de les réintégrer à la conscience. La reviviscence de l'état originel signifie que la vie a recouvré la fraîcheur de la jeunesse.

Dans le Coran, l'histoire des Sept Dormants est suivie de 45 *(243)*
considérations morales apparemment décousues. Mais cette apparence décousue est trompeuse; en réalité, ces propos édifiants sont la substance dont ont besoin ceux qui ne peuvent pas accéder à la renaissance mais doivent se contenter d'agir de façon morale, c'est-à-dire en restant fidèles à la loi. Très souvent, le comportement conforme aux prescriptions de celle-ci constitue un substitut de la transformation spirituelle[44]. A ces considérations morales succède l'histoire de Moïse et de son serviteur Josua ben Nun (Josué) :

> 59 Un jour Moïse dit à son serviteur : Je ne cesserai de marcher jusqu'à ce que je sois parvenu à l'endroit où les deux mers se joignent, ou je marcherai pendant plus de quatre-vingts ans.
>
> 60 Lorsqu'ils furent arrivés au confluent des deux mers, ils s'aperçurent qu'ils avaient perdu leur poisson, qui prit la route de la mer par une voie souterraine.
>
> 61 Ils passèrent outre, et Moïse dit à son serviteur : Sers-nous notre repas, nous avons éprouvé beaucoup de fatigue dans ce voyage.
>
> 62 Qu'en dis-tu? reprit son serviteur. Lorsque nous nous sommes arrêtés auprès de ce rocher, je n'ai fait aucune attention au poisson. Il n'y a que Satan qui eût pu me le faire oublier ainsi, pour que je ne te le rappelasse pas; le poisson a pris son chemin vers la mer; c'est miraculeux.
>
> 63 C'est ce que je désirais, reprit Moïse. Et ils retournèrent tous deux sur leurs pas.
>
> 64 Ils rencontrèrent un de nos serviteurs que nous avons favorisé de notre grâce et éclairé de notre science.

* Sur la notion de *numinosité, numineux,* empruntée par Jung à Rudolf Otto, voir par ex. Jung, *Psychologie et Religion,* pp. 17 à 19, 37, 57, 88, 104, 114, 118. *(N.d.T.)*

65 Puis-je te suivre, lui dit Moïse, afin que tu m'enseignes une portion de ce qu'on t'a enseigné à toi-même par rapport à la vraie route ?
66 L'inconnu répondit : Tu ne pourras jamais supporter ma société.
67 Et comment pourrais-tu supporter certaines choses dont tu ne comprendras pas le sens ?
68 S'il plaît à Dieu, reprit Moïse, je serai constant et soumis à tes ordres.
69 Puisque tu veux me suivre, *reprit l'inconnu,* ne m'interroge sur aucun fait avant que je t'aie parlé le premier.
70 Ils partirent donc et marchèrent jusqu'au bord de la mer ; étant entré dans un bateau, l'*inconnu* le brisa. L'as-tu brisé, demanda Moïse, pour noyer ceux qui sont dedans ? Tu viens de commettre là une action étrange.
71 Ne t'ai-je pas dit que tu ne pourrais pas demeurer avec moi ?
72 Ne me blâme pas, reprit Moïse, d'avoir oublié tes ordres, et ne m'impose point des obligations trop difficiles.
73 Ils partirent, et ils marchèrent jusqu'à ce qu'ils eurent rencontré un jeune homme. L'inconnu le tua. Eh quoi ! tu viens de tuer un homme innocent qui n'a tué personne ! Tu as commis là une action détestable.
74 Ne t'ai-je point dit que tu ne pourrais jamais vivre avec moi ?
75 Si je t'interroge encore une seule fois, tu ne me permettras plus de t'accompagner. Maintenant excuse-moi.
76 Ils partirent, et ils marchèrent jusqu'à ce qu'ils arrivassent aux portes d'une ville. Ils demandèrent l'hospitalité aux habitants ; ceux-ci refusèrent de les recevoir. Les deux voyageurs s'aperçurent que le mur de la ville menaçait ruine. L'inconnu le releva. Si tu avais voulu, lui dit Moïse, tu aurais pu en demander la récompense.
77 Ici nous nous séparerons, reprit l'inconnu. Je vais seulement t'apprendre la signification des choses que tu as été impatient de savoir.
78 Le navire appartenait à de pauvres gens qui travaillaient sur mer ; je voulus l'endommager, parce que derrière lui il y avait un roi qui s'emparait de tous les navires.
79 Quant au jeune homme, ses parents étaient croyants, et nous avons craint qu'il ne les infectât de sa perversité et de son incrédulité.

80 Nous avons voulu que Dieu leur donnât en retour un fils plus vertueux et plus digne d'affection.
81 Le mur était l'héritage de deux orphelins de la ville. Sous ce mur était un trésor qui leur appartenait. Leur père était un homme de bien. Le Seigneur a voulu les laisser atteindre l'âge de puberté pour leur rendre le trésor. Ce n'est point de mon propre chef que j'ai fait tout cela. Voilà les choses dont tu as été impatient de connaître le sens[45].

Cette histoire est l'amplification et l'explication de la 46 *(244)*
légende des Sept Dormants et du problème de la renaissance, auquel elle fait allusion. Moïse est l'homme qui cherche, qui est en « quête ». Dans son errance il est accompagné de son « ombre », le « serviteur » ou l'homme « inférieur » (le *pneumatikos* et le *sarkikos* en *deux* individus). Josué est le fils de Noun (Noren). Le nom de ce dernier est un nom de poisson[46], ce qui rappelle que l'origine de Josué est la profondeur des eaux, l'obscurité, l'univers de l'ombre. Le point critique est atteint au « confluent des deux mers ». On l'interprète, notamment, comme l'isthme de Suez, l'endroit où la mer de l'Ouest et celle de l'Est sont près de se rejoindre. C'est donc le lieu du centre auquel faisait allusion déjà le *prooemium,* l'exorde symbolique, mais dont l'homme et son ombre n'avaient pas reconnu d'abord l'importance. Ils avaient en effet oublié leur poisson, lequel représente, sous son apparence insignifiante, la nourriture même. Le poisson renvoie à Noun, le père de l'ombre, de l'homme de chair, né des ténèbres du Créateur. En effet, le poisson avait repris vie, sauté hors de la corbeille et retrouvé le chemin de son milieu d'origine, la mer : ainsi le Père, l'ancêtre animal, le créateur de la vie, se sépare de l'être humain conscient, ce qui équivaut pour celui-ci à une perte de l'âme instinctive. Il s'agit là d'un phénomène de dissociation bien connu en psychopathologie des névroses et toujours lié à une attitude étroite de la conscience. Mais dans la mesure où les processus névrotiques ne sont rien d'autre que l'exacerbation de processus normaux, il n'y a pas lieu de s'étonner si l'on voit se produire des choses tout à fait analogues également dans le domaine de la normalité. C'est alors la « perte

d'âme » des primitifs, ce phénomène connu que j'ai décrit plus haut dans le paragraphe consacré à la réduction de la personnalité ; en termes scientifiques, un « abaissement du niveau mental ». Moïse et son serviteur ne tardent pas à se rendre compte de ce qui est arrivé.

47 *(245)* Fatigué et affamé, Moïse s'est assis. Visiblement il a éprouvé un manque, dont l'explication première semble d'ordre physiologique ! Mais précisément la fatigue est l'un des symptômes les plus constants d'une telle perte d'énergie, de libido. Toute la scène décrit un phénomène typique : *le sujet ne reconnaît pas l'importance vitale du moment* — motif que nous rencontrons sous des formes mythiques nombreuses. Moïse comprend qu'inconsciemment il a trouvé et reperdu la source de vie, ce que l'on pourrait qualifier de remarquable intuition. Le poisson qu'ils voulaient consommer est un contenu de l'inconscient qui rétablissait la relation à l'origine. Il représente l'homme qui vient de renaître et de s'éveiller à une vie nouvelle, ce qui s'est fait, disent les commentaires, par contact avec l'eau vitale. Replongeant dans l'eau, le poisson redevient un contenu de l'inconscient, et ses descendants se distinguent par le fait qu'ils n'ont qu'un œil et une moitié de tête [47].

48 *(246)* Elle aussi, l'alchimie connaît dans la mer un poisson étrange, le « poisson rond sans os ni peau [48] », qui représente l' « élément rond », le germe de la « pierre vivante », du *filius philosophorum*. L'eau vitale a sa correspondance dans l'*aqua permanens* de l'alchimie. Cette eau est célébrée comme *vivificans*, et possède en outre la propriété de dissoudre tout solide et de coaguler tout liquide. Les commentaires du Coran signalent que là où le poisson a disparu dans la mer, celle-ci s'est changée en une terre ferme dans laquelle on distingue encore la trace du poisson [49]. C'est là, sur cette île, le lieu du centre, que réside maintenant Khider. Selon une interprétation énigmatique, il est assis « sur une chaise (un trône) de lumière entre la mer supérieure et la mer inférieure [50] », dans une position médiane, par conséquent. Il semble exister un rapport secret entre son apparition et la disparition du poisson ; on dirait presque qu'il était lui-même

le poisson. A l'appui de cette hypothèse vient le fait que les commentaires situent la source de vie au lieu des ténèbres[51]. En effet les profondeurs de la mer sont ténébreuses (« *mare tenebrositatis* » !). L'obscurité a sa correspondance dans la *nigredo* alchimique, qui survient après la *coniunctio*, lorsque l'élément féminin a absorbé l'élément masculin[52]. De la *nigredo* sort la « pierre », symbole du Soi immortel, dont la première apparition est comparée à « des yeux de poisson[53] ».

Lui aussi, Khider représente probablement le Soi. Ses caractéristiques permettent de le considérer comme tel : il est né, dit-on, dans une caverne, donc dans les ténèbres ; « celui qui vit longtemps » et qui, comme Elie, se renouvelle sans cesse. Comme Osiris, il est démembré à la fin des temps, par l'Antéchrist. Mais il est capable de renaître à la vie. Il est semblable au second Adam, auquel est assimilé le poisson redevenu vivant[54] ; c'est un conseiller, un Paraclet, le « Frère Khider ». En tout cas, Moïse reconnaît en lui une conscience supérieure dont il attend un enseignement. Suivent alors ces actions incompréhensibles qui montrent comment le moi conscient éprouve la manière souveraine qu'a le Soi d'orienter le destin. Pour l'initié capable de se transformer ce récit est un réconfort, pour celui qui ne peut qu'obéir il est une exhortation à ne pas récriminer contre l'incompréhensible toute-puissance d'Allah. Khider ne représente pas seulement le degré supérieur de la sagesse, mais un agir correspondant, qui dépasse la raison humaine. 49 *(247)*

Celui qui entend le récit d'un tel mystère va se retrouver lui-même dans ce Moïse qui cherche et ce Josué qui oublie, et l'histoire lui montre comment se déroule la renaissance porteuse d'immortalité. Fait caractéristique, ce n'est ni Moïse ni Josué qui apparaît comme transformé, mais le poisson oublié par Josué. C'est à l'endroit où disparaît le poisson que naît Khider ; c'est de l'insignifiant, de ce que l'on a oublié que, contre toute vraisemblance, naît l'être immortel. Il s'agit là d'une version fréquente de la naissance du héros, comme il n'est probablement pas nécessaire de le démontrer[55]. Qui connaît bien la Bible pense ici à la 50 *(248)* description du « serviteur de l'Eternel » dans *Esaïe,* 53, 2 sq., et aux récits de la nativité dans les Evangiles. Le caractère nourricier de la substance divine de la transformation se retrouve dans nombre de récits cultuels : le Christ, c'est le pain, Mondamin c'est le maïs, Dionysos c'est le vin, etc. Ces symboles recouvrent une donnée de fait psychique où la conscience ne voit, à l'évidence, d'autre sens que celui d'une substance à assimiler et dont elle ne saisit pas la véritable nature. Le symbole du poisson le donne clairement à entendre : il s'agit de l'influence « nourricière » de contenus de l'inconscient qui, par un afflux constant d'énergie, entretiennent l'activité et la vie même de la conscience, laquelle ne produit pas elle-même sa propre énergie, comme on le sait. Ce qui est capable de se transformer, c'est cette racine de la conscience, sans éclat, presque invisible (= inconsciente), et de laquelle pourtant la conscience reçoit toute sa force. L'inconscient étant éprouvé comme quelque chose d'étranger, comme un non-moi, il est tout à fait normal qu'il apparaisse sous les traits d'une figure étrangère. Il est certes d'une part ce qu'il y a de plus insignifiant, mais, recélant en puissance cette totalité « ronde » qui manque à la conscience, il est aussi d'autre part ce qu'il y a de plus important. A très proprement parler, cette « chose ronde » est le précieux trésor enfoui dans la caverne de l'inconscient[56], dont l'incarnation est précisément cet être personnel que constitue l'unité supérieure de la conscience et de l'inconscient, figure que l'on peut rapprocher du *hiranyagarbha* *, du *puruṣa,* de l'*ātman* et du Bouddha en tant que principe. C'est la raison pour laquelle j'ai choisi pour le désigner le terme de « Soi » (*Selbst*), entendant par là tout à la fois une totalité psychique et un centre qui ne coïncident ni l'un ni l'autre avec le moi mais l'incluent comme un cercle plus grand en inclut un plus petit.

51 *(249)* Le pressentiment de l'immortalité qui accompagne la transformation est lié à la nature spécifique et singulière de l'inconscient. Celui-ci en effet, par un certain côté, échappe à

* *Hiranyagarbha* (sanskrit) : « l'embryon d'or ». *(N.d.T.)*

l'espace et au temps. La preuve empirique en est donnée par les phénomènes dits télépathiques, qui sont certes encore contestés dans un esprit exagérément sceptique, mais se produisent en réalité beaucoup plus souvent qu'on ne le pense d'ordinaire[57]. Le pressentiment de l'immortalité repose, me semble-t-il, sur un sentiment très particulier d'*expansion spatio-temporelle*. Il me semble aussi que les rites de déification pratiqués dans les mystères pourraient bien être une projection, précisément, de ce phénomène psychique.

Le caractère personnel du Soi s'exprime avec une particu- 52 *(250)*
lière netteté dans la légende de Khider. C'est dans les récits non coraniques concernant Khider que ce facteur apparaît de la façon la plus frappante. Vollers en donne des preuves éloquentes dans son ouvrage déjà plusieurs fois cité. A l'occasion d'un séjour au Kenya, j'ai eu affaire à un guide de safari qui était un Somali formé dans l'esprit du soufisme. Pour lui, Khider était un personnage tout à fait vivant, et il m'assura qu'il pouvait m'arriver à tout instant de le rencontrer, car j'étais un *m'tu-ya-kitâ-bu*[58], un « homme du Livre » (c'est-à-dire du Coran). Il avait en effet conclu de nos conversations que j'étais un meilleur connaisseur du Coran que lui-même (ce qui à vrai dire n'est pas très signifiant). C'est pourquoi il me considérait aussi comme un « *islamu* ». Il me dit que je pouvais rencontrer Khider sous la forme d'un homme cheminant sur la route, ou qu'il pouvait m'apparaître dans la nuit sous celle d'une pure lumière blanche ; ou encore, dit-il — cueillant avec un sourire un brin d'herbe —, on pouvait voir aussi le Verdoyant sous cette forme-là. Il avait lui-même un jour reçu de Khider aide et réconfort : après la guerre, il était resté longtemps sans travail et avait souffert de la misère. Mais une nuit, pendant son sommeil, il avait rêvé « qu'il voyait à la porte une vive lumière blanche ; il avait su que c'était Khider. Il s'était levé d'un bond (dans son rêve), l'avait respectueusement salué : *salem aleikum* (la paix soit avec toi) et il avait su qu'alors son souhait allait se réaliser ». Peu de jours après en effet, il avait reçu d'une firme de Nairobi l'offre de conduire un safari.

53 *(251)* Ce cas montre que même dans la religion populaire d'aujourd'hui Khider reste vivant : c'est l'ami, le conseiller, le consolateur des hommes, et aussi celui qui leur enseigne la révélation. Quant à son statut dogmatique, mon Somali le définissait comme *maleika kwanza-ya-mungu,* c'est-à-dire premier des anges de Dieu, une sorte d' « ange que l'on voit », un *angelos* au sens propre propre, un messager.

54 *(252)* C'est sa qualité d'ami qui explique le rôle de Khider dans le passage de la 18ᵉ sourate que je vais à présent citer littéralement :

> 82 On ⟨les Juifs⟩ t'interrogera, ô Muhammad ! au sujet de Dhoul'Qarneïn. Réponds : Je vous raconterai son histoire.
> 83 Nous affermîmes sa puissance sur la terre, et nous lui donnâmes les moyens d'accomplir tout ce qu'il désirait, et il suivit une route.
> 84 Il marcha jusqu'à ce qu'il fût arrivé au couchant du soleil ; il vit le soleil se coucher dans une fontaine boueuse, il y trouva établie une nation.
> 85 Nous lui dîmes : O Dhoul'Qarneïn ! tu peux châtier ce peuple ou le traiter avec générosité.
> 86 Nous châtierons, dit-il, tout homme impie ; ensuite nous le livrerons à Dieu, qui lui fera subir un supplice affreux.
> 87 Mais quiconque aura cru et pratiqué le bien obtiendra une belle récompense, et nous ne lui donnerons que des ordres faciles à exécuter.
> 88 Dhoul'Qarneïn de nouveau suivit une route.
> 89 Jusqu'à ce qu'il arrivât à l'endroit où le soleil se lève ; il se levait sur un peuple auquel nous n'avons rien donné pour se mettre à l'abri de son ardeur.
> 90 Cette narration est véritable. Nous connaissons tous ceux qui étaient avec Dhoul'Qarneïn.
> 91 Il suivit de nouveau une route.
> 92 Jusqu'à ce qu'il arrivât entre les deux digues au pied desquelles habitait un peuple qui entendait à peine quelque langue.
> 93 Ce peuple lui dit : O Dhoul'Qarneïn ! voici que Yâdjoudj et Madjoudj commettent des brigandages sur la terre. Pouvons-nous te demander, moyennant une récompense, d'élever une barrière entre eux et nous ?
> 94 La puissance que m'accorde mon Seigneur, répondit-il,

est pour moi une récompense plus considérable. Aidez-moi seulement avec zèle, et j'élèverai une barrière entre vous et eux.
95 Apportez-moi de grandes pièces de fer, jusqu'à ce que j'aie fermé le défilé entre les deux montagnes. Il dit *aux travailleurs :* Soufflez le feu jusqu'à ce que le fer devienne rouge comme le feu. Puis il dit : Apportez-moi de l'airain fondu, afin que je le jette dessus.
96 Yâdjoudj et Madjoudj ne purent ni escalader le mur, ni le percer.
97 Cet ouvrage, dit Dhoul'Qarneïn, est un effet de la miséricorde de Dieu.
98 Quand l'arrêt du Seigneur sera arrivé, il le réduira en pièces ; les promesses de Dieu sont infaillibles.
99 Le jour viendra où nous les laisserons se presser en foule comme les flots les uns sur les autres. On sonnera la trompette, et nous réunirons tous les hommes ensemble.
100 Alors nous livrerons les infidèles au feu de l'enfer.
101 Ainsi que ceux dont les yeux étaient couverts de voiles pour ne pas voir nos avertissements, et qui ne pouvaient pas nous écouter.

Nous rencontrons ici encore une de ces incohérences qui 55 *(253)*
ne sont pas rares dans le Coran. Que faut-il penser de cette façon de passer avec une apparente brusquerie à Dhoul'Qarneïn, l'homme à deux cornes, c'est-à-dire Alexandre le Grand ? Abstraction faite même de cet énorme anachronisme (la chronologie de Mahomet laisse d'une façon générale beaucoup à désirer), on ne voit pas bien ce qu'Alexandre peut venir faire ici. Or il faut savoir que Khider et Dhoul'Qarneïn constituent *le* grand couple d'amis que Vollers compare à bon droit aux Dioscures. La cohérence psychologique pourrait donc être à peu près la suivante : Moïse a fait du Soi une expérience bouleversante qui lui a montré avec une clarté aveuglante le déroulement de certains processus psychiques. Revenant ensuite auprès des siens, des Juifs, qui sont au nombre des incroyants, s'il doit s'expliquer au sujet de ce qu'il a vécu, il pourra le faire en racontant à son tour un mystère. Au lieu de parler de lui-même, il pourra parler de l' « homme à deux cornes ». N'est-il pas lui-même

aussi un « cornu » ? L'interprétation de Dhoul'Qarneïn est donc plausible. Il racontera donc l'histoire de cette amitié, et montrera comment Khider est venu en aide à son ami. Dhoul'Qarneïn se rend vers le soleil couchant, puis vers le soleil levant. Il décrit donc le chemin du soleil à travers la mort et les ténèbres vers son renouveau et sa remontée. Mais cela signifie d'autre part que c'est Khider qui non seulement assiste l'homme dans ses détresses physiques, mais encore l'aide à accéder à la renaissance[59]. Le Coran ne fait à vrai dire dans ce récit aucune différence entre Allah, qui dit « nous », et Khider. Mais il est clair que ce passage relate simplement la suite des actions d'assistance déjà décrites antérieurement, ce qui montre dans quelle mesure Khider est une concrétisation ou une « incarnation » d'Allah. Le lien d'amitié qui unit Khider et Alexandre joue un rôle particulier dans les commentaires, de même que la relation avec le prophète Elie. Vollers n'hésite pas à évoquer à titre de comparaison le couple d'amis que forment Gilgamesh et Enkidou[60].

56 *(254)* Ainsi donc Moïse doit raconter à son peuple les faits et gestes du couple d'amis sous la forme de la relation impersonnelle d'un mystère. Du point de vue psychologique, cela signifie sans doute que la transformation doit être représentée ou ressentie comme s'étant produite chez l' « autre ». Bien que dans l'expérience de sa rencontre avec Khider Moïse lui-même occupe la place de Dhoul'Qarneïn, dans le récit qu'il en fait il doit mentionner celui-ci et non pas lui-même. Il ne peut guère s'agir d'un hasard, car le grand danger psychique qui est toujours lié à l'individuation, à l'advenir-du-Soi (*Selbstwerdung*), c'est l'identification du moi conscient au Soi, avec pour conséquence une inflation qui menace de dissoudre la conscience. Toutes les civilisations quelque peu archaïques ou anciennes ont un sentiment aigu des *perils of the soul*, elles savent que les dieux sont dangereux et que l'on ne peut s'y fier. En d'autres termes, elles ont conservé un certain sens instinctif des processus à peine perceptibles et pourtant tellement essentiels qui se déroulent en arrière-plan de la conscience — ce que nous ne saurions

plus guère prétendre de la civilisation moderne. Et si nous avons sous les yeux, avec Nietzsche et Zarathoustra, l'image du couple d'amis dénaturé par l'inflation, il a certes valeur d'avertissement, mais nous ne le comprenons plus. Et que penser de Faust et Méphisto ? L'*hybris* faustienne, c'est déjà le premier pas vers la folie. Si chez Faust l'imperceptible début de la transformation est marqué par l'apparition d'un chien et non d'un poisson, que l'on peut manger, et si l'être transformé est une figure de diable et non pas un sage amical « que nous avons favorisé de notre grâce et éclairé de notre science », je serais tenté d'y voir une clé pour comprendre l'âme germanique, si pleine d'énigmes.

Laissant de côté certains détails du texte, je voudrais 57 *(255)*
revenir encore sur la construction du mur protecteur contre Yâdjoudj et Madjoudj. Ce motif répète la dernière action accomplie par Khider dans la séquence précédente : la reconstruction du mur de la ville. Mais cette fois, le mur constitue une puissante protection contre Gog et Magog. Ce passage renvoie peut-être à l'*Apocalypse :* « Quand les mille ans seront accomplis, Satan sera relâché de sa prison. Et il sortira pour séduire les nations qui sont aux quatre coins de la terre, Gog et Magog, afin de les rassembler pour la guerre ; leur nombre est comme le sable de la mer. — Et ils montèrent sur la surface de la terre, et ils investirent le camp des saints et la ville bien-aimée[61]. »

Dhoul'Qarneïn reprend ici le rôle de Khider et bâtit un 58 *(256)*
mur indestructible pour le peuple qui habite « entre deux montagnes ». Ici encore c'est un lieu médian qui doit être protégé, contre Gog et Magog, les masses indistinctes, illimitées et hostiles. Du point de vue psychologique, il s'agit encore une fois du Soi, qui trône en position médiane et que l'*Apocalypse* appelle « la ville bien-aimée », Jérusalem, centre du monde terrestre. Le Soi, c'est le héros qui dès sa naissance est menacé par des puissances collectives envieuses ; le joyau désiré de tous et qui suscite une lutte jalouse ; enfin, le dieu mis en pièces par la puissance originelle ténébreuse et mauvaise. Dans sa signification psychologique, l'individua-

tion est un *opus contra naturam* qui suscite dans la couche collective du psychisme l'horreur du vide et ne succombe que trop aisément au choc des puissances du psychisme collectif. Le récit du mystère du couple d'amis, dont l'un secourt l'autre, renferme une promesse solennelle de protection pour celui qui dans sa quête a trouvé le joyau[62]. Mais un jour viendra où, selon la Providence d'Allah, même le mur d'airain protecteur s'écroulera, le jour de la fin du monde : psychologiquement parlant, lorsque la conscience individuelle s'éteindra dans les flots de l'obscurité, quand, donc, une fin *subjective* du monde se produira. Ce qu'il faut entendre par là, c'est ce moment où la conscience sombre et retourne dans l'obscurité dont elle était issue à l'origine, comme l'île de Khider : celle de la mort.

257) Cependant le récit du mystère se poursuit dans la dimension eschatologique : ce jour-là (celui du Jugement), la lumière fait retour à la lumière éternelle et l'obscurité, elle, aux ténèbres éternelles. Les contraires sont alors séparés, et il s'instaure un état de durée intemporelle, où règne à vrai dire une extrême tension et qui reproduit l'état initial, peu vraisemblable en raison précisément de l'absolue séparation des contraires.

258) C'est sur cet aperçu de l'éternité, du paradis et de l'enfer que se termine la séquence de symboles de la 18e sourate. En dépit de son caractère en apparence incohérent et souvent purement allusif, elle constitue la représentation presque sans lacune d'une transformation de l'âme où nos connaissances accrues en psychologie nous permettent aujourd'hui de voir un processus d'individuation. En raison de l'extrême ancienneté de la légende et de la tournure d'esprit encore primitive du prophète de l'Islam, ce processus se déroule exclusivement en dehors de la sphère consciente, sous la forme du récit d'un mystère, celui de l'ami ou du couple d'amis, et de leurs actes. C'est aussi pourquoi tout est pour ainsi dire seulement suggéré et manque de logique dans l'enchaînement, mais exprime l'obscur archétype de la transformation de manière si pertinente que l'éros passionnellement religieux de l'Arabe y trouve sa pleine satisfaction.

C'est encore pour cette raison que la figure de Khider joue un rôle important dans la mystique de l'Islam.

NOTES

[Traduit d'après C. G. Jung, *Gesammelte Werke (G.W.)* IX/1, pp. 127 à 161 (Rascher, Zurich-Stuttgart, 1976).]

1. Voir : *Saṃyutta-Nikāya,* 16, 12 [*Kassapa-Saṃyutta, Sutta* 12 : « Nach dem Tode » (Après la mort), p. 286].

2. Voir les vers 480-482 de l' « Hymne à Déméter » (De Jong, *Das antike Mysterienwesen in religionsgeschichtlicher, ethnologischer und psychologischer Bedeutung,* p. 14) :

« Bienheureux entre les humains habitant cette terre, celui qui a vu ces mystères ! Mais celui qui ne participe pas à ces actes sacrés, il n'aura pas le même sort non plus quand les ténèbres de la mort l'environneront ! »

Une épitaphe d'Eleusis dit : « En vérité, c'est un beau mystère que les dieux bienheureux proclament ! Pour les mortels, la mort n'est pas une malédiction, mais une bénédiction ! »

3. Cf. Jung, *Das Wandlungssymbol in der Messe* (*GW.* XI).

4. *Also sprach Zarathustra,* 3e partie : *Mittags.*

5. Horneffer, *Nietzsches Lehre von der Ewigen Wiederkunft.*

6. *Les Névroses,* p. 358.

7. On peut citer dans cet ordre d'idées le phénomène de *gana* décrit par le comte Keyserling *(Südamerikanische Meditationen).*

8. *Ephésiens,* 4, 8 (traduit d'après Luther).

9. *Zarathustra,* I, 6 (Prologue) : « Ton âme sera morte plus vite encore que ton corps ».

10. Pour plus de détails, voir : Jung, *Versuch einer psychologischen Deutung des Trinitätsdogmas,* § 226 sqq. (*GW.* XI).

11. *Çvetāçvatara Upaniṣad;* IV, 607 (*N.d.T. :* constatant que les trois traductions françaises du texte sanskrit qu'il a consultées présentent des divergences non négligeables, le traducteur a jugé préférable de repartir du texte allemand cité par Jung et que celui-ci avait donc trouvé propre à illustrer son propos : celui de Deussen, *Sechzig Upanishad's des Veda* (p. 301) — Il est à noter que les mêmes versets se trouvent également dans la *Mundaka Upaniṣad,* (III, 1-2.)

12. *Le Coran,* 18e sourate. [Chadir, Khider, Ch'ider, Chidhr : en arabe : « le vert », « le verdissant » : figure légendaire de l'Islam : initié devenu immortel après avoir atteint la Source de vie (*N.d.T.*).]

13. Dans ma thèse de doctorat en médecine, *Zur Psychologie und*

Pathologie sogenannter occulter Phänomene (1902), j'ai décrit un tel cas d'extension de la personnalité.

14. Sur la conception théologique de la possession, voir : De Tonquédec, *Les Maladies nerveuses ou mentales et les manifestations diaboliques* (avec un avant-propos du cardinal Verdier).

15. A ce sujet on peut lire avec profit les aphorismes de Schopenhauer (*Aphorismen zur Lebensweisheit,* dans *Parerga und Paralipomena,* I Chap. 2 : « *Von dem, was einer ist* » — « Ce que l'on est », et Chap. 4 : « *Von dem, was einer vorstellt* » — « Ce que l'on représente ».)

16. Elle est traitée de façon circonstanciée dans le chapitre 5 de mes *Types Psychologiques.*

17. Cf. l'excellente description de l'anima chez Ulysses Aldrovandus (*Dendrologiae libri duo,* p. 146) : « Elle apparaissait à la fois comme très tendre et très dure et, faisant montre depuis près de deux mille ans déjà des mines les plus changeantes — à l'instar d'un Protée —, elle remplissait de soucis et de tourments anxieux l'amour de Lucius Agatho Priscus, citoyen bolognais de ce temps-là — amour assurément issu des profondeurs du chaos, c'est-à-dire de la confusion agathonienne. » — On trouve une description analogue aussi dans l'*Hypnerotomachia des Poliphilo* (Linda Fierz-David, *Der Liebestraum des Poliphilo,* pp. 205 sq.).

18. Emma Jung, *Ein Beitrag zum Problem des Animus.*

19. Voir tableau d'ensemble dans Lévy-Bruhl, *La Mythologie primitive.*

20. Cf. Le Bon, *Psychologie des masses.*

21. *L'altjirangamitijna.* Sur les rites des tribus australiennes, voir : Spencer and Gillen, *The Northern Tribes of Central Australia,* et Lévy-Bruhl, *l.c.*

22. Je rappellerai la panique catastrophique qu'avait déclenchée à New York, peu avant la dernière guerre mondiale, la pièce radiophonique tirée d'une histoire fantastique de H. G. Wells (*War of the Worlds,* la Guerre des Mondes), panique qui s'est répétée récemment à Quito.

23. Cf. Jung, *Zur Psychologie östlicher Meditation.*

24. Berthelot, *Collection des anciens alchimistes grecs,* II, I, 3, p. 43 (45).

25. *Eranos-Jahrbuch* 1935. Le même matériel, augmenté et remanié, dans *Psychologie et Alchimie.*

26. Rulandus, *Lexicon alchemiae,* p. 327, art. *meditatio.*

27. Izquierdus, *Praxis Exercitiorum spiritualium* (p. 10) : « *Colloquium aliud non est quam familiariter loqui cum Christo Domino...* » — « Cet entretien n'est rien d'autre qu'une conversation familière avec le Seigneur Christ ».

28. [Probablement allusion aux *Entretiens journaliers avec le très docte et très habile docteur Piffoël...*]

29. [*Neutestamentliche Apokryphen,* p. 35.]

30. [Pseudo-Aristote, dans : *Rosarium philosophorum,* 1550, fol. Q.]

31. « *Largiri vis mihi meum* » (« Tu veux me donner ce qui m'appartient ») est la version couramment admise, celle par exemple de la

première édition de 1566 dans : *Ars chemica,* sous le titre de *Septem tractatus seu capitula Hermetis Trismegisti, aurei,* et aussi celle du *Theatrum chemicum,* 1613, IV, et de Manget, *Bibliotheca chemica curiosa,* I, 400 sq. Dans le *Rosarium philosophorum,* 1550, fol. E IV, on trouve une variante : « *Largire mihi ius meum ut te adiuvem* » (« Donne-moi ce à quoi j'ai droit, afin que je te vienne en aide ») : exemple des interprétations arbitraires, mais importantes pour la compréhension de l'alchimie, que pratique l'auteur du *Rosarium.*

32. Manget, *l.c.,* p. 430 b.

33. Démonstration détaillée dans *Psychologie et Alchimie* (§ 84 sq.) et *Der Geist Mercurius* (§ 278 sq. et 289).

34. Cf. la belle prière de l'Astrampsychos Ἐλθέ μοι, κύριε Ἑρμῆ, dont la fin dit : « Je suis toi, et tu es moi » (Reitzenstein, *Poimandres,* p. 21).

35. Manget, *l.c. :* « pour ainsi dire le maître et médiateur entre la pierre et le disciple ».

36. La pierre et sa transformation sont représentées comme la résurrection de l'*homo philosophicus,* du second Adam (*Aurora consurgens, quae dicitur Aurea hora,* in : *Artis auriferae* I, p. 185 sq.) ; comme l'âme humaine (*Livre de Cratès,* in : Berthelot, *La Chimie au Moyen Age,* III, 50) ; comme un être à la fois subordonné à l'homme et supérieur à lui (« *Hic lapis est subtus te, quantum ad obedientiam : supra te, quo ad dominium : ergo a te, quantum ad scientiam : circa te, quantum ad aequales.* » Cette pierre est au-dessous de toi, comme pour t'obéir : au-dessus de toi, comme pour régner sur toi : donc elle procède de toi, comme pour te donner la connaissance : autour de toi, comme ton égale ») (*Rosinus ad Sarratantam,* in : *Art. aurif.* I, p. 310) ; comme la Vierge Marie (*De arte chimica,* in : *Art. aurif.* I, p. 582) ; comme la vie (« *sanguis est anima, et anima est vita, et vita lapis noster est* ») (« Le sang, c'est l'âme, et l'âme, c'est la vie, et la vie, c'est notre pierre. ») (*Tractatus Aristotelis,* in : *Art. aurif.* I, p. 347 ; cf. *Racheidibi fragmentum,* in : *Art. aurif.* I, pp. 398 et 401) ; comme l'être humain lui-même (« *tu es eius minera... et de te extrahitur... et in te inseparabiliter manet* ») (« tu es sa matière minérale... et c'est de toi qu'elle est extraite... et elle demeure en toi, indissociablement ») (*Rosinus ad Sarratantam,* in : *Art. aurif.* I, p. 311).

37. *Le Coran,* sourate 18, 16.

38. Cumont, *Textes et monuments figurés relatifs aux mystères de Mithra,* II.

39. A ce sujet, voir surtout la vision du couronnement dans le rêve de Zosime : « Il portait un objet qui était blanc tout autour et rayonnait de la beauté la plus accomplie, et portait le nom de " soleil au milieu du ciel ". » « *mesouranisma heliou* » (Jung, *Einige Bemerkungen zu den Visionen des Zosimos,* p. 23 et : *Die Visionen des Zosimos,* § 86 (in : *Les Racines de la conscience*).

40. Matthews, *The Mountain Chant,* et Stevenson, *Ceremonial of Hasjelti Dailjis.*

41. On trouvera dans mon *Paracelsus als geistige Erscheinung (Paracelse,*

une grande figure spirituelle), § 170 sq., un exposé de la doctrine secrète évoquée dans ce traité.

42. Les différentes versions de cette légende parlent tantôt de sept, tantôt de huit jeunes gens. Dans le récit du Coran, le huitième est un chien. La 18e sourate (21) du Coran mentionne d'autres versions : « Tel dira : ils étaient trois ; leur chien était le quatrième. Tel autre dira : ils étaient cinq, et leur chien était le sixième (...) Tel dira : ils étaient sept, et leur chien faisait le huitième. » On voit donc que le chien était de la partie. Il pourrait s'agir ici de l'hésitation caractéristique entre sept et huit (la même qu'entre trois et quatre) que j'ai relevée dans *Psychologie et Alchimie* (§ 220 sq.) Dans le passage de sept à huit, on voit apparaître la figure de Méphistophélès, issue comme on le sait [dans le *Faust* de Goethe, 1re partie — *NdT.*] d'un chien, d'un barbet. Dans le passage de trois à quatre, le quatrième est le diable ou l'élément féminin, au niveau supérieur la *Mater Dei* (cf. mon exposé à ce sujet dans *Psychologie und Religion*, § 124 sq./*Psychologie et Religion*, chap. 3). Cette hésitation pourrait être analogue à celle que présente l'ennéade égyptienne (*paut = company of the gods ;* cf. Budge, *The Gods of the Egyptians*, I, p. 88). La légende des Sept Dormants se réfère à la persécution des chrétiens par l'empereur Décius vers 250. Elle a pour lieu Ephèse, où déjà « dort » Jean, qui n'est pas mort. Les Sept Dormants se réveillèrent sous le règne de Théodore II (408-450). Ils ne dormirent donc qu'un peu moins de deux cents ans.

43. Les Sept sont les sept vieilles divinités planétaires. Cf. Bousset, *Hauptprobleme der Gnosis*, pp. 23 sq.

44. L'obéissance à la loi d'une part, la liberté des « enfants de Dieu », de ceux qui sont renés, donc, d'autre part, est un thème abondamment développé dans les Epîtres de Paul. Il s'agit non seulement de deux classes d'hommes relativement distinctes, séparées par un développement inégal de la conscience, mais aussi de l'homme inférieur et de l'homme supérieur dans un seul et même individu. Le *sarkikos* reste éternellement assujetti à la loi, seul le *pneumatikos* est capable de renaître à la liberté. C'est à cet état des choses que correspond le paradoxe apparemment insoluble qui oppose l'exigence absolue d'obéissance à l'Eglise et la liberté par rapport à la loi, que l'Eglise affirme en même temps. C'est ainsi que dans le texte du Coran la légende s'adresse au *pneumatikos* et promet la renaissance à celui qui a des oreilles pour entendre. Quant à celui qui, comme le *sarkikos*, n'a pas d'oreilles intérieures, il trouve ce qu'il lui faut et sait à coup sûr où il doit aller en se soumettant aveuglément à la volonté d'Allah.

45. *Le Coran*, sourate 18, 59 à 81.

46. Cf. Vollers, *Chidher*, p. 241.

47. *l.c.*, p. 53.

48. *Allegoria super turbam*, in : *Art. aurif.* I, p. 141 (*Aion*, § 195 sq.)

49. Vollers, *l.c.*, p. 244.

50. *l.c.*, p. 260.
51. *l.c.*, p. 258.
52. Cf. le mythe de la « *Visio Arislei* », notamment dans la version du *Rosarium philosophorum* (*Art. aurif.* II, p. 246) : le soleil qui se noie dans la fontaine de Mercure, et le lion vert qui engloutit le soleil (*l.c.*, pp. 315 et 366). Cf. Jung, *Psychologie der Übertragung,* § 467 sq.
53. La pierre blanche apparaît, pendant la procédure, au bord du vase, comme « des pierres précieuses d'Orient, comme des yeux de poisson » (« *tanquam oculi piscium* » ; cf. Hollandus, *Opera mineralia,* p. 286 ; Lagneus, *Harmonia chemica,* in : *Theatr. chem.,* 1613, IV, p. 870). Les yeux apparaissent à la fin de la *nigredo,* au moment où commence l'*albedo.* Autre symbole analogue, les *scintillae* qui apparaissent dans la matière encore sombre. On fait remonter cette idée à *Zacharie,* 4, 10 : « *Quis enim despexit dies parvos? et laetabuntur, et videbunt lapidem stanneum in manu Zorobabel. Septem isti, Oculi sunt Domini, qui discurrunt in universam terram.* » (« Car ceux qui méprisaient le jour des faibles commencements se réjouiront en voyant le niveau dans les mains de Zorobabel. Ces sept sont les yeux de l'Eternel, qui parcourent toute la terre ».) (Eirenaeus Orandus, dans l'introduction au traité de Flamel sur les hiéroglyphes, fol. A 5). Ce sont les sept yeux de Dieu sur la pierre angulaire du nouveau Temple (*Zacharie,* 3, 9). Les Sept renvoient aux sept astres, aux dieux planétaires, que les alchimistes représentaient dans une caverne souterraine (Mylius, *Philosophia reformata,* p. 167). Ce sont « ceux qui dorment dans l'Hadès », « ceux qui sont ligotés » (Berthelot, *Alch. grecs,* IV, XX, 8, p. 181) : allusion à la légende des Sept Dormants.
54. Vollers, *l.c.*, p. 254. Peut-être faut-il voir là la trace d'une influence chrétienne. Cf. le repas de poisson que prenaient les premiers chrétiens, et la symbolique du poisson en général. Sur ce point, voir mes « Contributions à la symbolique du Soi », dans *Aion.*
55. Pour d'autres exemples, voir *Wandlungen und Symbole der Libido,* 2e partie. Plutôt que de donner des exemples pris dans l'alchimie, je citerai l'antique formule du *Rosarium philosophorum* (in : *Art. aurif.* II, p. 210) : « *Hic lapis exilis extat, precio quoque vilis,/Spernitur a stultis amatur plus ab edoctis.* » (« Cette pierre est sans éclat et sans valeur,/Les sots la dédaignent, mais les initiés ne l'en aiment que davantage »). Le *lapis exilis* annonce peut-être le *lapsit exillis,* le Graal de Wolfram von Eschenbach.
56. Cf. « *Die Visionen des Zosimos* » (les visions de Zosime), dans : *Von den Wurzeln des Bewußtseins (Les Racines de la conscience).*
57. Cf. Rhine, *New Frontiers of the Mind :* vue d'ensemble sur des expériences déjà anciennes. Aucune objection indiscutable n'a jamais été jusqu'à présent formulée contre ces expériences. Elles courent de ce fait le risque de rester systématiquement ignorées.
58. En souahéli (kiswahili), la langue de communication de l'Est africain, qui comporte beaucoup de mots empruntés à l'arabe, comme ici par exemple : *kitâb* = le livre.

59. Même indication dans les légendes juives concernant Alexandre. Cf. Bin Gorion, *Der Born Judas*, III, p. 133 sq., la légende de la « caverne sacrée », et p. 153, l'histoire de l' « eau vitale », proche de la 18e sourate du Coran.

60. Cf. aussi Jung, *Symbole der Wandlung*, § 282 sq.

61. *Apocalypse*, 20, 7-8-9.

62. De même, les Dioscures sauvent du péril de la mer.

II

UNE EXPÉRIENCE DU PROCESSUS D'INDIVIDUATION

La caractéristique d'une grande vertu réside dans son adhésion exclusive au Tao.

Le Tao est quelque chose de fuyant et d'insaisissable ;
fuyant et insaisissable, il présente cependant quelque image ;
insaisissable et fuyant, il est cependant quelque chose.

Profond et obscur, il contient une sorte d'essence.
Cette sorte d'essence est très vraie et comporte l'efficience.

Depuis l'Antiquité jusqu'à présent, son nom demeure ;
pour cela, passons en revue tous les êtres dans leur commencement.
Comment sais-je que le commencement de tout être du monde est ainsi ?
Par tout ce que je viens de dire.

Lao-tseu : *Tao-tö king*, XXI.
(trad. Liou Kia-hway, Gallimard (Pléiade),
Paris 1980-1985, p. 24)

[Troisième partie de : *Gestaltungen des Unbewußten (Psychologische Abhandlungen* VII), Rascher, Zurich 1950, où le texte est introduit par la note suivante en bas de page : « Cet essai reprend, entièrement remanié et complété, le texte de ma conférence publiée pour la première fois sous le même titre dans *Eranos Jahrbuch 1933.* »]

Dans les années vingt, je fis la connaissance en Amérique 61 *(525)*
d'une dame — nous l'appellerons Madame X — qui avait fait des études universitaires et s'était occupée depuis neuf ans déjà de psychologie. Elle avait lu tous les ouvrages récents publiés dans ce domaine. En 1928, âgée de cinquante-cinq ans, elle vint en Europe afin de poursuivre ses études sous ma direction. Fille d'un homme important, elle avait des centres d'intérêt multiples, elle disposait d'une culture considérable et d'une grande vivacité d'esprit. Elle n'était pas mariée, mais entretenait avec l'équivalent inconscient d'un partenaire humain, l'animus, personnification de tout ce qu'il y a de masculin dans la femme, cette *liaison* * caractéristique que l'on rencontre chez tant de femmes qui ont reçu une formation universitaire[1]. Comme c'est souvent le cas, cette évolution qu'elle avait suivie était fondée sur un complexe paternel positif, c'est-à-dire qu'elle était une « *fille à papa* * » et n'avait pas eu, par conséquent, une bonne relation avec sa mère. Son animus n'était pas ainsi fait qu'elle se serait obstinément accrochée à quelque conviction têtue. Elle en avait été protégée par une intelligence naturelle et par une disposition remarquable à admettre les points de vue des autres. Jointe à quelques-unes de ces expériences difficiles que la vie apporte inévitablement, cette qualité, qui

* En français dans le texte. *(N.d.T.)*

ne va nullement de soi lorsqu'on est en présence d'un animus, lui avait permis de comprendre qu'elle avait atteint une limite et se trouvait dans une phase de stagnation, ce qui lui faisait ressentir avec quelque urgence la nécessité de se mettre en quête des moyens propres peut-être à lui permettre d'aller plus loin. C'était là l'une des raisons qui la déterminèrent à se rendre en Europe. A cela s'ajoutait une autre motivation, non fortuite. Elle avait, du côté maternel, une ascendance scandinave. La relation avec sa mère laissant, on l'a déjà dit, beaucoup à désirer, ainsi qu'elle le reconnaissait clairement elle-même, peu à peu s'était développé en elle le sentiment que le côté correspondant de son être aurait sans doute été capable d'évoluer autrement si la relation à la mère y avait été favorable. Ayant décidé ce voyage en Europe, elle prit conscience qu'elle effectuait ainsi, en quelque sorte, un retour à ses propres origines et s'apprêtait donc aussi à réanimer une partie de son enfance, celle qui était liée à la mère. Avant de venir à Zurich, elle se rendit en effet au Danemark, le pays de sa mère. Elle y fut prise avant tout par le charme du paysage, et y éprouva le désir inattendu de peindre — plus précisément, de peindre des motifs champêtres. Elle n'avait jusqu'alors observé en elle-même aucune inclination esthétique de ce genre, et ne savait ni peindre ni dessiner. Elle s'essaya à l'aquarelle, et ses modestes paysages la remplirent d'un étrange sentiment de satisfaction. Le fait de peindre l'avait, me dit-elle, comme emplie d'une vie nouvelle. Arrivée à Zurich, elle poursuivit ses tentatives picturales, et la veille du jour où elle vint me voir pour la première fois, elle se remit à peindre — de mémoire, cette fois — un motif champêtre. Tandis qu'elle était occupée à ce travail, une vision intérieure vint soudain s'imposer à elle : *elle se vit la moitié inférieure du corps enfoncée dans la terre, plus précisément dans un bloc rocheux. Le paysage environnant était une grève parsemée de blocs rocheux. A l'arrière-plan on voyait la mer. Elle se sentait prisonnière, sans recours. Alors elle me vit, moi, sous l'apparence d'un magicien du Moyen Age. Elle appela à l'aide, je m'approchai et touchai le roc de ma baguette magique. Aussitôt la pierre se brisa, et elle en sortit, dégagée tout entière.* Elle peignit alors non plus son paysage, mais cette image venue de l'intérieur, et me l'apporta le lendemain.

IMAGE 1

Comme il arrive souvent dans le cas des débutants qui 62 *(526)*
n'ont aucun savoir-faire, la représentation graphique lui causa des difficultés considérables. Mais dans de tels cas l'inconscient a beau jeu d'introduire, pour ainsi dire en contrebande, dans l'image peinte ses propres images venues de derrière la conscience. C'est ainsi qu'il advint que les gros fragments de roches se refusèrent à apparaître sur le papier dans leur forme réelle, mais prirent des aspects inattendus. Ils ressemblaient en effet, pour une partie d'entre eux, à des œufs durs vus en coupe, avec le jaune au milieu. D'autres étaient pointus comme des pyramides. C'est dans l'un de ceux-ci qu'elle était emprisonnée. Sa chevelure flottant en arrière et la mer agitée indiquent qu'il y a du vent, et qu'il souffle fort.

L'image ne représente encore que son état d'emprisonne- 63 *(527)*
ment, et non pas l'acte de libération. C'est donc là-bas, dans le pays de la mère, qu'elle devint prisonnière de la terre. Psychologiquement, cet état signifie bien entendu un assujettissement à l'inconscient. L'insuffisance de la relation à la mère a laissé en elle quelque chose d'obscur et qui a besoin d'évoluer. Le fait qu'elle soit prise par le charme du pays maternel et cherche à exprimer ce charme par la peinture révèle qu'elle est encore enfoncée jusqu'à mi-corps dans la Terre-Mère, c'est-à-dire encore partiellement identique à la mère, et identique en cette partie du corps qui précisément renferme le secret de la mère, ce secret qu'elle n'avait jamais levé.

Or, comme Madame X avait découvert par ses propres 64 *(528)*
moyens la méthode de l'*imagination active* que j'employais moi-même depuis longtemps déjà, je pus entreprendre l'élaboration du problème à partir précisément du point indiqué par l'image : elle est prisonnière de l'inconscient et

attend de moi, comme d'un magicien, une aide. Du fait de ses connaissances en psychologie elle était parfaitement au courant des possibilités d'interprétation, aussi n'y eut-il pas même besoin d'un clin d'œil complice pour éclairer le sous-entendu qu'impliquait la baguette magique salvatrice. Le symbolisme sexuel, qui pour beaucoup d'âmes simples présente une importance si capitale, n'était pas pour elle une découverte. Elle était assez avancée pour savoir que, quelque vraie qu'elle pût être à d'autres égards, dans son cas une telle explication ne pouvait avoir absolument aucun sens. Ce qu'elle voulait savoir, en effet, ce n'est pas comment la libération en général est possible, mais comment, par quels moyens elle était possible dans son cas. Cela, je ne le savais pas plus qu'elle : la seule chose que je sache, c'est que la solution de tels problèmes n'est possible que par un cheminement individuel imprévisible. On ne peut pas imaginer artificiellement et moins encore connaître à l'avance ce cheminement et ces moyens, car un tel savoir est simplement de l'ordre du collectif, repose sur l'expérience humaine en général et peut donc être tout à fait insuffisant, voire carrément inadéquat dans un cas individuel. Si de plus nous tenons compte de l'âge de Madame X, il vaut mieux dès l'abord renoncer à chercher du côté de solutions déjà connues et à lui servir de ces vérités générales que le patient connaît tout aussi bien que le médecin. Une longue expérience m'a enseigné qu'en de tels cas il fallait laisser de côté tout savoir préfabriqué et pédant, et s'effacer devant l'inconscient. D'innombrables fois déjà, en effet, la vie instinctive a résolu en toute sécurité, en les dépassant, les problèmes de cet âge, et nous sommes donc en droit de supposer avec assurance que les processus de transformation qui rendent possible ce passage sont déjà préparés depuis longtemps dans l'inconscient et n'attendent plus que d'être déclenchés.

65 *(529)* En effet, l'évolution antérieure du cas m'avait déjà montré comment l'inconscient, exploitant la maladresse du sujet, mettait en relief dans le dessin ses propres indications. Il ne m'avait pas échappé que, sous la main qui les dessinait, les

blocs rocheux s'étaient transformés en œufs. L'œuf est un germe de vie, investi d'une haute signification symbolique : c'est un symbole non seulement cosmogonique, mais aussi « philosophique » ; d'une part, l'œuf orphique, le commencement du monde, et d'autre part l'*ovum philosophicum* de la philosophie médiévale de la nature, c'est-à-dire le vase duquel, au terme de l'*opus alchymicum,* sort l'*homunculus,* autrement dit l'Anthropos, l'homme spirituel, intérieur et complet, le *chên-yen* (littéralement : l'homme complet) de l'alchimie chinoise[2].

Cette indication suffisait déjà à me montrer quelle solution 66 *(530)*
l'inconscient avait prévue : l'individuation ; car c'est là le processus de transformation qui libère l'être humain de son assujettissement à l'inconscient. C'est une solution définitive, au regard de laquelle tous les autres moyens ne sont que des expédients, des préliminaires. Cette constatation, qu'à vrai dire je commençai par garder pour moi, m'incita à la prudence. En conséquence, je conseillai à Madame X de ne pas en rester au simple fantasme de l'acte libérateur, mais de tenter d'en esquisser une représentation imagée. Ce que celle-ci pourrait bien donner, en vérité, je ne pouvais pas m'en faire une idée, et c'était bien ainsi ; car autrement j'aurais fourvoyé Madame X par mon désir de lui venir en aide. Cependant, elle trouva fort difficile la tâche proposée, eu égard aux problèmes que lui posait le dessin. Je lui conseillai donc de se contenter de faire ce qu'elle pourrait, et d'user de son imagination pour tourner les difficultés techniques. Ce conseil visait à faire entrer dans le dessin autant d'imagination que possible, car c'est ainsi qu'est donnée à l'inconscient la meilleure chance de révéler ses contenus. Je conseillai aussi à Madame X de ne pas craindre la bigarrure, sachant par expérience que la vivacité des couleurs exerce un attrait sur l'inconscient. Il en résulta une nouvelle image.

IMAGE 2

Elle montre encore une fois les blocs rocheux, formes 67 *(531)*
rondes ou pointues ; cependant les unes ne sont plus des œufs

mais des cercles parfaits, et à la pointe des autres apparaît une vive lumière. L'une des figures rondes se distingue par le fait qu'un éclair doré la frappe et la dégage de son environnement. Il n'y a plus là de magicien ni de baguette magique. La relation personnelle avec moi semble avoir disparu. L'image représente maintenant un processus naturel impersonnel.

68 *(532)* Tandis que Madame X était occupée à peindre cette image, elle fit toutes sortes de découvertes. Avant tout, elle ne savait pas consciemment quelle image elle peindrait. Elle s'efforça de se représenter à nouveau la situation initiale, comme en témoignent la côte rocheuse et la mer. Mais les œufs se métamorphosèrent en sphères ou en cercles abstraits ; le contact magique devint un éclair qui traversait son état inconscient. Avec cette transformation, elle redécouvrait le synonyme historique de l' « œuf philosophique », le *rotundum*, la forme première de l'Anthropos (ou στοιχεῖον στρογγύλον, l'élément rond, ainsi que l'appelle Zosime). C'est une conception liée depuis des temps immémoriaux à celle de l'Anthropos[3]. De même, une antique tradition attribue à l'âme une forme sphérique. Ainsi que le rapporte le moine Cäsarius von Heisterbach, elle est non seulement « semblable à la sphère lunaire, mais aussi pourvue d'yeux de tous les côtés », *(ex omni parte oculata)*. Nous reviendrons encore sur ce motif de la polyophtalmie. Cette description doit très vraisemblablement être mise en rapport avec certains phénomènes parapsychologiques, les « boules lumineuses », objets lumineux globulaires, qui, par une remarquable coïncidence, sont considérés dans les parties du monde les plus éloignées les unes des autres comme des « âmes »[4].

69 *(533)* L'éclair qui opère la libération constitue un symbole utilisé aussi par Paracelse et les alchimistes, avec le même sens[5]. Il pourrait y avoir là, en arrière-plan, une réminiscence de la baguette de Moïse, qui fendit le rocher et d'une part fit jaillir l'eau nécessaire à la vie, d'autre part se changea en serpent[6]. L'éclair signifie un changement d'état soudain, inattendu et d'une puissance irrésistible[7].

70 (534) C'est dans l' « esprit de l'éclair » que réside la « grande vie toute-puissante », dit Jacob Boehme[8]. « ... Car si l'on frappe sur la dureté de la pierre, l'aiguillon furieux de la nature s'endurcit et s'irrite à l'extrême, car c'est dans sa dureté que la nature *subit l'éclatement, de sorte que la liberté apparaît sous la forme d'un éclair*[9]. » L'éclair est « *la naissance de la lumière* »[10]. Il possède la force qui transforme. « Car si je pouvais, dit Boehme, saisir dans ma chair l'éclair que je vois et connais tout à fait clairement tel qu'il est, alors je voudrais en transfigurer mon corps (" de l'éclair procède la lumière de la majesté "), et alors il ne serait plus semblable au corps animal, mais aux anges de Dieu[11]. » Ailleurs, il dit encore : « C'est comme lorsque l'éclair de vie apparaît au milieu de la force divine, et que tous les esprits de Dieu reçoivent leur vie et sont emplis d'une grande joie...[12] » De l' « esprit-source » (*Quellgeist*) Mercure, « source jaillissante de l'esprit », il dit qu'il « tire son origine du feu de l'éclair ». Mercure est l' « esprit animal » qui, issu du corps de Lucifer, « comme un *serpent de feu* sorti de son trou, a frappé le *Salniter* de Dieu[13] », comme « si un foudre de feu passait à travers la nature de Dieu, ou si un serpent furieux, déchaînant sa colère, voulait mettre la nature en pièces[14] ». De la « plus intime » *naissance de l'âme,* le corps animal ne peut avoir « qu'une vision fugitive, comme celle d'un éclair de chaleur[15] ». La « triomphale *naissance divine* » ne dure « en nous autres humains qu'autant que dure l'éclair ; c'est pourquoi notre connaissance est fragmentaire ; mais en Dieu, l'éclair demeure immuable et éternel[16] ». (Cf. aussi fig. 1.)

71 (535) Dans ce contexte, je voudrais mentionner sans plus attendre aussi quelque chose que Boehme met en rapport avec l'éclair, à savoir la quaternité, qui va jouer un grand rôle dans les images suivantes : lorsqu'il est capté et adouci par les quatre qualités, ou les quatre esprits[17], « l'éclair, ou la lumière, demeure *au centre, tel un cœur*[18]. Mais quand cette même lumière qui est au centre illumine les quatre esprits, alors les vertus des quatre esprits montent dans la lumière et deviennent vivantes, et elles aiment la lumière, c'est-à-dire la reçoivent en elles et en deviennent *grosses*[19] ». « L'éclair, ou

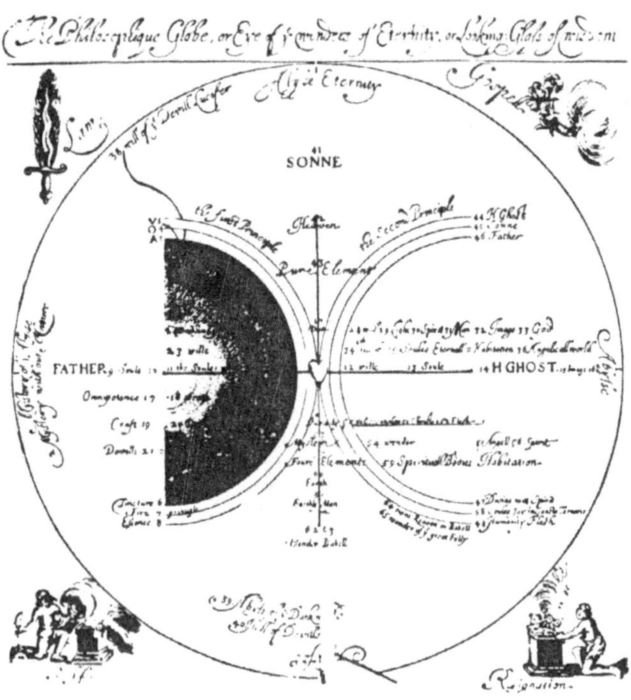

Figure 1.

Mandala tiré de Jacob Boehme, *Viertzig Fragen von der Seele (Quarante questions au sujet de l'âme)* (1620). Cette image provient de l'édition anglaise de 1647. La quaternité se compose de : *Father* (Dieu le Père, *auctor rerum*), *H. Ghost* (le Saint Esprit), *Sonne* (le Soleil, le Fils) et *Earth* (la Terre) ou *Earthly Man* (l'homme terrestre). Détail caractéristique, les deux demi-cercles s'opposent au lieu de se fermer.

l'arbre[20], ou le cœur qui prend naissance dans les vertus des esprits, il demeure au centre ; et il est le *fils*... Et c'est lui le véritable Esprit Saint, que nous, les chrétiens, nous honorons et adorons comme la troisième personne en la Divinité[21]. » Ailleurs encore, Boehme dit : « Lorsque l'éclair du feu atteint le fond ténébreux de l'être[22], c'est un grand effroi, et le feu froid en est saisi de frayeur, comme frappé par la mort, privé de sa force, englouti dans son propre fond... Mais alors l'éclair, en apparaissant, fait une ✝ englobant toutes les qualités, et alors l'esprit naît dans l'être[23] et voici ce qui en résulte : ♁, si tu as de l'intelligence, tu n'as plus besoin de questionner, c'est l'éternité et le temps : Dieu dans l'amour et la colère, ciel et enfer. La partie inférieure, ceci : ◡ est le premier Principe, et c'est la nature éternelle sous l'aspect de la Colère, le royaume des ténèbres encloses en elles-mêmes, et la partie supérieure (⌓ de ce dessin) est le *Salniter*[24], la ✝ au-dessus du cercle est le Royaume de la Gloire, qui dans la commotion qui ébranle le Royaume de la Joie[25] sous l'effet de la volonté du libre désir qu'il y a en lui se transforme du feu contenu dans l'éclat de la lumière en la force de la liberté, et cette même eau spirituelle[26]... est le corps du libre désir..., c'est en elle que l'éclat du feu et de la lumière fait une teinture (*Tinctur*[26 bis]), un verdoiement et une croissance, et une révélation des couleurs issues du feu et de la lumière[27]. »

Je me suis à dessein quelque peu attardé sur ce que *72 (536)* Boehme dit de l'éclair, car c'est tout particulièrement instructif quant à la psychologie de nos images. A vrai dire, ces propos anticipent sur quelques points qui n'apparaîtront qu'à travers les images suivantes. Je dois donc prier mon lecteur de se rappeler les conceptions de Boehme en lisant les commentaires qui vont suivre. J'ai mis en relief par des *italiques* les points essentiels. Dans les citations de Boehme il est facile de saisir ce que l'éclair signifie pour lui, et quel rôle l'éclair joue également dans le cas qui nous occupe. La dernière citation surtout mérite une attention particulière : elle évoque par avance certains motifs fondamentaux des images ultérieures de mon analysante, à savoir la croix, autrement dit la quaternité, ainsi que le mandala divisé, qui correspond dans sa partie inférieure à peu près à l'enfer, mais en haut aussi à la sphère plus lumineuse du *Salniter*. Chez Boehme, la moitié inférieure représente les « ténèbres éternelles » qui « plongent jusque dans le feu [28] », tandis que la moitié supérieure, celle du *Salniter*, correspond au troisième principe, celui du « monde visible des éléments..., qui est une émanation de l'autre principe, du principe premier [29] ». Enfin, la croix correspond au second principe, le « Royaume de la Gloire », qui se révèle à travers le « feu magique », l'éclair précisément, qu'il nomme une « révélation de la motion divine [30] ». L' « éclat du feu » est issu de l' « unité de Dieu » et révèle Sa volonté. Ainsi donc le mandala représente le « royaume de la nature », qui « est en lui-même les ténèbres éternelles ». Le « Royaume de Dieu », en revanche, ou la « Gloire [31] » (c'est-à-dire la croix) est la lumière dont parle l'Evangile de Jean, 1, 5 : « La lumière luit dans les ténèbres, et les ténèbres ne l'ont point reçue. » La vie qui « se sépare de la lumière éternelle et entre, pour s'unir à son contraire, dans les qualités en leur existence propre *(in die Selbheit der Eigenschafften)* » n'est « qu'imagination délirante et folie, et c'est ainsi que les diables sont devenus des diables, et que les âmes damnées sont damnées, comme on le voit... au nombre quatrième [32] ». Le « feu de la nature éternelle », c'est ainsi que Boehme nomme la quatrième figure, et ce qu'il entend par là c'est « un feu spirituel de vie, qui naît de la conjonction permanente... de la dureté ⟨c'est-à-dire du *Salniter* desséché, solidifié⟩ et du mouvement » ⟨de la volonté divine⟩ [33]. Tout à fait en accord avec *Jean*, 1, 5, la quaternité de l'éclair, la croix, fait partie du Royaume de la Gloire, alors que la nature, elle, le monde visible et l'abîme ténébreux, n'est pas atteinte, selon cet exposé de Boehme, par la quadruple lumière, et demeure donc dans l'obscurité.

73 *(537)* Pour être complet, il faut signaler que le symbole 🜍 est celui du cinabre (*cinnabaris*), du principal minerai de mercure (HgS) [34]. La coïncidence des deux symboles ne peut guère être fortuite, étant donné l'importance que Boehme accorde au Mercure (*Mercurius*). Ruland éprouve quelque difficulté à

indiquer ce qu'il faut entendre par *cinnabaris*[35]. La seule chose certaine est que dans l'alchimie grecque déjà il y avait une κιννάβαρις τῶν φιλοσόφων (un cinabre des philosophes), qui représente la *rubedo* de la substance à transmuter. Ainsi, on lit dans Zosime : « ⟨après le processus précédent⟩, tu trouveras l'argent coloré en rouge feu, comme le sang. C'est là la *cinnabaris* des philosophes et l'homme de cuivre (χαλκάνθρωπος), (qui est devenu) or[36] ». La *cinnabaris* est considérée comme identique au dragon Ouroboros[37]. Chez Pline déjà, le cinabre s'appelle *sanguis draconis* — le sang du dragon, dénomination qui subsistera pendant tout le Moyen Age[38]. En raison de sa couleur rouge, il se confond souvent avec le Soufre philosophique. Une difficulté particulière consistait dans le fait que les cristaux rouge vineux du cinabre étaient considérés comme faisant partie des ἄνθρακες, les charbons, dans lesquels on range toutes les pierres rougeâtres ou rouges : rubis, grenats, améthystes, etc., parce qu'elles ont l'éclat du charbon ardent[39]. Le charbon de terre, en revanche, λιθάνθρακες, était tenu pour un charbon « éteint ». C'est par cet ensemble de données que s'explique l'analogie des symboles alchimiques retenus pour l'or, l'antimoine et le grenat. L'or ♁, qui est avec le Mercure la substance « philosophique » la plus importante, partage son symbole avec le *Regulus antimonii*[40], qui, précisément au cours des deux décennies précédant la rédaction du traité *De signatura rerum* (1622), duquel est extraite notre citation, jouissait d'une réputation particulièrement flatteuse en tant que nouvelle substance transmutée[41] et que panacée[42]. C'est en effet autour de la première décennie du 17ᵉ siècle qu'avait paru le *Triumphwagen Antimonii* de Basile Valentin (première édition en 1611 ?)[43], promis à une rapide et très vaste diffusion. ♁ est le symbole du grenat, ⊖ celui du sel. La croix dans un petit cercle ⊕ désigne le cuivre (de *Kypris* = Vénus ♀). Le *spiritus tartari* (ou *tartarisatus*) officinal est figuré par 🜿. Le *sal tartari* (tartre) a pour symbole ⊖♀[44]. Le tartre se dépose au fond du vase alchimique, c'est-à-dire, dans le langage des alchimistes, dans le monde d'en bas, dans le Tartare[45].

74 (538) Je ne voudrais pas tenter ici une interprétation de la symbolique de Boehme, mais seulement souligner qu'en opposition avec elle, dans notre série d'images l'éclair frappe les ténèbres et la « dureté », fait jaillir de la *massa confusa* obscure un *rotundum* et en même temps allume en celui-ci une lumière. Sans aucun doute la pierre désigne ici le noir, c'est-à-dire l'inconscient, cependant que la mer, le ciel et la moitié supérieure de la silhouette humaine renvoient au domaine de la conscience. Nous sommes probablement en droit de supposer que la symbolique de Boehme évoque elle aussi une situation analogue. Dans le cas qui nous occupe, l'éclair a pour effet de dégager la figure circulaire de la masse rocheuse, une sorte de libération, donc. Mais de même que le magicien par l'éclair, l'analysante est remplacée par la boule. Ainsi l'inconscient lui a fourni des idées qui montrent que, sans intervention de la conscience, la pensée a continué à se développer, entraînant une modification essentielle de la situation initiale; mais c'est le manque d'habileté même de la dessinatrice qui a rendu possible ce résultat. En effet, avant de trouver cette solution elle avait tenté par deux fois de représenter l'acte libérateur au moyen de figures humaines, mais n'avait pu y parvenir. C'est qu'elle n'avait pas vu que la situation initiale, la captivité dans la pierre, était elle-même aussi déjà irrationnelle et symbolique et ne pouvait donc, de ce seul fait, recevoir de solution rationnelle. Je lui avais conseillé, pour le cas où elle ne parviendrait pas à réaliser son projet, de dessiner des figures humaines, de se servir d'un hiéroglyphe quelconque. C'est ainsi qu'elle avait eu soudain l'idée, me dit-elle, que la sphère était un « symbole » adéquat de l'individu humain. Le fait que cette idée lui était venue spontanément prouve que ce n'est pas la conscience qui avait imaginé cette symbolisation, mais plutôt l'inconscient ; car ce genre d'idée (*Einfall*) se présente de soi-même. Il faut remarquer que l'analysante ne représente qu'elle-même comme sphère, et non moi. Je ne suis figuré que par l'éclair, de manière purement fonctionnelle donc, c'est-à-dire que je signifie pour elle la cause « mécanique » du processus, et rien d'autre. En tant que magicien, le rôle

qui lui semblait être le mien était celui de l'*Hermes Kyllenios*, dont l'*Odyssée* dit (XXIV, 2 sq.) :

> Le dieu du Cyllène, Hermès, appelle les ombres des prétendants, tenant en main le brillant rameau d'or, qui, à son gré, ferme les yeux des mortels ou dissipe le sommeil[45 bis].

Hermès est le ψυχῶν αἴτιος, celui qui « cause les âmes[46] ». Il est aussi celui qui dirige les rêves (ἡγήτωρ ὀνείρων)[47]. Pour les images suivantes, il est particulièrement important de savoir que le nombre quatre est attribué à Hermès. Martianus Capella dit : « *Numerus quadratus ipsi Cyllenio deputatur, quod quadratus deus solus habeatur*[48]. »

La tournure prise par l'image n'était pas trop agréable à la 75 (539)
conscience. Mais heureusement Madame X avait découvert, en peignant, que deux facteurs contribuaient à son élaboration : selon ses propres termes, l'intellect et les yeux. L'intellect voulait toujours donner à l'image la forme qu'elle aurait dû avoir selon son idée préconçue, mais les yeux s'en étaient tenus fermement à leur vision et l'avaient en fin de compte obligée à faire l'image en correspondance aussi exacte que possible avec la réalité et non pas avec l'attente de l'intellect. Celui-ci aurait voulu, disait-elle, peindre une scène diurne dans laquelle le soleil dégageait la sphère par fusion, mais l'œil avait préféré une image nocturne et un éclair « fracassant et dangereux ». Cette constatation l'aida à admettre le résultat effectif de son effort de représentation, et qu'il s'agissait en réalité d'un processus objectif, impersonnel, et non d'une relation de personne à personne.

Il ne serait peut-être pas facile, à partir d'une conception 76 (540)
centrant les processus psychiques sur la personne, selon par exemple le présupposé de Freud, de voir dans ce résultat autre chose qu'une subtilité du refoulement. Mais en admettant qu'il y ait ici quelque chose de refoulé, nous ne pouvons en tout cas en rendre responsable la conscience, car celle-ci aurait à coup sûr préféré, comme beaucoup plus intéressante, quelque affabulation personnelle compliquée. Il faut

alors que le refoulement ait été manœuvré lui-même par l'inconscient. Que l'on pense à ce que cela signifie : la pulsion, cette force spécifique par excellence de l'inconscient, étouffée ou distordue par un artifice de cet inconscient lui-même ! En vérité, il serait oiseux, dans un pareil cas, de parler encore de « refoulement » : l'inconscient ne va-t-il pas, en effet, tout droit vers son but — lequel ne consiste pas purement et simplement à accoupler deux animaux, mais à faire accéder un individu à sa totalité. Pour y parvenir, il met en relief la totalité — c'est-à-dire ici la rotondité — comme la substance même de la personnalité, et je suis, moi, réduit à ne durer qu'une fraction de seconde, le temps d'un éclair.

77 (541) Au sujet de l'éclair, il vint à l'esprit de l'analysante qu'il représentait sans doute une intuition — supposition qui n'est pas aberrante, en ce sens que l'intuition elle-même survient souvent « comme un éclair ». En outre, il y avait des raisons suffisantes de supposer que Madame X relevait du type sensation. C'est ainsi qu'elle se considérait elle-même. Dans ce cas, la fonction « inférieure » serait l'intuition. C'est à elle, en tant que telle, que reviendrait alors le rôle de fonction libératrice ou « rédemptrice ». L'expérience montre que la fonction « inférieure » est toujours l'opposé de la fonction principale, qu'elle la compense, la complète et l'équilibre [49]. Ma constitution psychique propre me fait apparaître dans cette relation comme un support de projection adéquat. La fonction inférieure est celle dont le sujet fait le moindre usage conscient. C'est là la raison de son indifférenciation, mais aussi de sa fraîcheur : elle n'est pas usée. Elle n'est pas à la disposition de la conscience, et même après un assez long usage elle ne perd que très peu de son autonomie et de sa spontanéité. C'est pourquoi son rôle est la plupart du temps celui du *Deus ex machina.* Elle n'est pas sous la dépendance du moi, mais du Soi. Elle frappe donc la conscience à l'improviste, entraînant à l'occasion des conséquences dévastatrices, comme un éclair. Elle écarte le moi et dégage un espace pour un facteur auquel le moi lui-même est subordonné : la totalité de l'être humain, constituée par la conscience et l'inconscient et dont les limites s'étendent donc, sans qu'on

puisse les définir, bien au-delà de celles du moi. Depuis toujours ce Soi était là[50], mais en sommeil, tel « une sculpture qui dort dans la pierre » (Nietzsche)[51]. Il est en réalité le secret de la « pierre », *lapis philosophorum,* en tant que celle-ci représente la *materia prima.* Dans la pierre, c'est « l'Esprit Mercure » qui dort, le « disque de la Lune », celui qui est « rond et carré[52] », l'*homonculus* (ἀνθρωπάριον), le Petit Poucet et en même temps l'Anthropos[53], que l'alchimie symbolise aussi par sa fameuse pierre philosophale[54].

De toutes ces idées, de tous ces raisonnements, bien entendu mon analysante n'avait pas conscience, je les connaissais moi-même juste assez pour pouvoir identifier dans le cercle ce que l'on appelle un mandala[55], expression psychologique de la totalité du Soi. Dans ces conditions, toute contamination, même involontaire, par des idées de l'alchimie était absolument exclue. Ces images sont donc, dans leurs parties essentielles, d'authentiques productions de l'inconscient ; dans leurs parties non essentielles (éléments de paysages) elles procèdent de contenus de la conscience. 78 *(542)*

Bien que la sphère avec son centre rougeoyant et l'éclair doré jouent le rôle principal, il ne faut pourtant pas négliger le fait qu'à côté sont esquissés aussi plusieurs autres œufs ou boules. Mais si la première sphère signifie le Soi de l'analysante, il nous faut nécessairement étendre cette interprétation aux autres. Celles-ci devraient alors représenter d'autres êtres, sans doute des proches. Sur chacune des deux images on voit en effet nettement deux autres boules. Je dois signaler que Madame X avait deux amies, auxquelles elle était liée par une profonde communauté d'intérêts intellectuels et une de ces amitiés qui durent toute la vie. Elles étaient enracinées toutes les trois dans la même « terre », c'est-à-dire dans l'inconscient collectif, qui est le même pour tous, et vivaient une destinée commune. C'est probablement pour cette raison que la seconde image présente ce caractère nocturne si marqué, voulu par l'inconscient et imposé par lui contre la conscience. Il convient également de signaler que les pyramides pointues de la première image se retrouvent sur la seconde. Sur celle-ci, leurs pointes sont même dorées 79 *(543)* par l'éclair, ce qui leur donne un relief particulier. Je les interpréterais comme « quelque chose qui veut sortir », c'est-à-dire comme des contenus de l'inconscient qui s'efforcent de monter vers la lumière de la conscience, ce qui semble être le cas de beaucoup de contenus de l'inconscient collectif[56]. Par rapport à la première image, la seconde fait apparaître des couleurs plus vives, rouge et or. L'or signifie la lumière du soleil, la valeur, et même la divinité. Aussi est-il un synonyme particulièrement apprécié du *lapis philosophorum*, sous les noms d'*aurum philosophicum, aurum potabile* ou *aurum vitreum*[57].

80 *(544)* Ainsi que je l'ai déjà souligné, je n'étais nullement alors en mesure de laisser deviner à Madame X quoi que ce soit de ces idées, pour la simple raison qu'elles ne m'étaient pas encore connues. Je me sens poussé à signaler encore une fois ce détail, parce que la troisième image, à laquelle nous passons maintenant, apporte un motif qui renvoie de façon tout à fait évidente à l'alchimie et a même été pour moi l'incitation décisive à m'occuper de manière approfondie des œuvres classiques des Adeptes d'autrefois.

IMAGE 3

81 *(545)* Cette image, qui s'est présentée tout aussi spontanément que les deux précédentes, se distingue avant tout par la clarté des couleurs. Une sphère bleu foncé cerclée d'un rouge vineux flotte librement dans un espace nuageux. Elle est ceinte en son milieu d'un ruban d'argent formant des ondulations, qui la tient en équilibre par le jeu de « forces opposées et égales », selon les termes de l'analysante. En haut à droite, au-dessus de la sphère, flotte un serpent d'or formant des anneaux et dont la tête est pointée vers la sphère : évolution évidente de l'éclair doré de la seconde image. Mais Madame X a rajouté le serpent en raison de certaines « réflexions » qu'elle avait faites. L'ensemble est « *a planet in the making*[58] ». Au milieu du ruban d'argent est inscrit le nombre 12. Le ruban est conçu comme animé d'un

mouvement vibratoire rapide, d'où ses ondulations. C'est comme une ceinture vibrante qui maintient la sphère dans son flottement. Madame X le compara à l'anneau de Saturne. Mais à la différence de celui-ci, qui s'est formé par désagrégation de satellites, il est plutôt, disait-elle, l'origine de lunes qui sont encore à naître, comme Jupiter en possède déjà. Les raies noires sur le ruban d'argent, elle les présenta comme des « lignes de force » destinées à en montrer le mouvement. Je fis alors une remarque en forme de question : « Ainsi donc, ce sont les vibrations du ruban qui entretiennent le flottement de la sphère ? » — « Naturellement, dit-elle, ce sont les ailes de Mercure, le messager des dieux. Cet argent, c'est du vif-argent. » (*mercury !*) Elle ajouta aussitôt : « Mercure, c'est-à-dire Hermès, c'est le *nous*, l'esprit, l'entendement, et c'est l'animus, qui est ici à l'extérieur au lieu d'être à l'intérieur. Mais ainsi, il est comme un voile qui masque la vraie personnalité[59]. » Nous laisserons pour l'instant de côté cette remarque surajoutée, pour considérer d'abord le reste de l'image qui, à la différence des deux précédentes, présente un contenu particulièrement riche.

Tandis que Madame X peignait cette image, elle sentit 82 *(546)*
que deux rêves qu'elle avait eus antérieurement venaient se mêler à sa vision. C'étaient les deux « grands rêves » de sa vie. Elle connaissait cette épithète pour avoir lu mes relations de la vie onirique des Africains primitifs que j'avais rencontrés. Le mot est devenu en quelque sorte un « *colloquial term* », une expression familière pour désigner les rêves archétypiques, dont on sait qu'ils sont chargés d'un pouvoir numineux particulièrement intense. C'est en ce sens que l'analysante l'employait. Elle avait subi plusieurs années auparavant une opération assez importante. Sous anesthésie, elle avait eu la vision onirique suivante : *Une sphère cosmique grise. Un ruban d'argent tournait autour de son équateur et formait par alternance, selon les phases de sa vibration, des zones plus ou moins denses. Sur les zones de grande densité apparaissaient les nombres de 1 à 3 ; mais ils manifestaient une tendance à se développer jusqu'à 12.* Ces nombres représentaient des « points nodaux » ou de « grandes personnalités » qui avaient joué un rôle au cours de l'évolution

historique. « Le nombre 12, lui, représentait le point nodal ou le « grand homme » le plus important (encore à venir), parce que ce nombre correspondait au point culminant du processus d'évolution (ce sont là les propres paroles de l'analysante).

83 (547) L'autre rêve qui se mêlait à la vision avait eu lieu un an avant le précédent : *Elle voyait dans le ciel un serpent d'or. Celui-ci réclamait, comme victime sacrificielle prélevée dans une grande foule, un jeune homme, qui obéissait à la requête avec une expression de tristesse.* Le rêve s'était répété peu après : *Cette fois, le serpent choisissait la rêveuse elle-même. Le peuple rassemblé la contemplait avec compassion, mais elle assumait son destin « avec fierté ».*

84 (548) Madame X remarqua qu'elle était née juste après minuit, si peu après que l'on douta si elle avait vu le jour le 28 encore ou seulement le 29 du mois. Son père avait coutume de plaisanter à ce sujet : selon toute apparence, elle était en avance sur son temps ; puisqu'elle était venue au monde juste au début d'un nouveau jour, mais si juste que l'on aurait pu croire qu'elle était née « à la douzième heure ». Pour elle, le nombre douze représentait le point culminant de la vie, qu'elle venait tout juste seulement d'atteindre. Elle éprouvait en effet la « libération » comme la culmination de sa vie. Il s'agit bien en effet de l'instant d'une naissance ; mais ce n'est pas la rêveuse qui est née, c'est *le Soi.* Il importe de retenir la différence.

85 (549) Le contexte dans lequel la troisième image est ici placée réclame un commentaire. Avant tout, il convient de souligner que l'analysante éprouve et définit le moment qu'elle représente comme un « point culminant » de sa vie. En outre, deux « grands rêves » se sont aussi condensés dans l'image, ce qui en rehausse encore si possible l'importance. La sphère qui, sur la deuxième image, avait été dégagée du rocher fendu, est maintenant montée dans le ciel, dans une atmosphère éclaircie. L'obscurité de la nuit sur la terre a disparu. L'accroissement de la lumière indique une accession à la conscience : la libération est devenue un fait, et un fait intégré à la conscience. L'analysante a compris que la sphère flottante représente « la véritable personnalité » *(the true personality)*. Mais ce qui reste jusqu'à nouvel ordre obscur,

c'est comment elle se représente la relation du moi à la « vraie personnalité ». Le terme choisi par elle coïncide, fait remarquable, avec le chinois *Chên-jen*, l'homme « vrai » ou « entier ». Celui-ci à son tour est étroitement apparenté à l'*homo quadratus*[60] de l'alchimie[61]. Ainsi que nous l'avons déjà relevé dans l'analyse de la seconde image, le *rotundum* de l'alchimie est identique au Mercure, le « rond et carré[62] ». Ici, chose singulière, la relation avec le Mercure apparaît concrètement, par la médiation des ailes de Mercure qui, à l'évidence, est entré dans l'image de lui-même et non pas en raison d'une connaissance des écrits de Boehme, que l'analysante n'avait pas[63].

Pour les alchimistes, le processus d'individuation — 86 *(550)*
représenté par l'*opus* — est un *analogon* de la cosmogénèse, et l'*opus* lui-même en est un de l'œuvre divin de la création. En effet, l' « homme » est considéré comme un microcosme, une parfaite correspondance du monde, en petit. Nous trouvons, dans notre cas, ce qui en l'être humain correspond au cosmos, et quel processus de devenir est mis en parallèle avec la formation du monde et des corps célestes sphériques : *la naissance du Soi*, qui fait apparaître celui-ci comme un microcosme[64]. Ce n'est pas, en effet, l'homme empirique qui est la *correspondentia* du monde, comme le pensait le Moyen Age, mais plutôt l'indescriptible totalité de l'homme psychique et spirituel — indescriptible parce que composée non seulement de la conscience mais aussi de toute l'indéfinissable ampleur de l'inconscient[65]. La définition de l'homme comme microcosme donne à entendre qu'il existe une intuition universelle (présente aussi chez mon analysante) selon laquelle l'homme « total », l'Anthropos, est aussi vaste que le monde. L'analogie cosmique apparaît déjà dans le rêve sous anesthésie, bien antérieur, qui renferme également le problème de la personnalité : les points nodaux des vibrations sont de « grandes personnalités » d'importance historique. Dès 1916 j'ai observé chez une analysante un processus d'individuation analogue, illustré par des images. Il s'agissait également d'une cosmogénèse, représentée comme sur la fig. 2.

Figure 2.

Esquisse d'après une image de 1916. En haut, le soleil, entouré d'un halo aux couleurs d'arc-en-ciel ; sur les côtés, le processus de transformation, à gauche descendant, à droite ascendant. Le halo est divisé en douze secteurs (un zodiaque !).

D'une origine indéterminable proviennent et tombent séparément trois gouttes, qui se résolvent en quatre lignes[66], ou encore en deux fois deux lignes. Ces lignes sont en mouvement et décrivent quatre trajectoires qui d'abord se séparent pour se réunir ensuite périodiquement en un point nodal, et constituent ainsi un système vibratoire. Les points nodaux représentent « de grandes personnalités et des fondateurs de religions », selon les dires de l'analysante. Il s'agit là à l'évidence de la même représentation, et l'on peut en conséquence la considérer comme archétypique en ce sens que l'on y trouve l'idée absolument universelle d'ères cosmiques, de crises de transition, de dieux et de demi-dieux personnifiant ces ères — ces Eons. Bien entendu l'inconscient produit ses images à partir non pas de réflexions conscientes, mais de la prédisposition du système psychique humain à élaborer de telles représentations : les ères cosmiques du parsisme, les yugas et les *avatāra* de l'hindouisme, les mois platoniciens de l'astrologie avec leurs dieux Taureau, Bélier et le « grand » Poisson[67] de l'ère chrétienne. 87 *(551)*

Le fait que sur l'image de notre analysante les points nodaux représentent ou renferment des nombres est la manifestation d'une mystique inconsciente des nombres qui n'est pas toujours facile à décrypter. Dans la mesure où j'y vois clair, cette phénoménologie arithmétique comporte deux degrés ; le premier, le plus ancien, va jusqu'à trois, le second, plus tardif, va, lui, jusqu'à douze. Deux nombres, donc : trois et douze, sont mentionnés expressément. Douze est le quadruple de trois. Je suppose qu'ici nous rencontrons l'*axiome de Marie,* c'est-à-dire la singulière difficulté de choisir entre le trois et le quatre[68], dont j'ai déjà traité plusieurs fois[69], étant donné qu'elle joue un grand rôle dans l'alchimie. Je me risquerais ici à supposer qu'il s'agit d'une *tétramérie* (comme dans l'alchimie grecque), d'un processus de transformation divisé en quatre phases ternaires[70], analogue aux douze transformations du zodiaque et à sa quadripartition. Dans ce contexte, le nombre douze n'aurait pas seulement une signification individuelle (comme dans le cas de Madame X, où il se rapporte à la naissance), mais encore, 88 *(552)* ainsi qu'il arrive souvent, une signification déterminée par le temps, du fait que l'ère actuelle des Poissons approche de la phase critique de sa fin et représente aussi la douzième maison du zodiaque. Ici l'analogie s'impose avec certaines conceptions gnostiques, comme par exemple celle de la gnose de Justin (*Justinus*) : le « Père » (*Elohim*) engendre avec Edem, mi-femme, mi-serpent, douze anges paternels, et Edem met au monde en outre douze anges maternels qui représentent pour ainsi dire, en termes de psychologie, les ombres des douze autres. Les anges maternels se divisent en quatre catégories (μέρη) de trois, qui correspondent aux quatre fleuves du Paradis. Ces anges se meuvent en une sorte de danse circulaire (ἐν χόρῳ κυκλικῷ) [71]. On est sans doute en droit d'établir un rapport hypothétique entre ces éléments en apparence tellement éloignés, car ils procèdent d'une racine commune, l'inconscient collectif.

89 *(553)* Le Mercure forme, dans le cas qui nous occupe, un ruban ceignant le monde et dont la représentation habituelle est le Serpent [72]. Dans l'alchimie, Mercure est un *serpens* ou *draco (serpens mercurialis)*. Mais, chose étrange, ce symbole se trouve, dans notre dessin, à quelque distance de la sphère et pointe vers elle, vers le bas, comme pour la menacer. La sphère est, dit l'analysante, maintenue en suspension par des forces égales mais opposées. Ces forces sont représentées par le vif-argent, ou liées à lui. Une conception ancienne veut que Mercure soit double (*duplex*), c'est-à-dire par essence antinomique [73]. Mercure-Hermès est un magicien, et le dieu des magiciens. En tant qu'Hermès Trismégiste il est le père fondateur de l'alchimie. Autour de sa baguette magique, le caducée, sont lovés deux serpents. Le même attribut caractérise aussi Asklépios, le dieu des médecins [74]. L'archétype correspondant à ces représentations avait été projeté sur moi par mon analysante, avant même le début de l'analyse.

90 *(554)* L'image archétypique dont procède la sphère ceinturée de vif-argent est probablement celle de l'œuf cosmique de l'orphisme, entouré d'un serpent [75]. Toutefois, dans le cas qui nous occupe le serpent, symbole de Mercure, est remplacé par une sorte de représentation pseudo-physique : un champ

de molécules de vif-argent en vibration. Cela ressemble à l'occultation par l'intellect rationaliste de la vérité du fait que le Soi, ou son symbole, est enlacé par le *serpens mercurialis.* Ainsi que l'a remarqué avec une certaine justesse l'analysante elle-même, la « vraie personnalité » est de ce fait masquée. Elle ressemblerait sans doute à une Eve autour de laquelle serait lové le Serpent du Paradis. Pour éviter cet aspect, Mercure s'est scindé, complaisamment et selon une vieille recette bien éprouvée, en ses deux formes distinctes : le *Mercurius crudus* ou *vulgi* (le vif-argent brut ou commun) et le *Mercurius philosophorum* (le *spiritus mercurialis* ou le Mercure-Esprit, l'Hermès-Nous) qui sous la forme de l'éclair doré et du Serpent-Nous plane dans le ciel, pour le moment inactif. Dans la vibration du ruban de vif-argent, il est sans doute loisible de supposer une certaine excitation tremblante, de même que l'état de suspension exprime une attente dans la tension : « *Hangen und Bangen in schwebender Pein*[76] » ! Le vif-argent représente pour les alchimistes l'apparition concrète, matérielle du *Spiritus Mercurii,* comme le montre le mandala, ci-dessus mentionné, des scolies du *Tractatus aureus :* le centre est le Mercure, et le carré qui l'entoure représente le même Mercure partagé dans la quaternité des éléments. Il est l'*anima mundi,* qui à la fois est au tréfonds du monde et l'enveloppe, comme l'Ātman tel que le représentent les *Upaniṣad.* De même que le vif-argent constitue une matérialisation du Mercure, l'or en est une du Soleil au sein de la terre[77].

Un fait dont on ne saurait trop s'étonner, c'est que de tout 91 *(555)*
temps et en tous lieux l'alchimie a mis en rapport la représentation de sa pierre, *lapis,* ou de ses *minera,* avec l'idée de l'*homo altus* ou *maximus,* c'est-à-dire de l'Anthropos[78]. Il faut également s'étonner de voir ici l'image de la pierre ronde et sombre, libérée par la rupture de la roche, destinée à représenter précisément une idée aussi abstraite que celle de la totalité de l'être humain. La terre, et en particulier la pierre, lourde et froide, c'est la matérialité par excellence, de même que le vif-argent en tant que métal, qui, selon l'analysante, signifie l'Animus (= *mens, nous*). On attendrait

plutôt, pour l'idée du Soi et de l'Animus, des symboles pneumatiques, des images d'air qui souffle, de vent. La vieille formule λίθος ού λίθος (*lapis non lapis*, pierre et non pierre) exprime cette contradiction : il s'agit d'une *complexio oppositorum*, analogue à la nature de la lumière qui selon les conditions de l'expérience manifeste un comportement corpusculaire ou purement ondulatoire, et présente donc en elle-même, à l'évidence, cette double nature. C'est sans doute quelque chose de similaire qu'il nous faut supposer dans le cas de ce message paradoxal de l'inconscient, qu'il est si difficile d'expliquer. De tels messages ne sont pas en effet les inventions d'une conscience, mais les manifestations spontanées d'une psyché qui n'est pas sous le contrôle de la conscience et possède visiblement toute liberté d'émettre ses points de vue propres sans tenir le moindre compte des visées de la conscience. La double nature de Mercure, métallique d'une part, pneumatique d'autre part, est parallèle à la figuration symbolique de l'idée suprêmement spirituelle de l'Anthropos par une substance corporelle, et même métallique (l'or !). La seule conclusion que l'on puisse tirer de telles manifestations, c'est sans doute que l'inconscient a tendance à considérer l'esprit et la matière non seulement comme équivalents, mais carrément comme identiques — ceci en opposition flagrante avec l'intellectualisme étroit de la conscience, qui voudrait bien tantôt spiritualiser la matière, tantôt matérialiser l'esprit. Que le *lapis*, dans notre cas la sphère flottante, possède un double sens, c'est ce qui ressort du fait qu'elle est affectée de deux couleurs symboliques : le rouge, qui signifie le sang et l'affectivité, c'est-à-dire la réaction physiologique qui lie le corps et l'esprit, et le bleu, couleur du processus spirituel (*mens*, νοῦς). Cette dualité rappelle celle de l'alchimie, *corpus et spiritus*, que relie un troisième terme, l'*anima*, « *ligamentum corporis et spiritus* ». Un « bleu très profond » mêlé de vert représente chez Boehme la « liberté », c'est-à-dire le royaume de Dieu à l'intérieur de l'âme après sa renaissance. Le rouge mène à la région du feu et à l' « abîme » qui constitue la périphérie du mandala de Boehme.

IMAGE 4

L'image qui vient maintenant décrit une modification 92 *(556)*
considérable : la sphère s'est nettement partagée en une enveloppe et un noyau. L'enveloppe a pris les couleurs de la chair. Le noyau rouge, qui dans la seconde image restait quelque peu nébuleux, montre à présent une structure interne différenciée de nature nettement ternaire. Les « lignes de force » qui faisaient initialement partie du ruban de vif-argent traversent maintenant le corps entier du noyau, ce qui donne à comprendre que l'excitation n'est plus seulement à l'extérieur, mais a déjà saisi le cœur même du noyau. « Ce fut le début d'une énorme activité », dit l'analysante. La structure ternaire est probablement un organe féminin dans l'acte de fécondation, représenté par une stylisation végétale : le spermatozoïde transperce la membrane du noyau. Le rôle en est tenu par le *serpens mercurialis :* le serpent est noir, ténébreux, chthonien, un Hermès καταχθόνιος et ἰθυφαλλικός, souterrain et phallique ; mais il a les ailes d'or de Mercure et possède donc sa nature pneumatique. Ceci correspond au fait que les alchimistes ont représenté eux aussi leur Mercure double comme *serpens aleatus,* ailé, et *sine alis,* sans ailes, et qualifié le premier de féminin, le second de masculin.

Pour être plus précis, le serpent de notre image représente, 93 *(557)*
plutôt que le spermatozoïde, le phallus. Leone Ebreo [79], dans ses *Dialoghi d'amore,* appelle la planète Mercure le *membrum virile* du ciel, c'est-à-dire du Macrocosme conçu comme l' « homme maximal [80] ». En effet, le spermatozoïde semble correspondre à la subtance d'or que le serpent dépose dans l'ectoderme invaginé du noyau [81]. Les deux pétales (?) d'argent représentent probablement le réceptacle de la conception, la coupe lunaire où le germe solaire (l'or) est destiné à reposer [82]. Au-dessus de la fleur il y a un cercle violet, situé pour ainsi dire dans l'ovaire et qui annonce par sa couleur qu'il représente une « nature double unifiée », c'est-à-dire le corps spirituel (rouge et bleu) [83]. Le serpent est

entouré d'un halo jaune clair, qui veut représenter sa nature numineuse.

94 *(558)* Etant donné que le serpent est issu de l'éclair ou, en d'autres termes, de sa métamorphose, je voudrais mentionner ici un cas parallèle où l'éclair est investi de la même fonction illuminatrice, vivifiante, fécondante, transformatrice, voire curative, que le serpent dans le cas qui nous occupe. Sur la figure 3 (page 89) sont représentées deux phases : d'abord une sphère noire qui dénote un état d'extrême dépression, ensuite cette sphère frappée par l'éclair. Le langage use de la même image ; quelque chose a « frappé » ou « allumé un feu ». Mais souvent c'est l'image qui vient d'abord au patient, et seulement après l'idée qui lui fera dire que « la foudre a frappé ».

95 *(559)* Quant au contexte où se plaçait la quatrième image, Madame X releva le fait que ce qui lui avait été d'abord le plus désagréable, c'était le ruban d'argent (de la troisième image). Elle sentait que la substance argentée aurait dû être « à l'intérieur », les lignes de force noires restant alors en place et formant un serpent noir, qui alors aurait ceinturé la sphère[84]. Elle éprouva d'abord le serpent noir comme un « terrible danger », quelque chose qui menaçait « l'intégrité de la sphère ». A l'endroit où le serpent transperce la membrane du noyau, un feu (= l'émotion) prend naissance. La conscience (*mind*) de l'analysante conçut cette flamme jaillissante comme une réaction de défense de la sphère, et tenta par conséquent de représenter l'attaque comme repoussée. Or cette tentative déplut à son « œil » ; elle m'en apporta cependant une esquisse au crayon. Elle se trouvait, à l'évidence, devant un obstacle : elle ne pouvait admettre le serpent, dont le symbolisme sexuel n'était que trop clair à ses yeux, sans intervention de ma part. Je lui fis seulement cette remarque : « Il s'agit là d'un processus connu[85], que vous pouvez accepter sans inquiétude », et lui montrai, tiré de ma collection, un dessin analogue mais qui avait été fait par un homme : une sphère flottante dans laquelle pénétrait *par le dessous* une figure noire de nature phallique. Elle dit plus tard à ce propos : « Je compris aussitôt tout le processus d'une

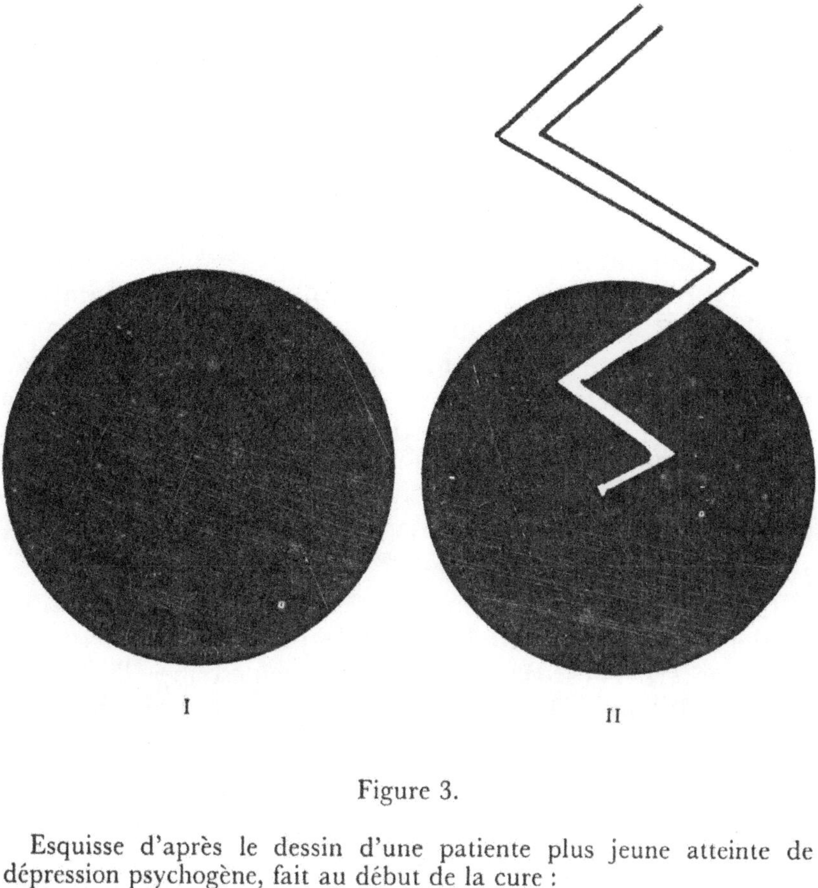

I

II

Figure 3.

Esquisse d'après le dessin d'une patiente plus jeune atteinte de dépression psychogène, fait au début de la cure :

I. l'état de la plus noire désespérance,

II. le début de l'effet thérapeutique.

Dans une image antérieure, la sphère était d'abord posée au fond de la mer. Ainsi que le montre une série d'images, elle était née du fait qu'un serpent noir avait englouti le soleil. Suivit un mandala à huit rayons, entièrement noir, avec une couronne de sept étoiles d'argent ; au milieu, un homunculus noir. La transformation suivante donna à la sphère noire un centre rouge, d'où émanaient des rayons rouges ou vaisseaux sanguins qui se terminaient en forme de tentacules. L'ensemble avait l'aspect d'un crabe ou d'un poulpe. Des images ultérieures montrent la patiente elle-même enclose dans la sphère.

manière plus impersonnelle. » Elle avait reconnu l'existence d'une loi de la vie, à laquelle la sexualité est subordonnée. « Le " moi " n'était pas le centre, mais je tournais, soumise à une loi universelle, autour d'un soleil. » Elle put alors accepter le serpent « comme faisant nécessairement partie d'un processus de croissance », et terminer promptement le dessin de façon satisfaisante, avec quelque peine sur un point et un seul : il lui fallait, disait-elle, « disposer le serpent très exactement en haut, au milieu, pour satisfaire l' " œil ". » A l'évidence, l'inconscient ne pouvait se satisfaire que de cette position dominante, en haut et au milieu — à l'exact opposé de celle qu'il occupait dans le dessin que j'avais montré à Madame X. Celui-ci avait été produit par un homme, ainsi que je l'ai dit, et montrait le symbole noir, le danger menaçant, pénétrant *par-dessous* dans le mandala. Le danger typique qui menace la femme de la part de l'inconscient vient *d'en haut,* de la sphère « spirituelle », qui est précisément personnifiée par l'animus, alors que chez l'homme il provient du domaine chthonien de « Dame Monde », c'est-à-dire de l'anima projetée sur le monde[85 bis].

96 *(560)* On ne peut ici que se souvenir encore des représentations analogues que renferme la gnose de Justin : le troisième des anges paternels est Baruch. Il est en même temps l'Arbre de Vie du Paradis. Le pendant maternel de Baruch est le serpent Naas, qui est l'Arbre de la Connaissance *(scientia boni et mali)*[86]. Quand Elohim quitta (*sic*) Edem parce qu'en tant que second tiers il s'était retiré auprès du premier tiers de la triade divine (laquelle se compose du « Bien », du « Père » et de l'Edem), l'Edem poursuivit le Pneuma du Père, qu'il avait laissé dans l'humanité, et envoya Naas tourmenter le Pneuma (ἵνα πάσαις κολάσεσι κολάζῃ τὸ πνεῦμα τοῦ 'Ελωεὶμ τὸ ὄν ἐν τοῖς ἀνθρώποις). Celui-ci profana Eve et usa d'Adam comme d'un mignon. Or Edem, c'est l'âme (ψυχή) et Elohim, c'est l'esprit (πνεῦμα). « L'âme est tournée contre l'esprit, et l'esprit contre l'âme » (κατά τῆς ψυχῆς τέτακται)[87]. Ces vues éclairent le caractère d'opposition que présentent le rouge et le bleu dans notre mandala, ainsi que l'agression du serpent dont l'attribut est la connaissance.

C'est pourquoi l'on craint la connaissance de la vérité, c'est-à-dire, dans ce cas, de l'ombre. C'est pourquoi Baruch a envoyé Jésus aux hommes, afin que ceux-ci fussent menés vers le « Bien ». Or ce « Bien » a nom « Priape »... [88]. Elohim, c'est le cygne, Edem c'est Léda ; lui, c'est l'or, elle, c'est Danaé. Il ne faut pas oublier non plus que la figure du serpent est attribuée depuis des temps immémoriaux au dieu de la révélation, à l'*Agathodaimon* par exemple. C'est ainsi qu'elle aussi Edem, la jeune femme serpent, présente une double nature (δίγνωμος, δίσωμος), et dans l'alchimie médiévale c'est cette figure qui devint le symbole de Mercure androgyne [89].

Souvenons-nous que sur la troisième image le *mercurius vulgi*, le vif-argent commun, ceint la sphère : cela signifie que cette sphère mystérieuse est enveloppée ou voilée par un entendement « vulgaire », brut. En effet, l'analysante est d'avis que « l'animus voile la vraie personnalité ». Nous ne pouvons donc guère nous tromper en supposant qu'une vision banale des choses, dite biologique, celle de tout le monde, s'est emparée du symbole apparemment sexuel et en a tiré, suivant un exemple illustre, une interprétation concrétiste. Erreur pardonnable ! Une compréhension autre, plus juste, est en effet tellement plus subtile qu'on lui préfère ce dont on a l'habitude et qui paraît évident, à la grande satisfaction de l'attente « raisonnable » où l'on est soi-même avec l'approbation bruyante de ses contemporains ; mais c'est à vrai dire pour découvrir ensuite que l'on est totalement en panne, puisqu'on se retrouve au point d'où l'on est parti pour la grande aventure. Le but que représente le serpent ithyphallique est donc clair : ce qui vient d'en haut est de nature aérienne, intellectuelle, spirituelle, et ce qui vient d'en bas est passionnel, corporel, nocturne. Le serpent se révèle être, ce dont on ne l'aurait vraiment pas crédité, un symbole pneumatique [90], un *Mercurius spiritualis*, la découverte d'une vérité que l'analysante elle-même formule de la façon suivante : le moi, avec l'usage arbitraire qu'il fait de la sexualité, est soumis à une loi universelle. La sexualité ne pose donc, dans ce contexte, pas le moindre problème, car elle est soumise elle-même à un processus de transformation 97 *(561)* d'ordre supérieur, qui l'englobe, et n'est donc nullement refoulée mais seulement sans objet.

98 (562) Madame X me confia par la suite qu'elle avait éprouvé cette quatrième image comme la plus difficile, comme si elle avait représenté le tournant critique du processus dans son ensemble. Il se pourrait, à mon avis, qu'elle n'ait pas eu tort, car ce n'est pas une petite affaire, en vérité, que de sentir avec netteté que le moi tant aimé et tellement important aussi est impitoyablement mis à l'écart. Ce n'est pas en vain que l' « abandon de soi » (*das « Sich-Lassen »*) est la condition *sine qua non* de toutes les formes supérieures de l'évolution psychique, qu'on l'appelle méditation, contemplation, yoga ou *exercitium spirituale*. Mais comme le montre notre cas, la destitution du moi ne constitue pas un acte de la volonté, ni donc le résultat d'une entreprise arbitraire ; c'est un événement qui se produit, et dont on ne peut masquer la logique interne contraignante qu'en se mentant à soi-même.

99 (563) Dans notre cas et en cet instant précis, pouvoir s'abandonner est d'une importance décisive. Et comme rien n'est éternel, il peut venir aussi un autre moment où le moi destitué devra être réinstallé dans ses fonctions. L'abandon de soi donne à l'inconscient sa chance, aussi grande qu'indispensable. Mais comme l'inconscient est fait d'oppositions : nuit et jour, clair et sombre, positif et négatif et même bien et mal, comme il est ambivalent, donc, le moment ne peut manquer de venir où l'être humain doit tenir bon, à l'exemple de Job, et suivre fidèlement la ligne qui est la sienne, afin d'éviter la catastrophe, le déraillement ; et ce moment, c'est celui où la vague reflue. Or seule une volonté consciente, c'est-à-dire le moi, est en mesure de tenir bon. C'est là la grande, l'irremplaçable importance du moi ; pourtant elle n'en reste pas moins relative, ainsi que le montre clairement notre cas. Mais tout aussi relative est cette conquête, cette élévation que représente l'intégration de l'inconscient. On ajoute à sa clarté et à ses ténèbres ; plus de lumière signifie aussi plus de nuit[91]. Irrépressible, cependant, est l'instinct qui pousse la conscience vers de plus vastes horizons ; mais la personnalité doit alors développer

une ampleur nouvelle, faute de quoi elle risque d'être démantelée.

IMAGE 5

Cette image est issue sans difficulté, dit Madame X, de la quatrième, comme sa conséquence naturelle. La sphère et le serpent se sont séparés. Le serpent descend et semble avoir perdu son caractère menaçant. La sphère, elle, apparaît comme effectivement fécondée : non seulement elle s'est agrandie, mais encore elle s'épanouit comme une fleur aux couleurs vives [92]. Dans le noyau s'est produit une quadripartition, quelque chose comme la division cellulaire de l'embryon. Cela ne procède pas d'une réflexion consciente telle qu'on pourrait l'attendre d'une personne possédant des connaissances en biologie, car la quadripartition du processus ou du symbole central est une donnée permanente, depuis les quatre fils d'Horus, les quatre séraphins d'Ezéchiel ou, dans le Barbélognosticisme, la naissance des quatre Eons à partir de la *Metra* (l'Utérus) fécondée par le Pneuma, ou encore la croix (= le Serpent) chez Boehme [93], jusqu'à la tétrarchie de l'*opus alchymicum* et de ses composants (éléments, qualités, degrés, etc.) [94]. Toute quaternité constitue une unité; dans notre cas, celle-ci est représentée par un cercle vert au milieu des quatre composants. Ces composants sont indifférenciés et forment chacun une spirale qui paraît être sinistrogyre. Je crois ne pas me tromper en tenant pour vraisemblable que la rotation vers la gauche indique en général un mouvement vers l'inconscient, et la rotation vers la droite au contraire (celle des aiguilles d'une montre) un mouvement vers la conscience [95]. L'une est « sénestre », l'autre « dextre », « droite » et « juste ». Au Tibet, le swastika sinistrogyre est considéré comme relevant de la religion Bön, c'est-à-dire de la magie noire. C'est pourquoi la circumambulation autour des stupas ou chörtens doit toujours se faire dans le sens des aiguilles d'une montre. Les spirales sinistrogyres s'enfoncent dans l'inconscient, les dex- 100 *(564)* trogyres se dégagent de son chaos. Le swastika dextrogyre du Tibet désigne en conséquence le bouddhisme[96] (cf. aussi la fig. 4).

101 *(565)* Aux yeux de notre analysante, le processus avait avant tout le sens d'une différenciation de la conscience. Puisant dans le fonds de son savoir psychologique, elle interprétait la quaternité en l'appliquant aux quatre modes d'orientation de la conscience : pensée, sentiment, sensation et intuition (le « pressentiment »). Elle remarquait, certes, que les quatre parties de la quaternité étaient égales, alors que les fonctions sont toutes inégales entre elles. Cela ne lui posait pas de problème ; à moi, si. Mais qu'est donc cette quaternité, sinon celle des aspects fonctionnels de la conscience ? Je doute qu'elle soit ainsi suffisamment interprétée. Tout semble indiquer qu'elle est bien davantage encore, et là se trouve sans doute la véritable raison pour laquelle ses quatre parties ne sont pas différentes, mais identiques : elles ne représentent pas d'abord quatre fonctions par définition différentes. Il est possible en revanche qu'elles symbolisent la possibilité *a priori* de l'apparition des quatre fonctions. Sur cette image c'est la quaternité qui apparaît, c'est-à-dire le nombre archétypique quatre, qui peut recevoir de nombreuses interprétations, comme le montre l'histoire et comme je l'ai exposé ailleurs. Elle représente l'accès à la conscience d'un contenu psychique inconscient ; c'est pourquoi on la rencontre fréquemment dans les mythes cosmogoniques. Sur ce que signifie au juste le fait que les quatre spirales semblent sinistrogyres alors que la quadripartition du mandala indique précisément un accès à la conscience, je n'ai pas envie de spéculer. Je ne dispose pas pour cela d'un matériel empirique suffisant. La couleur bleue renvoie à l'air = Pneuma, et la rotation vers la gauche à un renforcement de l'influence de l'inconscient. Il se peut qu'il faille voir là une compensation pneumatique à la couleur rouge fortement marquée qui représente l'affectivité.

102 *(566)* Le mandala lui-même est d'un rouge vif et clair ; quant aux quatre spirales, elles sont pour l'essentiel d'une couleur froide, bleu verdâtre, qui pour l'analysante signifie « l'eau ».

Figure 4.

Relief néolithique de Tarxien, à Malte. Les spirales représentent des vrilles de vigne.

Il pourrait y avoir là un rapport avec la rotation vers la gauche, car l'eau est un symbole préférentiel de l'inconscient[97]. Le vert du centre représente la vie, au sens chthonien. C'est la *benedicta viriditas* des alchimistes.

103 (567) Ce qu'il y a de problématique dans cette image, c'est que le serpent noir se trouve en dehors de la totalité symbolisée par le cercle. Il faudrait en principe, pour que la totalité soit véritablement instaurée, qu'il y fût contenu. Mais si nous nous rappelons sa signification défavorable déjà évoquée, nous pouvons trouver compréhensible qu'il y ait quelque difficulté à l'accueillir dans le symbole de la totalité psychique. Si notre hypothèse concernant la rotation à gauche des quatre spirales était juste, elle trahirait une certaine tendance à aller vers les profondeurs et l'obscurité de l'esprit[98], auxquelles on pourrait assimiler précisément le serpent noir. Celui-ci représente en effet, comme le diable dans la théologie chrétienne, l'ombre, mais une ombre qui va très au-delà de tout élément personnel et pourrait donc être rapportée plutôt à un principe comme par exemple celui du mal[99]. C'est l'ombre immense que projette l'être humain, et dont notre temps a dû faire l'expérience de façon tellement bouleversante. Intégrer cette ombre dans notre cosmos n'est pas chose aisée. Que l'on puisse tout simplement tourner le dos au mal et pour ainsi dire l'éviter, c'est une opinion qu'il faut ajouter à la longue liste des naïvetés qui ont fait leur temps. Ce n'est rien d'autre que la politique de l'autruche, et elle n'affecte pas le moins du monde la réalité du mal. Le mal constitue le nécessaire opposé du bien, sans lequel le bien n'existerait pas non plus. Il n'est donc même pas possible de l'éliminer en pensée. Le fait que le serpent noir reste en dehors montre la position problématique du mal dans la façon de voir traditionnelle[100].

104 (568) Le fond sur lequel se détache l'image dans son ensemble est clair, couleur de parchemin. Je relève ce détail surtout parce que les images suivantes témoignent d'un changement caractéristique sur ce point.

IMAGE 6

Le fond est cette fois d'un gris ténébreux, mais le mandala lui-même a des couleurs d'une extrême vivacité : rouge clair, vert et bleu. Là seulement où la périphérie rouge pénètre dans le noyau bleu-vert, le rouge s'assombrit pour prendre la couleur du sang, et le bleu clair en un outremer foncé. Les ailes du Mercure, qui manquaient sur l'image précédente, réapparaissent ici sous forme allusive, au col des renflements rouges pénétrants (comme auparavant au cou du serpent noir). Mais le plus frappant, c'est l'apparition d'un swastika dont on ne peut douter qu'il tourne vers la droite; il faut remarquer que ces images ont été produites en 1928 et ne présentent aucun rapport direct avec des images fantasmatiques contemporaines, encore ignorées dans les régions lointaines du monde. Le swastika évoque par sa couleur verte le monde végétal, mais il garde le caractère ondulatoire des quatre spirales de l'image précédente. 105 *(569)*

Dans ce mandala, on voit la tentative d'amener une union des contraires : rouge et bleu, extérieur et intérieur. En même temps, la rotation vers la droite doit avoir pour effet une ascension dans la clarté de la conscience, sans doute, on peut le supposer, parce que le fond s'est sensiblement assombri. En effet, le serpent noir a disparu, mais il commence à communiquer son caractère ténébreux au fond tout entier. En revanche, il se produit dans le mandala un mouvement compensatoire vers la clarté, pour ainsi dire vers le haut, une tentative, semble-t-il, pour sauver la conscience, face à un environnement qui s'assombrit. L'image est en rapport avec un rêve qui avait eu lieu peu de jours avant l'élaboration du dessin. Madame X avait rêvé « *qu'elle revenait en ville après des vacances à la campagne. A son grand étonnement, elle trouvait un arbre poussant au milieu de son cabinet de travail. Elle pensait : Hé bien, avec son écorce épaisse cet arbre peut supporter la chaleur excessive de l'appartement en ville.* » Les associations évoquées par l'arbre conduisirent à sa signification maternelle. L'image explique le motif végétal dans 106 *(570)* le mandala, et sa croissance représente l'élévation de niveau ou la libération de la conscience opérée par la rotation vers la droite. Pour la même raison, l'arbre « philosophique » est un symbole de l'opus alchimique, qui a lui-même aussi, comme on le sait, le sens d'un processus d'individuation.

107 *(571)* Dans la gnose de Justin, nous trouvons des conceptions analogues : l'ange Baruch représente le *pneuma* des Elohim, et l'ange maternel Naas la ruse de la ténébreuse Edem. Mais ces deux anges sont aussi, comme on l'a déjà dit, des arbres : Baruch, l'Arbre de Vie, Naas celui de la Connaissance. La séparation et l'opposition des deux correspond à l'esprit du temps (2e-3e siècles après J.-C.). Mais alors déjà il s'agissait aussi du processus d'individuation, comme il ressort de la lecture d'Hippolyte [101]. Elohim avait (*sic*), lisons-nous, confié au « prophète » Héraklès la tâche de libérer le « Père » (le *pneuma*) du pouvoir des douze mauvais anges. C'étaient là en effet ses douze travaux. Or le mythe d'Héraklès présente bel et bien les caractéristiques d'un processus d'individuation : les voyages vers les quatre points cardinaux [102], les quatre fils, la soumission à l'élément féminin (Omphale) qui symbolise l'inconscient, le sacrifice volontaire et la renaissance provoqués par la tunique reçue de Déjanire.

108 *(572)* L' « écorce épaisse » de l'arbre a le sens d'un motif protecteur, qui apparaît dans le mandala sous la forme d'une « enveloppe » (cf. *infra*). Celle-ci se manifeste dans le motif des ailes noires qui protègent contre l'extérieur le contenu du mandala. Les protubérances renflées de la substance périphérique rose sont des symboles phalliques qui dénotent l'affectivité pénétrant dans l'espace intérieur pneumatique. Visiblement, l'esprit qui remplit l'intérieur doit être ainsi vivifié et enrichi. Cet « esprit » n'a bien entendu rien à voir avec l'intellect, mais relève plutôt de ce qu'il faudrait appeler substance spirituelle (*pneuma*) ou — en termes plus modernes — « existence spirituelle ». L'idée symbolique qui s'exprime ici est sans doute la même que celle que Clément de Rome développe dans ses homélies : πνεῦμα et σῶμα, l'esprit et le corps, sont une seule et même chose en Dieu [103]. Bien qu'il ne

soit qu'un symbole du Soi en tant que totalité psychique, le mandala est en même temps aussi une *imago Dei,* car le point central, le cercle et la quaternité sont des symboles de Dieu, connus comme tels depuis longtemps. De l'impossibilité de distinguer empiriquement le « Soi » et « Dieu » résulte dans la théosophie indienne l'identité du *Puruṣa-Ātman* personnel et transpersonnel. Dans la littérature ecclésiastique aussi bien que dans celle de l'alchimie on trouve souvent citée la phrase : « *Deus est sphaera infinita* (ou : *circulus*) *cuius centrum est ubique, circumferentia* ⟨*vero*⟩ *nusquam*[104] ». Cette idée est déjà exprimée de façon très complète chez Parménide. Je citerai ses vers, parce qu'ils évoquent eux aussi les motifs qui sont à la base de notre mandala : « Les ⟨anneaux⟩[105] plus étroits sont remplis de feu sans mélange ; ceux qui viennent ensuite sont remplis de nuit[106], mais dans l'entre-deux est projetée une part de flamme. Au centre de ces ⟨anneaux⟩ est la Divinité[107] qui gouverne tout ; car en tout elle est le principe du redoutable enfantement et de l'union, envoyant la femelle s'unir au mâle et en retour aussi le mâle à la femelle[108]. »

A ce sujet, je rapporterai une remarque du savant Jésuite 109 *(573)*
Nicolaus Caussinus[109] : partant du fait, rapporté par Clément d'Alexandrie, qu'en certaines occasions on promenait des roues dans les temples égyptiens, il observe que Démocrite (d'Abdère) nomme Dieu le νοῦν ἐν πυρί σφαιροειδεῖ[110] (*mentem in igne orbiculari* = esprit en un feu circulaire). Il poursuit : « Va dans le même sens aussi l'opinion de Parménide, qui définit Dieu comme στεφάνην, *coronam* (couronne), un cercle constitué par l'ardeur de la lumière[111]. Et dans son livre sur les mystères, Jamblique a établi très clairement que les Egyptiens ont d'ordinaire représenté Dieu, le maître du monde, assis dans un lotus, plante aquatique dont les fruits comme les fleurs sont ronds[112], évoquant par là le mouvement circulaire de l'intellect (*mentis*), qui partout le fait revenir en lui-même. » De la même origine procèdent aussi les *circuitiones,* les rondes ou circumambulations rituelles qui imitaient le mouvement du ciel. Quant au ciel, les Stoïciens l'appelaient « un dieu rond et qui tourne sur lui-même » *(rotundum et*

volubilem deum). Il faudrait y rapporter aussi l'assertion « mystique » (*mystice* = symbolique !) du Psaume 11(12), 9 : *In circuitu impii ambulant* (les impies tournent en rond)[113] ; ce qui signifie que les impies ne parcouraient jamais que la périphérie, sans pouvoir atteindre au centre, qui est Dieu[114]. Je ne ferai ici que mentionner en passant le motif de la roue dans la symbolique des mandalas ; j'ai traité ailleurs ce thème de manière exhaustive[115].

IMAGE 7

110 *(574)* Sur cette image, la nuit s'est vraiment faite, en ce sens que la feuille où se trouve le mandala est entièrement noire. Toute la lumière se concentre dans la sphère. Les couleurs ont perdu leur clarté ; en revanche elles ont gagné en intensité. Fait particulièrement frappant, le noir a pénétré jusqu'au centre, ce qui veut dire que les craintes manifestées se sont réalisées au moins en partie : la noirceur du serpent et de l'environnement ténébreux fait l'objet d'un processus d'assimilation au cœur même du mandala, et simultanément, comme le montre l'image, se voit compensée par une lumière dorée qui rayonne du centre. Les rayons de cette lumière forment une croix à branches égales, qui remplace le swastika de l'image précédente. Celui-ci n'est plus représenté que par quatre crochets qui esquissent une certaine rotation vers la droite. La noirceur absolue étant atteinte, et notamment présente au centre, il semble que le mouvement vers le haut et la rotation vers la droite prennent fin du même coup. En revanche les ailes du Mercure ont connu une différenciation importante, ce qui veut probablement dire que la sphère possède assez de force pour continuer à flotter dans l'espace, en d'autres termes : pour ne pas sombrer dans l'obscurcissement total. Les rayons dorés qui forment la croix relient les éléments de la quaternité[116]. A l'intérieur, des liens se forment, un affermissement se produit, en réaction de défense contre des influences dissolvantes[117] qu'il faut vraisemblablement mettre en rapport avec la substance noire qui

a pénétré jusqu'au centre. Le symbole de la croix a toujours pour nous une connotation de tourment, de telle sorte que nous ne risquons guère de nous égarer en supposant que le climat de cette image doit être celui d'une attente douloureuse, suspendue (cf. les ailes !) au-dessus du gouffre ténébreux de la solitude intérieure.

J'ai mentionné plus haut la conception de Boehme selon 111 *(575)*
laquelle l'éclair « forme une croix », et cette croix est en relation avec les quatre éléments (etc.) Et de fait, John Dee symbolise les éléments par la croix à quatre branches égales[118]. Celle-ci est aussi, associée à un petit cercle, le symbole du cuivre, *cuprum* (de *Kypris* = Aphrodite) ainsi que de Vénus : ♀. Détail qui mérite d'être relevé, le vieux symbole pharmaceutique ⊕ est celui du *spiritus Tartari* (*s. tartarisatus* = esprit de vin tartarisé) qui signifie, littéralement traduit, « esprit du monde des enfers ». ⊕ désigne le *lapis hematites,* la « pierre de sang » (oxyde de fer). Il semble donc qu'il n'y ait pas seulement, comme chez Boehme et dans notre mandala, une croix qui se constitue par le haut, mais aussi une autre qui vient d'en bas : en d'autres termes — pour rester dans la symbolique de Boehme —, l'éclair peut venir par le bas, du sang, de Dame Vénus ou du Tartare. Le *Salniter* neutre de Boehme est, comme on l'a déjà vu, identique au sel pur et simple, lequel est symbolisé notamment par ⊕. On ne pourrait guère imaginer un meilleur signe pour la matière de l'arcane, que l'alchimie du 16ᵉ et du 17ᵉ siècle voyait dans le sel. Dans l'usage de l'Eglise chrétienne comme dans celui de l'alchimie, le sel est le symbole de la *sapientia* d'une part, et d'autre part celui de la personnalité distinguée d'entre les autres, voire élue. *Matthieu* 5, 13 : *Vos estis sal terrae* — vous êtes le sel de la terre.

Les lignes et les strates ondulées dont le grand nombre 112 *(576)*
frappe tellement dans notre mandala, je les considère comme marquant la formation d'une enveloppe, c'est-à-dire d'une défense vers l'extérieur. Ce sont des formations protectrices dont la finalité est la même que celle de l'affermissement intérieur. Les enveloppes sont sans doute en rapport avec le rêve de l'arbre dans le cabinet de travail, qui possède une

« écorce épaisse ». La formation d'une enveloppe apparaît aussi dans les mandalas d'autres analysants, et y signifie la constitution d'une couche protectrice dure et étanche vers l'extérieur, d'une véritable écorce, donc. Il ne me semble pas impossible que ce même phénomène soit à l'origine des *cortices* (écorces) ou *putamina* (coquilles) de la Kabbale. « C'est ainsi que l'on nomme ce qui est en dehors de la sainteté », par exemple les sept rois déchus et les quatre *achurayim*[119]. C'est d'eux que naissent les *klippoth* ou *cortices*. De même que dans l'alchimie, ce sont des scories (*scoriae*), caractérisées par la multiplicité ainsi que par la mort. Dans notre mandala, les enveloppes signifient que l'unité intérieure se délimite par rapport à la noirceur du dehors et à ses forces dissolvantes personnifiées par le serpent[120]. Le même motif est exprimé par les pétales du lotus et par les peaux qui enveloppent l'oignon. Les peaux extérieures sont desséchées, épaissies, rigidifiées, mais elles protègent les couches internes, vivantes, plus délicates. C'est ainsi probablement qu'il faut comprendre le lotus siège de l'enfant Horus, des dieux de l'Inde et du Bouddha, et Hölderlin lorsqu'il utilise la même image :

> Sans destin, comme l'enfant qui dort
> au berceau, respirent les dieux célestes ;
> Chastement protégé, dans un bourgeon modeste,
> l'Esprit pour eux éternellement fleurit...[121]

113 *(577)* Dans le langage imagé du christianisme, Marie est la fleur où le Dieu se tient caché, ou encore la rosace, le grand vitrail rond au milieu duquel trône le *rex gloriae*, le juge des mondes.

114 *(578)* Cette image des enveloppes, des écorces, nous la retrouvons aussi chez Jacob Boehme, implicite, lorsqu'il définit l'enveloppe extérieure sphérique de son mandala, qu'il faut se représenter en trois dimensions[122], comme « la volonté de Lucifer », l' « abîme éternel, abîme de ténèbres », « l'enfer du diable », etc.[123]. Dans *Aurora*, Boehme s'exprime ainsi : « Voyez, lorsque Lucifer avec ses armées éveilla dans la nature de Dieu le feu de la colère, et qu'ainsi Dieu fut saisi de courroux dans la nature à la place de Lucifer, alors la

naissance la plus extérieure dans la nature acquit une autre qualité, toute de courroux, d'âpreté, de froid, de véhémence, d'amertume et d'acidité. L'esprit déchaîné, qui avait auparavant dans la nature une qualité subtile et douce, devint dans sa naissance la plus extérieure arrogante et terrible, et c'est lui qu'à présent dans la naissance la plus extérieure on nomme le vent, ou l'élément air[124]. » C'est ainsi que se forment les quatre éléments, et la terre notamment par contraction et dessication.

On est sans doute en droit de supposer ici une influence de la Kabbale, bien que Boehme n'ait pas eu beaucoup plus connaissance de la « *Cabala* » que Paracelse. Il entendait par là une forme spécifique de la magie[125]. Les quatre éléments correspondent dans ce contexte aux quatre *achurayim*[126]. Il s'agit d'une sorte de seconde quaternité, qui procède de la quaternité intérieure, pneumatique, mais qui est, elle, de nature physique. Elle aussi, l'alchimie se réfère aux *achurayim*. Ainsi Mennens[127] : « Et bien que le nom sacré de Dieu soit le Tétragramme, les quatre lettres, on n'y trouve, si l'on regarde bien, que trois lettres. En effet la lettre *hê* y est deux fois, puisque les deux *hê* sont une seule et même chose, à savoir l'air et l'eau, ce qui signifie le Fils ; la terre, le Père, et le feu, le Saint-Esprit. Ainsi les quatre lettres du nom de Dieu désignent visiblement la Très Sainte Trinité, et la matière, qui existe également sous une triple forme[128]... et qu'aussi l'on nomme son ombre ⟨celle de Dieu⟩, et que Moïse[129] appelle la face postérieure de Dieu *(Dei posteriora)*, laquelle ⟨face postérieure⟩ paraît créée à partir d'elle ⟨la matière⟩[130]. » Ce propos confirme les vues de Boehme. 115 *(579)*

Les quatre spirales de l'image 5 se sont complètement résorbées dans le carré ondulatoire de l'intérieur. A leur place apparaissent quatre centres dorés, déjà esquissés sur le dessin précédent, qui émettent les couleurs de l'arc-en-ciel. Ce sont les couleurs des ocelles sur la queue du paon, *cauda pavonis*, qui joue un grand rôle dans l'alchimie[131]. Ce phénomène chromatique représente dans l'opus un stade intermédiaire précédant le résultat définitif. Jacob Boehme 116 *(580)* parle de « ... désir d'amour, ou beauté des couleurs », c'est dans le désir d'amour que « naissent toutes les couleurs [132] ». Dans notre mandala aussi la multiplicité des couleurs est issue de la strate rouge, qui signifie l'affectivité. De la « vie de la nature et de l'esprit » unifiée dans la « roue sphérique » (cf. note 122), Boehme dit : « Et c'est ainsi que nous pouvons connaître une essence éternelle de la nature, semblable à l'eau et au feu, qui sont pour ainsi dire mêlés l'un dans l'autre, et alors apparaît une couleur bleue brillante, pareille à l'éclair du feu ; puis elle a la forme d'un rubis [133] mêlé avec des cristaux en une seule et même essence, ou comme jaune, blanc, rouge et bleu mêlés dans une eau obscure : car c'est comme le bleu dans le vert, car chacune ⟨des couleurs⟩ conserve son éclat et brille, et seule l'eau résiste à leur feu, de telle sorte qu'il n'y a nulle consomption, nulle part, mais donc une seule essence éternelle en deux mystères mêlés l'un en l'autre, nonobstant la différence de deux principes, ou de deux formes de vie. » Le phénomène chromatique doit son existence à « l'imagination qui pénètre le grand mystère où s'engendre elle-même une merveilleuse vie essentielle [134]. »

117 *(581)* De tout ceci, il ressort avec toute la netteté souhaitable que Boehme a eu affaire au même phénomène psychique que Madame X — et beaucoup d'autres encore. L'idée de la *cauda pavonis* et de la Tétramérie, Boehme la tient, certes, de l'alchimie [135], mais de même que celle-ci, il se situe sur le terrain d'une expérience qui a été redécouverte par la psychologie moderne. Ce ne sont pas seulement les produits de l'imagination active, mais aussi les rêves qui reproduisent avec une spontanéité échappant à toute influence les mêmes ordonnances. Un bon exemple en est donné par le rêve suivant : une patiente rêve qu' « *elle se trouve dans une salle. Dans cette salle il y a une table, avec trois chaises. Un homme inconnu, debout près d'elle, l'invite à s'asseoir. Pour ce faire, la rêveuse va chercher à quelque distance une quatrième chaise. Elle s'assied alors à la table, et feuillette un livre où sont représentés des dés bleus et rouges, éléments d'une sorte de jeu de combinaisons. Il lui vient soudain à l'esprit qu'elle a encore une obligation à remplir. Elle quitte la pièce et*

se dirige vers une maison jaune. Il pleut à verse, et elle cherche refuge sous un laurier vert ».

La table, les trois chaises, l'invitation à s'asseoir, la 118 *(582)*
quatrième chaise qu'il faut encore aller chercher afin qu'il y en ait quatre, les dés et le jeu de combinaisons, tout cela donne à entendre qu'il s'agit de « composer un ensemble ». La chose se fait par étapes : d'abord une combinaison de bleu et de rouge ; vient ensuite le jaune et, pour finir, le vert. Ces quatre couleurs symbolisent quatre qualités, ainsi que nous l'avons vu. Ces qualités, non seulement elles *peuvent être* mais encore elles *ont été,* historiquement, interprétées des manières les plus diverses. Du point de vue psychologique, cette quaternité renvoie sans doute en premier lieu aux fonctions d'orientation de la conscience, dont au moins *une* est inconsciente et donc fait défaut pour l'usage conscient. Dans le cas de ce rêve, il s'agirait de la fonction sensation — le vert [136], ce qui est tout à fait pertinent, le rapport de cette patiente à la réalité de ce monde étant extraordinairement compliqué et malhabile. Mais du fait même qu'elle est inconsciente, la fonction dite inférieure présente le grand avantage intrinsèque d'être infiltrée par l'inconscient collectif, c'est-à-dire qu'elle peut devenir le pont qui franchit l'abîme séparant la conscience de l'inconscient, et rétablir ainsi la relation d'importance vitale avec celui-ci. C'est là la raison profonde pour laquelle ce rêve représente précisément la fonction inférieure par le laurier, chargé de sens symbolique. Et si dans le cas de Madame X l'arbre qui pousse dans son bureau est en rapport avec le processus de croissance intérieure exprimé dans son mandala, il en va de même du laurier dans notre rêve. C'est dans son essence le même arbre que l'*arbor philosophica* des alchimistes, dont j'ai traité de manière exhaustive dans *Psychologie et Alchimie.* On est en outre fondé à se souvenir ici que, selon une très ancienne opinion, le laurier ne peut être endommagé ni par la foudre ni par le froid — *intacta triumphat* — ; il symbolisait de ce fait la Vierge Marie, modèle de toutes les femmes comme le Christ est celui de tous les hommes [137]. En se fondant sur cette interprétation historique, on est en droit de considérer

le laurier (de même que l'arbre des alchimistes), dans ce contexte, comme un symbole du Soi [138]. L'ignorance totale, en la matière, des patients qui produisent de tels rêves fait toujours une forte impression.

119 (583) Revenons maintenant à notre mandala. Les lignes dorées aux extrémités renflées répètent le motif antérieur des spermatozoïdes et ont donc la signification d'une activité génératrice, ce qui probablement veut dire que la quaternité est à nouveau engendrée, sous une forme plus nette. Dans la mesure où la quaternité est en rapport avec la conscience, on peut conclure de ces signes à une intensification de celle-ci. La lumière dorée qui rayonne à partir du centre paraît avoir le même sens. Il s'agit sans doute d'une sorte d'illumination intérieure.

120 (584) Deux jours avant de produire cette image, Madame X avait eu le rêve suivant : « *J'étais dans la chambre de mon père, dans notre maison de campagne. Mais ma mère avait écarté le lit du mur, l'avait poussé au milieu de la pièce et avait dormi dedans. J'étais furieuse ; je repoussai le lit à sa place antérieure. Dans le rêve, la couverture était rouge ; c'était exactement le rouge reproduit sur l'image.* »

121 (585) La signification maternelle de l'arbre du rêve précédent est ici directement reprise par l'inconscient : cette fois, c'est la mère qui a dormi au milieu de la chambre. C'est ressenti par la rêveuse comme une intrusion irritante dans sa sphère personnelle, représentée par la chambre de son père qui signifie pour elle l'animus. Sa sphère est par conséquent de nature spirituelle, et elle l'a usurpée, comme la chambre de son père. Elle s'est donc identifiée à l' « esprit ». C'est là que sa mère est intervenue pour se placer elle-même au milieu, et cela d'abord sous la forme symbolique de l'arbre. Elle représente donc la *physis* opposée à l'esprit, c'est-à-dire la féminité naturelle, que d'ailleurs la rêveuse est elle-même aussi mais qu'elle n'a pas voulu accepter parce qu'elle lui apparaissait sous les espèces d'un serpent noir. Bien qu'elle ait aussitôt annulé l'intrusion, le principe ténébreux, chthonien, la substance noire précisément, n'en a pas moins pénétré jusqu'au centre de son mandala, comme le montre

cette septième image. Mais c'est aussi pourquoi la lumière dorée peut apparaître, car les ténèbres sont nécessaires : *e tenebris lux !* Il faut mettre la mère en rapport avec l'idée de la *matrix* chez Boehme. La *matrix* est pour lui la condition *sine qua non* de toutes les différenciations, c'est-à-dire de toutes les réalisations sans lesquelles l'esprit reste flottant, suspendu, et jamais n'accède à la réalité. La collision des principes paternel (l'esprit) et maternel (la nature) agit comme un choc.

Après cette image, Madame X éprouva l'irruption répétée 122 *(586)*
du rouge, auquel elle associait l'idée de sentiment, comme une perturbation, et découvrit alors que son *rapport** avec moi en tant qu'analyste (= son père) n'était pas naturel ni suffisant. Elle se donnait, disait-elle, un *air** et prenait la pose d'une disciple intelligente et qui comprend tout (spiritualité usurpée !). Mais elle était obligée de dire qu'elle se sentait très sotte, et qu'elle l'était aussi, tant pis pour ce que j'en penserais. Cet aveu lui procura le sentiment d'une grande libération, qui l'aida à reconnaître enfin que la sexualité « n'était ni d'une part un simple mécanisme destiné à produire des enfants, ni d'autre part seulement l'expression de la passion amoureuse la plus intense, mais aussi quelque chose de banalement physiologique, un autoérotisme ». Cette découverte tardive la plongea directement dans un état fantasmatique où une série d'images obscènes lui vinrent à la conscience. Pour finir, elle vit l'image d'un grand oiseau qui se posait sur le sol et qu'elle nommait l' « oiseau-terre » (*Erdvogel*). En tant qu'être aérien, l'oiseau est un symbole bien connu de l'esprit. Il représente la métamorphose de l'image « spirituelle » qu'elle avait d'elle-même en une représentation plus caractéristique de la féminité, c'est-à-dire plus terrestre. Cette « image terminale » confirme notre hypothèse selon laquelle le mouvement ascensionnel intense dénoté par le mouvement dextrogyre marque un temps d'arrêt : l'oiseau se pose sur la terre. Cette formation symbolique signifie une nouvelle et nécessaire différenciation

* En français dans le texte. *(N.d.T.)*

de ce que Boehme désigne par le terme générique de « désir d'amour »[139]. Cette différenciation a pour effet non seulement d'élargir la conscience, mais encore de la confronter à la réalité des choses; ainsi l'expérience intérieure se voit assigner pour ainsi dire un lieu déterminé.

123 *(587)* Pendant les jours suivants, la patiente fut prise de sentiments d'autocommisération. Elle comprit clairement combien elle regrettait de n'avoir jamais eu elle-même d'enfants. Elle se sentait comme un animal délaissé ou comme un enfant perdu. Cet état d'âme s'élargit en une véritable souffrance existentielle; elle éprouvait la même chose que le Bouddha, « *the all compassionate Tathagata*[140] ». Ce n'est qu'après s'être complètement abandonnée à ces sentiments qu'elle réussit à se décider à peindre une nouvelle image. Ce qui conduit à la véritable libération, ce n'est pas d'ignorer ou de refouler les états affectifs pénibles, mais d'accepter de les subir pleinement.

IMAGE 8

124 *(588)* Ce qui frappe aussitôt dans cette image, c'est que pour ainsi dire tout l'intérieur est rempli par la substance noire. Le vert bleuté de l'eau s'est condensé en une quaternité d'un bleu foncé, et la lumière dorée du centre tourne en sens inversé, opposé à celui des aiguilles d'une montre : l'oiseau se pose sur la terre. Cela signifie que le mandala est tendu vers les profondeurs obscures, chthoniennes. Il plane ou flotte certes toujours — les ailes du Mercure le montrent — mais il s'est considérablement rapproché du noir. A la quaternité intérieure indifférenciée correspond une quaternité extérieure différenciée, que Madame X identifie à celle des fonctions de la conscience. Elle leur attribue les couleurs suivantes : intuition = jaune, pensée = bleu clair, sentiment = couleur chair, sensation = brun[141]. Chacune des quatre parties est divisée en une triade, ce qui reconstitue le nombre douze. Il convient de remarquer la façon dont les deux quaternités sont séparées et caractérisées. En effet, la

quaternité extérieure apparaît comme une réalisation différenciée[142] de la quaternité intérieure, qui ne l'est pas et qui de ce fait représente à proprement parler l'archétype. Dans la Kabbale, les quaternités correspondantes sont celles des *merkabah*[143] et des *achurayim ;* chez Boehme, ce sont les quatre esprits de Dieu[144] et les quatre éléments.

Le motif végétal de la croix à l'intérieur du mandala, que 125 *(589)*
l'analysante remarque elle-même, renvoie à l'arbre (dans ce cas, « l'arbre de la croix ») et à la mère[145]. Cela signifie que cet élément autrefois frappé d'interdit a fini par être accepté, et même en position centrale. L'analysante en a pleinement conscience, ce qui constitue bien sûr une différence importante, essentielle par rapport à son attitude antérieure.

Contrairement à l'image précédente, celle-ci ne montre 126 *(590)*
pas la formation d'une enveloppe protectrice. C'est logique, car ce qu'il s'agissait d'exclure est déjà parvenu au centre. La réaction de défense est désormais superflue. En revanche, enveloppes ou « écorces » se dilatent sous la forme d'anneaux dorés qui pénètrent l'espace noir et se propagent comme des ondes. C'est l'indication d'une influence exercée sur l'environnement par le Soi rigoureusement clos sur lui-même.

Quatre jours avant de peindre ce mandala, l'analysante 127 *(591)*
avait rêvé : « *J'entraîne un jeune homme vers la fenêtre, et au moyen d'un pinceau que j'ai plongé dans une huile blanche, j'enlève une tache noire qu'il avait sur la cornée. Cela fait apparaître au milieu de l'œil une petite lampe d'or. Le jeune homme se sent aussitôt soulagé, et je lui dis qu'il doit revenir pour un contrôle. En me réveillant, je prononce les paroles rapportées par* Matthieu, *6, 22 :* “ *Si ton œil est en bon état, tout ton corps sera éclairé.* ” »

Ce rêve décrit la transformation. L'analysante ne s'identi- 128 *(592)*
fie plus à son animus. Celui-ci est même devenu son patient, car il souffre des yeux. En effet, en règle générale l'animus voit mal et de façon très floue. Dans ce cas, une tache noire sur la cornée a masqué la lumière dorée qui brille à l'intérieur de l'œil. Il a « vu trop noir ». L'œil est en effet le prototype du mandala, comme on le constate déjà chez Jacob Boehme : Boehme appelle son mandala des *Quarante questions*

sur l'âme le « globus philosophique », « miroir de la sagesse », « l'œil des merveilles de l'éternité ». « L'essence de l'âme et son image, dit Boehme, peut être conçue à la semblance de la terre avec la belle floraison qui en sort, et aussi du feu et de la lumière ; comme on voit que la terre est un centre, mais n'a pas la vie ; mais elle est essentielle, et il en sort une belle fleur qui ne ressemble pas à la terre... et pourtant la terre est la mère des fleurs. » L'âme est « un œil de feu et l'image du premier Principe », un « *Centrum Naturae*[146] ».

129 *(593)* Le mandala est effectivement un « œil » dont la structure symbolise le centre ordonnateur de l'inconscient. L'œil est un corps creux noir à l'intérieur, que remplit l'humeur vitrée gélatineuse. De l'extérieur on aperçoit une surface ronde colorée, l'iris, avec un centre sombre, la pupille. Il en sort une lumière dorée. Boehme l'appelle « œil de feu », conformément à la vieille théorie qui veut que la vision émane de l'œil. *(Wär' nicht das Auge sonnenhaft, Die Sonne könnt'es nie erblicken !*[147]*.)* L'œil représente sans doute la conscience (n'est-elle pas un organe de perception ?) qui plonge ses regards dans ses propres arrière-plans. C'est sa propre lumière qu'il voit venir vers lui, et si elle est claire et pure, le corps tout entier est lui aussi rempli de lumière. La conscience produit le cas échéant un effet purificateur. C'est d'ailleurs là sans doute ce que veut dire *Matthieu,* 6, 22 sq. et, plus clairement encore, *Luc,* 11, 34 sq.

130 *(594)* L'œil est d'autre part notoirement un symbole de Dieu. C'est pourquoi Boehme appelle son « globus philosophique » l' « œil de l'éternité », l'essence de toutes les essences, l' « œil de Dieu »[148].

131 *(595)* En acceptant l'élément obscur, l'analysante ne l'a certes pas métamorphosé en lumière, mais elle a pourtant allumé une lumière qui éclaire les ténèbres de l'intérieur. En plein jour on n'a pas besoin de lumière ; quand on ne sait pas qu'il fait nuit on ne pense pas à en allumer une, et elle ne s'allumera pas toute seule si l'on n'a pas éprouvé l'angoisse des ténèbres. Ceci n'est pas un propos édifiant, mais la simple constatation de faits psychologiques. L'évolution de la septième à la huitième image fournit une bonne idée

pratique de ce que j'appelle « l'acceptation du principe ténébreux ». On m'a reproché, de divers côtés, l'impossibilité de se représenter clairement la chose — impossibilité regrettable, disait-on, parce qu'il s'agit après tout d'un problème éthique de première grandeur. Or voici précisément, *in praxi,* un tel cas d' « acceptation », mais je ne puis que laisser aux philosophes la tâche de tirer au clair les implications éthiques de ce processus [149].

IMAGE 9

Voici une image qui présente enfin pour la première fois la 132 *(596)*
« fleur de l'âme », bleue sur fond rouge, que Madame X elle-même appelle ainsi (bien entendu sans connaître Boehme) [150]. Au centre, il y a la lumière dorée, sous la forme d'une lampe, selon les dires de l'intéressée elle-même. La formation enveloppante protectrice est marquée, mais les enveloppes sont faites de lumière (dans la moitié supérieure, du moins) et rayonnent vers l'extérieur [151]. La lumière est composée des couleurs de l'arc-en-ciel d'un soleil levant; c'est une véritable *cauda pavonis*. Il y a six faisceaux de rayons. On pense ici aux paroles du Bouddha sur le vêtement, dans le second des trois recueils du *Canon pāli :* « L'esprit en permanence rempli d'amour... de compassion... de joie... soustrait au mouvement, il rayonne dans une direction, puis dans une autre, puis dans la troisième, puis dans la quatrième, et aussi vers le haut et vers le bas : partout et en tout se reconnaissant lui-même, il rayonne de son esprit immobile à travers le monde entier, un esprit vaste, profond, illimité, purifié de la colère et de l'hostilité... Celui-là, ô moines, on le nomme moine, baigné dans le bain intérieur [152]. »

Mais il est impossible ici de développer un parallèle avec 133 *(597)*
l'Orient bouddhiste, car notre mandala est partagé en une moitié supérieure et une moitié inférieure [153]. En haut brillent les couleurs de l'arc-en-ciel, qui forment des anneaux, en bas ceux-ci sont constitués de terre brune. En haut planent les

trois oiseaux blancs, *pneumata* symbolisant la Trinité, en bas émerge un bouc accompagné de deux corbeaux (de Wotan) [154] et d'un entrelacs de serpents. Ce n'est pas là l'image du Saint bouddhique, mais celle de l'être humain occidental, imprégné de christianisme, dont la lumière projette une ombre ténébreuse. En outre, les trois oiseaux planent dans un ciel entièrement noir, et le bouc, traité en gris foncé, se trouve sur un fond orange clair. Cette couleur est, chose singulière, celle de la robe des moines bouddhistes, ce qui ne correspond à coup sûr à aucune intention consciente de l'auteur de la peinture. L'idée est claire : il ne peut y avoir de blanc sans noir, pas de diable sans sainteté. Les opposés sont frères, et l'Orient cherche à s'en libérer par son *nirdvandva* (« libre des deux ») et son *neti-neti* (« pas ceci, pas ceci » : ni l'un ni l'autre), ou bien, comme le Taoïsme, les accepte et s'en accommode d'une façon quelque peu inquiétante. Le rapport à l'Orient est délibérément accentué par l'auteur de la peinture, qui a introduit à cet effet dans son mandala quatre hexagrammes du *Yi King*.

134 *(598)* Le signe placé en haut à gauche est *Yu*, l'enthousiasme (n° 16) : « le tonnerre sort en grondant de la terre », c'est-à-dire une émotion qui émane de l'inconscient, représentée par la musique et la danse. Le commentaire de Confucius, rapporté par Wilhelm, dit :

> « Ferme comme une pierre : pourquoi un jour entier ?
> On peut connaître le jugement.
> L'homme noble connaît le caché et le visible.
> Il connaît le faible, et le fort aussi :
> Voilà pourquoi les dix mille êtres tournent les yeux vers lui [155]. »

L'enthousiasme est certes la source du beau, mais il peut aussi aveugler.

135 *(599)* Le deuxième hexagramme du haut est *Souen*, la diminution. Le trigramme supérieur désigne la montagne, l'inférieur désigne le lac. La montagne *domine* le lac, au double sens du mot. Telle est l'image, dont l'interprétation invite à la maîtrise de soi et à la retenue, c'est-à-dire à une

diminution apparente de soi. La chose est importante, par rapport à l' « enthousiasme ». La dernière ligne de l'hexagramme, — « ... mais on ne possède plus de maison séparée » —, évoque le moine bouddhiste « qui n'a pas de maison ». Sur le plan psychologique, il ne s'agit plus à vrai dire de donner des preuves aussi radicales de renoncement et d'indépendance, mais de reconnaître, irréversiblement, que toute relation est conditionnée, toute valeur relative, toute existence temporaire.

Le signe situé en bas à droite est *Cheng,* la poussée vers le 136 *(600)*
haut : « Au milieu de la terre pousse le bois : image de la poussée vers le haut. » Il est dit aussi que l' « on pousse vers le haut dans une cité vide », et que l'on est présenté par le roi « à la montagne K'i ». Cet hexagramme signifie donc croissance et développement de la personnalité par émergence hors de la terre, ce que le motif végétal du mandala représente par anticipation. Il y a là une allusion à l'important enseignement que Madame X a tiré de son expérience : elle a reconnu qu'il n'y avait pas d'évolution sans acceptation de l'ombre.

Le dernier hexagramme, en bas à gauche, est *Ting,* le 137 *(601)*
chaudron. Il s'agit d'un pot de bronze muni de pieds et d'anses, qui à l'occasion de certaines festivités contenait la nourriture. Le trigramme d'en bas représente « le vent, le bois », celui d'en haut « le feu ». Le chaudron est donc composé, pour ainsi dire, de bois et de feu, de même que le « vase » des alchimistes l'est d'eau ou de feu [156]. Dans le chaudron il y a une nourriture précieuse (« la graisse du faisan »), mais on ne la mange pas parce que le chaudron est de quelque façon modifié à l'extérieur, et aussi parce que, ses pieds se brisant, il apparaît comme inutilisable. C'est par une constante abnégation intérieure que la personnalité se différencie (le chaudron aura « des anses d'or », et même « des anneaux de jade ») et se purifie jusqu'à atteindre au doux éclat du jade précieux [157].

Certes, les quatre hexagrammes ont été placés délibéré- 138 *(602)*
ment dans le mandala, mais ils résultent d'une authentique expérience du *Yi King.* C'est pourquoi les phases et les aspects

de l'évolution intérieure de mon analysante peuvent facilement être exprimés dans le langage de ce livre, parce que celui-ci se fonde également sur la psychologie du processus d'individuation, qui constitue l'une des préoccupations majeures du Taoïsme et du Zen [158]. Dans le cas de Madame X, l'intérêt pour les philosophies de l'Orient était né simplement des impressions profondes que produisaient sur elle son expérience de la vie et la meilleure connaissance qu'elle avait acquise d'elle-même — la découverte de la nature formidablement contradictoire de l'être humain. Le conflit sans remède qui menace dans un tel cas rend d'autant plus intéressants les systèmes thérapeutiques orientaux, qui semblent permettre d'en faire l'économie. C'est peut-être en partie grâce à cette rencontre de l'Orient que les oppositions inconciliables de la vision chrétienne ont pu être non pas occultées, mais au contraire aperçues dans toute leur acuité et, en dépit ou précisément à cause même de cela, intégrées pour constituer l'unité du mandala. Une telle unification n'a pas été réussie par exemple chez Boehme : il a assemblé le demi-cercle clair et le demi-cercle sombre dos à dos (c'est-à-dire avec les convexités en opposition). Il appelle le côté clair « le Saint-Esprit » et le sombre « le Père », c'est-à-dire l'*auctor rerum* [159] ou « premier Principe » (le « second Principe » étant représenté par le Saint-Esprit). Cette opposition est recoupée à angle droit par le couple d'opposés Fils-Homme terrestre. Les diables sont tous du côté du Père sombre et constituent le Feu de sa colère [160], ainsi qu'à la périphérie du mandala.

139 *(603)* Boehme procédait de l'alchimie philosophique et fut, à ma connaissance, le premier à tenter de représenter dans un mandala l'organisation du cosmos chrétien dans sa totalité réelle [161]. La tentative échoua en ce sens qu'il ne parvint pas à disposer les deux moitiés en un cercle fermé. Le mandala de Madame X au contraire englobe et contient les opposés, et ce, il est permis de le supposer, grâce à l'assistance de la doctrine chinoise du *yang* et du *yin*, les deux principes métaphysiques opposés dont la coopération constitue la vie et le mouvement du monde. Les hexagrammes, avec leurs traits pleins (*yang*) et leurs traits brisés (*yin*), décrivent des

phases déterminées de ce processus. Il est donc juste de les considérer comme des médiateurs de l'opposition entre ce qui est en haut et ce qui est en bas. Lao-tseu dit : « Le haut et le bas se touchent *. » Cette indiscutable vérité transparaît secrètement aussi dans le mandala : les trois oiseaux blancs se trouvent sur fond noir, et le bouc gris, lui, sur fond orange clair. C'est ainsi que la vérité de l'Orient s'insinue et rend possible — du moins sous forme d'anticipation symbolique — une union des contraires au sein du processus irrationnel de la vie tel que le *Yi King* le formule. Qu'il s'agisse effectivement des phases opposées d'un seul et même processus, c'est ce que montre l'image suivante.

IMAGE 10

Sur la dixième image, commencée à Zurich mais achevée 140 *(604)*
seulement après le retour de Madame X dans son pays d'origine, nous retrouvons la même partition que précédemment, en un haut et un bas. La « fleur de l'âme[162] » au centre est la même ; mais elle est entourée de tous côtés par un ciel nocturne bleu sombre où apparaissent les quatre phases de la lune, la nouvelle lune coïncidant avec le monde des ténèbres (en bas). Des trois oiseaux, il n'en reste plus que deux. Leurs plumes sont devenues noires ; le bouc s'est dédoublé en deux figures humanoïdes cornues, dont les visages sont clairs ; en revanche il n'y a plus quatre serpents, mais seulement deux. Nouveauté qu'il convient de relever, on voit apparaître dans l'hémisphère inférieur, corporel (chthonien), deux crabes. Le crabe a pour l'essentiel la même signification que le symbole du Cancer[163]. Malheureusement il manque à ce mandala un contexte donné par MadameX elle-même. En pareil cas, il est la plupart du temps utile de rechercher quel usage le passé historique a fait de l'objet que l'on considère. Les époques anciennes, préscientifiques, n'ont guère fait de

* *Tao-tö king,* II (trad. Liou Kia-hway, Paris, Gallimard, 1967-1980.) *(N.d.T.)*

différence entre les crustacés à queue longue (*macrura*, macroures) et à queue courte (*brachyura*, l'écrevisse et le crabe). Le Cancer — l'écrevisse — en tant qu'image zodiacale symbolise la résurrection, parce qu'il change de carapace [164]. A cet égard, les Anciens ont pensé surtout au *Pagurus Bernhardus*, ou bernard-l'ermite. Dans sa coquille il est comme un escargot, protégé, inattaquable. Il représente de ce fait la prudence et en même temps la prévision des événements à venir [165]. Il « est sous la dépendance de la lune et croît avec elle [166] ». Il est intéressant de remarquer que le crabe apparaît précisément dans le mandala où les phases de la lune font elles-mêmes aussi pour la première fois leur apparition. Le Cancer est en effet, en astrologie, le domicile de la Lune. En raison de la marche rétrograde qui le caractérise (la « marche en crabe ») il joue dans la superstition le rôle d'un animal maléfique. Cancer (καρκίνος) est, depuis toujours, le nom donné aux tumeurs malignes. Le Cancer est le signe zodiacal dans lequel le Soleil entre en régression. Le Pseudo-Callisthène raconte que des crabes attirèrent vers le fond de la mer les vaisseaux d'Alexandre [167]. Karkinos est le nom du crabe qui mordit Héraclès au pied tandis qu'il combattait l'Hydre de Lerne, tentant ainsi de le gêner dans sa lutte. En remerciement, Héra plaça son allié parmi les étoiles [168].

141 *(605)* En astrologie, le Cancer est un signe féminin et un signe d'eau [169], dont le début coïncide avec le solstice d'été. Dans les mélothésies [170], sa correspondance anatomique est la poitrine. Il régit aussi la mer occidentale. Pour Properce, il est inquiétant : *Octipedis Cancri terga sinistra time* (« Crains le dos sinistre du Crabe octopode » [171]) De Gubernatis dit : « Le Cancer provoque la mort... tantôt du héros solaire, tantôt du monstre [172] ». Le *Pañcatantra* (V, 2) raconte comment le crabe qu'une mère avait donné à son fils comme talisman apotropéique [173] lui sauva la vie en tuant un serpent noir [174]. Selon De Gubernatis, le Cancer représente tantôt le soleil, tantôt la lune [175], selon qu'il avance ou recule.

142 *(606)* Madame X était née dans les premiers degrés du Cancer (à 3° environ). Elle connaissait son propre horoscope et avait

pleinement conscience de l'importance du moment de la naissance, c'est-à-dire qu'elle savait que le degré du zodiaque où se trouve le Soleil détermine dans tout horoscope l'individualité du sujet. Comme elle sentait, à l'évidence, la parenté profonde de son horoscope avec son mandala, elle introduisit le signe de sa nativité ♋ dans le dessin qui devait représenter son Soi[176].

La conclusion essentielle que l'on peut tirer de cette 143 *(607)*
dixième image, c'est que les dyades dont elle est remplie établissent un équilibre intérieur entre les principes correspondants, qui de ce fait perdent de leur rigueur et de leur incompatibilité ; comme le dit Multatuli[177] : « Rien n'est tout à fait vrai, et même cela n'est pas tout à fait vrai. » Pourtant, cet affaiblissement, qui pourrait être inquiétant, est compensé par l'unité de l'intérieur où la lampe luit et émet des lumières colorées vers les huit régions du monde[178].

Bien que le but principal de ce mandala soit très vraisem- 144 *(608)*
blablement d'établir l'équilibre intérieur par la constitution de couples symétriques, il ne faudrait pas cependant négliger le fait que le redoublement intervient là aussi où des contenus inconscients sont sur le point de devenir conscients, c'est-à-dire susceptibles d'être différenciés. Ainsi que le montrent concrètement de nombreux rêves, ils se scindent alors en deux moitiés identiques ou légèrement différentes, correspondant à l'aspect déjà conscient et à l'aspect encore inconscient du contenu en voie d'émergence. Cette image me donne l'impression de représenter une sorte de solstice ou de culmination, le point où une décision se fait. Les dyades signifient, au fond, oui et non, les opposés inconciliables mais qu'*il faut* faire coexister pour que l'équilibre de la vie puisse être maintenu. Or cela n'est possible que si le sujet se tient inébranlablement au point médian où le faire et le subir s'équilibrent. Le chemin passe sur le fil du rasoir. Un tel point culminant de la vie, où les opposés cosmiques entrent en collision, est en même temps un instant où il n'est pas rare que s'ouvre au regard une vaste échappée sur le passé et l'avenir. C'est là le moment psychologique propice par excellence aux phénomènes de synchronicité, comme le

consensus gentium l'a constaté depuis des temps immémoriaux, c'est-à-dire le moment où les lointains du temps semblent s'être rapprochés : seize ans plus tard, Madame X fut atteinte d'un cancer du sein, qui entraîna la mort[179].

IMAGE 11

145 *(609)* A propos de cette image, je me bornerai à relever que les rayons colorés qui émanaient auparavant du centre s'y raréfient, avant de disparaître provisoirement sur les images suivantes. Le soleil et la lune y sont sortis du mandala, c'est-à-dire qu'ils ne sont plus inclus dans son microcosme. Le soleil n'est pas doré mais d'un jaune ocre terne ; de plus il accuse un net mouvement de rotation vers la gauche : il tend à s'assombrir lui-même, comme c'est inévitablement le cas après le solstice, en Cancer. La lune est dans son premier quartier. Les masses rondes au voisinage du soleil représentent probablement des cumulus, mais avec leur couleur gris rougeâtre ils ont une mine suspecte, ils ressemblent à des tumeurs en forme de tubercules. L'intérieur du mandala renferme maintenant un quinconce d'étoiles ; la couleur de l'étoile centrale est d'or et d'argent. La division du mandala en un hémisphère terrestre et un hémisphère aérien s'est déplacée vers le monde extérieur, elle n'est plus perceptible à l'intérieur. La lisière argentée qui bordait l'hémisphère aérien sur le dessin précédent fait ici tout le tour du mandala, et rappelle donc encore une fois la ceinture de vif-argent qui, en tant que *Mercurius vulgaris,* « masque la vraie personnalité ». Il est en tout cas vraisemblable que cette image dénote que l'importance et l'influence du monde extérieur deviennent assez importantes pour porter atteinte au mandala et à sa valeur. Il n'est cependant pas dissocié ni démembré (ce qui peut arriver dans des circonstances de ce genre), mais soustrait à l'influence tellurique par sa référence à une constellation astrale.

IMAGE 12

Sur la douzième image, le soleil est vraiment descendu jusqu'à l'horizon, et la lune en est à peine au premier quartier. Le mandala n'émet plus du tout de rayonnement. On y retrouve, à l'intérieur, des équivalents du soleil et de la lune, ainsi que de la terre. Il convient de remarquer que l'intérieur est soudain animé par la présence de deux figures humaines et de toutes sortes d'animaux. Le centre a perdu son caractère de constellation, remplacé par une sorte de motif floral. Ce que signifie cette animation, nous ne pouvons malheureusement pas l'établir, en l'absence de tout commentaire. 146 *(610)*

Sur la treizième image, la source du rayonnement n'est plus du tout dans le mandala mais en dehors de lui, sous la forme de la pleine lune, d'où émanent des ondes lumineuses circulaires concentriques aux couleurs de l'arc-en-ciel. Le mandala est enserré par quatre serpents noir et or, dont trois pénètrent vers le centre et le quatrième tourne la tête vers le haut et vers l'extérieur. Entre les têtes des serpents et le centre, un rappel du motif des spermatozoïdes. Il indique peut-être une forte intrusion du monde extérieur, mais peut-être aussi une protection magique. La résolution de la quaternité en trois plus un correspond à l'archétype[180]. 147 *(611)*

Sur la quatorzième image, le mandala flotte dans les profondeurs nocturnes de la Cinquième Avenue à New York, où Madame X était entre-temps retournée. Sur la fleur bleue du centre, la *coniunctio* des figures « royales » est présentée par un feu sacrificiel qui brûle entre elles. Le roi et la reine sont assistés par deux figures agenouillées, une femme et un homme. C'est là une quaternité hiérogamique typique, pour l'interprétation psychologique de laquelle je dois renvoyer le lecteur à l'exposé que j'en ai fait dans *La Psychologie du transfert*. Ce lien établi à l'intérieur doit être conçu comme un « affermissement » compensatoire face aux influences extérieures. 148 *(612)*

Sur la quinzième image, le mandala flotte entre Manhattan 149 *(613)* et la mer. Le jour est venu, et le soleil se lève. A partir du centre bleu, des serpents bleus pénètrent dans la substance rouge de l'enveloppe du mandala : le processus commence à s'inverser, après que l'introversion du sentiment provoquée par le choc du retour à New York a dépassé son point culminant. La couleur bleue des serpents indique qu'ils ont acquis une nature pneumatique.

150 *(614)* A partir de la seizième image, la technique du dessin et de la peinture fait un pas décisif en avant. Les mandalas gagnent en valeur esthétique. Sur la dix-septième image, on voit apparaître une sorte de motif oculaire que j'ai observé aussi dans les mandalas d'autres personnes. Il me paraît être en relation avec le motif de la polyophtalmie, et renvoyer à la nature particulière de l'inconscient, lequel peut être conçu comme une « conscience multiple ». J'ai traité cette question ailleurs de manière exhaustive[181]. (Cf. aussi fig. 5)

151 *(615)* C'est seulement un an après l'image de la *coniunctio* que l'inversion du processus atteignit avec la dix-neuvième image son point culminant[182]. Ici, la substance rouge est ordonnée autour de l'étoile dorée à quatre branches du centre; la bleue, en revanche, tend partout à se répandre vers la surface. Sur cette image on voit réapparaître pour la première fois, émis par le mandala, le rayonnement aux couleurs de l'arc-en-ciel, qui se maintiendra ensuite pendant plus de dix ans.

152 *(616)* Je ne veux pas reproduire ni commenter les images suivantes, qui — comme je l'ai dit — se répartissent sur plus de dix années, parce que je n'ai pas le sentiment de les comprendre suffisamment. Elles ne me sont de surcroît parvenues que récemment, après la mort de celle qui les avait faites, et malheureusement sans contexte ni commentaire. Dans ces conditions le travail d'interprétation devient une affaire incertaine, dont il est préférable de s'abstenir. Dans mon esprit, ce cas doit en effet simplement donner un exemple de la manière dont naissent de telles images, de ce qu'elles signifient, des réflexions et des conceptions auxquelles il faut recourir pour les interpréter. Il ne veut nullement montrer, en revanche, comment toute une desti-

Figure 5.

Mandala d'une patiente d'environ 58 ans, douée pour les arts et pourvue d'une formation technique. Au milieu, l'œuf entouré par le serpent ; à l'extérieur, des ailes et des yeux, en fonction apotropéique. La structure du mandala est quinaire, cas exceptionnel. (La même patiente a produit aussi des mandalas ternaires. En raison de ses dons artistiques, elle aimait jouer avec les formes indépendamment du sens.)

née s'exprime sous forme symbolique. Le processus d'individuation comporte de nombreux degrés et peut présenter bien des péripéties, ainsi que le montre amplement, au demeurant, le déroulement fictif de l'*opus alchymicum*.

RÉSUMÉ

153 *(617)* Nos images décrivent quelques-unes des étapes initiales sur le chemin de l'individuation. Il serait souhaitable assurément d'en savoir davantage là-dessus. Mais de même que ni l'or philosophique ni le *lapis philosophorum* n'ont jamais été produits réellement, de même nul n'a jamais pu raconter la totalité du chemin, du moins à des oreilles mortelles, car ce n'est pas le narrateur, c'est la mort qui prononce le *consummatum est*. Les phases avancées du processus présentent certes des enseignements de grande valeur ; mais il est important, aussi bien du point de vue didactique que du point de vue thérapeutique, de ne pas s'arrêter trop brièvement sur les stades initiaux. Etant donné que ces images représentent des anticipations intuitives d'évolutions à venir, il est profitable au contraire de s'y attarder, afin d'intégrer à la conscience, en se servant d'elles, assez de contenus de l'inconscient pour que la conscience atteigne ensuite effectivement le niveau d'évolution qu'elles ont fait entrevoir. De toute façon, les évolutions psychiques de ce genre ne vont guère, d'ordinaire, du même pas que les évolutions intellectuelles. Elles ont même pour tout premier but de remettre une conscience éventuellement très en avance, dans sa rapidité, en contact avec les profondeurs sous-jacentes de l'inconscient, dont elle ne devrait pas être coupée. C'était là précisément le problème dans le cas qui nous occupe. Madame X dut en effet revenir en arrière jusqu'au pays de sa mère pour retrouver sa terre — *vestigia retro !* C'est là une tâche à laquelle sont aujourd'hui affrontés non seulement des individus isolés, mais même des civilisations entières. Que signifient d'autre les régressions effrayantes de notre temps ?

La conscience s'est développée trop vite sur le plan scientifique et technique, elle a laissé loin derrière elle l'inconscient, qui ne pouvait plus suivre, et l'a ainsi forcé à adopter une position de défense et de refus qui se manifeste dans une volonté généralisée de destruction. Les — *ismes* politiques et sociaux de notre temps prêchent, certes, tous les idéaux possibles, mais poursuivent sous ces apparences trompeuses un but qui est d'abaisser le niveau de notre civilisation en restreignant, voire en annihilant purement et simplement les possibilités d'épanouissement individuel. Ils le font en partie en produisant un chaos maîtrisé par la terreur, un état primitif, donc, qui ne concède plus qu'une possibilité de simple survie ; un état pire que les pires époques de « ténèbres » du Moyen Age. Il reste encore à savoir si de l'expérience d'un asservissement déshonorant naîtra un jour une plus grande aspiration à la liberté de l'esprit.

A l'échelle collective, ce problème ne peut recevoir de 154 *(618)*
solution, car la masse n'est pas transformée si l'individu ne se transforme pas. De plus, même la solution apparemment la meilleure ne peut pas être imposée à celui-ci, car pour qu'elle soit bonne il faut qu'elle s'accompagne chez lui d'un processus naturel d'évolution. C'est donc une entreprise sans espoir que de s'orienter vers des recettes et des mesures collectives. Il ne peut être porté remède à un mal général qu'en commençant par l'individu, et cela même à condition qu'il prenne ses responsabilités et ne les rejette pas sur autrui. Cela n'est possible, bien entendu, que dans la liberté, et non pas sous un régime de violence, que le tyran qui exerce celle-ci se soit proclamé souverain lui-même ou qu'il soit l'émanation de la populace.

Les premières images de notre série décrivent les processus 155 *(619)*
psychiques bien particuliers qui commencent au moment où l'on se souvient de telle partie de sa personnalité qui, oubliée, n'en a pas suivi l'évolution. A peine le lien avec elle est-il établi que l'on voit apparaître les symboles du Soi, qui veulent communiquer une image de la personnalité totale. En évoluant ainsi, l'homme moderne se trouve engagé, sans s'en douter, sur des chemins frayés depuis des temps

immémoriaux : sur la *via sancta,* la voie sacrée dont les religions sont les bornes milliaires et les panneaux indicateurs [183]. Il pensera et sentira des choses qui le déconcerteront, si même elles ne lui sont pas franchement désagréables. Apulée raconte que dans les mystères d'Isis il a « franchi le seuil de Proserpine et vu le soleil rayonner à minuit [184] ». Il a vu de près les dieux d'en bas et ceux d'en haut, et les a vénérés. Ce sont aussi des expériences de ce genre qui s'expriment dans nos mandalas ; aussi est-ce précisément dans la littérature religieuse que nous trouvons les meilleurs parallèles aux symboles et aux états psychiques correspondant aux situations décrites dans ces mandalas. Ces situations constituent des expériences intérieures intenses qui, si l'individu qui en est affecté possède la faculté morale de πίστις, c'est-à-dire de confiance loyale, produisent sur l'âme un effet de croissance durable, dans le sens d'une maturation et d'un approfondissement de la personnalité. Il s'agit de ces expériences psychiques fondamentales et universelles qui sont à la base de la « foi » et devraient en être le fondement inébranlable, ainsi que celui de la connaissance aussi.

156 *(620)* Notre cas montre avec une rare netteté la spontanéité du processus psychique, et comment on passe d'une situation personnelle au problème de l'individuation, c'est-à-dire de l'accession de l'individu à sa complétude ; ce processus est la réponse à la grande question de notre temps : comment rétablir le lien entre la très jeune conscience poussée en avant par une évolution hâtive et le très antique inconscient resté à la traîne ? Ce qu'il y a de plus antique, c'est la base instinctuelle. Qui veut ignorer les instincts succombe dans leur embuscade, et qui n'est pas capable de s'abaisser lui-même sera abaissé, et perdra du même coup aussi sa liberté, son bien le plus précieux.

157 *(621)* Quand la science essaie de représenter ce qu'on est convenu d'appeler un processus vital simple, toujours les choses se compliquent et deviennent difficiles. Il n'y a donc pas lieu de s'étonner que les détails d'un processus de transformation, rendus visibles par l'imagination active, posent à l'entendement des exigences non négligeables. A cet

égard, on peut les comparer à tous les autres processus de la vie. Eux aussi les processus biologiques requièrent, pour devenir compréhensibles, des connaissances très spécialisées. Mais d'autre part notre exemple montre également qu'un tel processus peut commencer et se dérouler sans qu'aucune connaissance particulière ne doive nécessairement le parrainer. Cependant, si l'on veut y comprendre quelque chose, c'est-à-dire en assimiler quelque chose dans sa conscience, on a besoin pour cela de certains instruments de connaissance. Si le processus n'est pas du tout compris, il lui faut atteindre un niveau d'intensité déjà exceptionnel pour ne pas retomber sans résultat dans l'inconscient. Mais si les affects qui l'accompagnent atteignent un niveau exceptionnel, ils imposeront une certaine interprétation. Il dépend alors de la justesse de celle-ci que les conséquences prennent une tournure plus ou moins pathologique, ou non. En effet, les expériences psychiques exerceront des effets très différents sur la suite de l'évolution, selon qu'elles sont bien ou mal comprises. L'un des devoirs du psychothérapeute est donc d'acquérir au sujet de ces choses un savoir qui le rende capable d'aider son patient à développer des interprétations correctes. Car de telles expériences ne sont pas sans danger : elles représentent entre autres choses le terrain où se développent les psychoses. Il faut absolument éviter de s'obstiner dans une interprétation ou de faire violence au patient, et de même celui-ci ne devrait jamais être poussé de force vers une évolution qui ne s'amorce pas naturellement, c'est-à-dire de façon spontanée. Et si l'évolution s'est amorcée, alors il ne faut pas non plus lui tenir un discours qui l'en fasse sortir, à moins que l'on n'ait des raisons de croire à la possibilité d'une psychose. Pour décider en la matière, il faut disposer d'une expérience psychiatrique approfondie, et ne jamais oublier que le phénomène de constellation des images et des fantasmes archétypiques n'est nullement pathologique en lui-même. Le facteur pathologique se révèle seulement dans la manière dont l'individu y réagit, en d'autres termes, dont il conçoit les motifs archétypiques. Ce qui caractérise la réaction pathologique, c'est avant tout *l'identification à l'arché-*

type. Il en résulte une sorte d'inflation et de possession par les contenus de l'inconscient, dont aucune thérapie, le cas échéant, n'est en mesure de réfréner l'émergence. Dans les cas favorables, l'identification peut aussi prendre la forme d'une inflation plus ou moins anodine. Mais dans tous les cas l'identification à l'inconscient signifie une certaine faiblesse de la conscience, et c'est là que gît le danger. En effet, on ne « fait » pas l'identification, on ne « s'identifie » pas à un archétype, mais on subit inconsciemment l'identité avec l'archétype, c'est-à-dire qu'on en est possédé. Dans les cas les plus graves, la nécessité qui en découle est bien plutôt de renforcer et raffermir le moi que de comprendre et d'assimiler les produits de l'inconscient. Il appartient au médecin de prendre la décision sur ce point, en se fiant à son discernement diagnostique et thérapeutique.

158 *(622)* Dans ce travail j'ai essayé, en tâtonnant, de faire comprendre ce qui se passe à l'intérieur du mandala. Ce qui s'y passe, en effet, constitue pour ainsi dire l'illustration de changements obscurément ressentis en deçà de la conscience, perçus par l'œil « retourné vers l'intérieur » et rendus visibles par le crayon et le pinceau, tels qu'ils se représentent, échappant à la compréhension et à la connaissance. Ces images sont quelque chose comme les idéogrammes de contenus inconscients. J'ai naturellement appliqué cette méthode aussi à moi-même, et je puis assurer qu'il est en effet possible de peindre des images compliquées sans savoir le moins du monde quel en est le contenu réel. Tandis que l'on peint, l'image se développe pour ainsi dire d'elle-même, et cela souvent en opposition avec l'intention consciente. Il est intéressant d'observer combien fréquemment l'exécution de l'image vient contrecarrer l'attente de la conscience. La même observation peut être faite aussi — souvent plus nette encore — dans le processus de rédaction d'images actives [185].

159 *(623)* Je souhaiterais aussi que le présent travail comble une lacune, dont j'ai moi-même le sentiment, dans l'exposé de mes méthodes thérapeutiques. Sur l'imagination active, précisément, j'ai peu écrit, si je n'en ai que plus parlé.

J'utilise cette méthode depuis 1916. C'est dans mon livre *La Dialectique du moi et de l'inconscient (Die Beziehungen zwischen dem Ich und dem Unbewußten)* que j'en ai donné la première esquisse. Quant au mandala, c'est seulement en 1929 dans *Commentaire sur le mystère de la fleur d'or* que j'en ai fait mention [186]. Pendant au moins treize ans j'ai tenu secrets les résultats de cette méthode afin d'éviter les effets de la suggestion, car je voulais m'assurer que ces choses — les mandalas en particulier — naissent de façon vraiment spontanée, et ne sont pas suggérées peut-être aux patients par ma propre imagination. J'ai pu me convaincre ensuite par mes propres recherches que des mandalas avaient été dessinés, peints, taillés dans la pierre ou construits de tous temps et en tous lieux, bien longtemps avant que mes patients ne les découvrent. J'ai constaté de même, avec satisfaction, que des mandalas étaient vus en rêve et dessinés par des patients en traitement auprès de psychothérapeutes qui n'étaient pas mes élèves. Vu l'importance et la signification symboliques du mandala, des mesures de prudence toutes particulières me paraissaient s'imposer : ce motif en effet constitue l'un des meilleurs exemples de l'efficacité universelle des archétypes. Dans un *Séminaire sur les rêves d'enfants* que j'ai tenu en 1939-40, j'ai mentionné le rêve d'une fillette de dix ans qui n'avait vraiment jamais eu la moindre possibilité d'entendre parler de Dieu comme quaternité. Ce rêve a été noté par écrit par l'enfant elle-même et je l'ai reçu par l'intermédiaire d'une connaissance : « *Un jour j'ai vu en rêve un animal qui avait tout plein de cornes. Avec ses cornes, il embrochait d'autres animaux, des petits. Et puis une brume bleue est sortie des quatre coins, et il a arrêté de manger. Et alors, le bon Dieu est venu, mais en réalité il y avait quatre bons Dieux dans les quatre coins. Alors l'animal est mort, et tous les animaux qu'il avait mangés sont ressortis, vivants.* »

Ce rêve décrit un processus d'intégration inconscient. 160 *(624)*
Tous les animaux sont engloutis par un autre, et un seul. Puis vient l'énantiodromie : le dragon se métamorphose en un *pneuma* que représente une quaternité divine. Vient ensuite l'*apokatastasis*, une résurrection des morts. Ce fantasme aussi peu « enfantin » que possible, on ne peut pas

sans doute le qualifier autrement que d'archétypique. Au demeurant, Madame X avait elle aussi installé dans sa douzième image toute une collection d'animaux, à l'intérieur du mandala, par couples : serpents, tortues, poissons, lions, porcs, plus un bouc et un bélier [187]. L'intégration rassemble le multiple dans l'un. Assurément, ni l'enfant qui eut ce rêve ni Madame X ne savaient qu'Origène déjà disait, parlant des victimes sacrificielles : « Cherche ces animaux en toi-même, et tu les trouveras à l'intérieur, dans ton âme. Comprends que tu as à l'intérieur de toi-même *(intra temetipsum)* des troupeaux de bœufs..., de moutons et de chèvres... Comprends qu'en toi il y a aussi les oiseaux du ciel. Et ne t'étonne pas si nous disons qu'il y a cela en toi; comprends que tu es aussi un autre monde en petit et qu'il y a en toi soleil, lune et étoiles [188]. »

161 *(625)* La même idée revient en un autre endroit encore, mais cette fois sous forme d'une constatation psychologique : « Regarde l'expression du visage de celui qui est tantôt en colère, tantôt triste, puis de nouveau gai, et de nouveau perturbé dans son humeur, et de nouveau encore calme et doux... Tu verras que celui-là croit être *un*, <mais> qu'il n'est pas un : en lui se manifestent autant de personnes que de comportements, car — comme le dit l'Ecriture — *insipiens sicut luna mutatur*, celui qui n'a pas la sagesse subit des changements comme la lune [189]... Immuable est Dieu, et c'est pourquoi il est appelé l'Un, parce qu'il ne change pas. Et c'est de même ainsi que le juste, imitateur de Dieu *(imitator Dei iustus)*, créé à l'image de Dieu, est appelé lui aussi Un et lui-même *(unus et ipse)* lorsqu'il est parvenu à la perfection, parce que lui aussi, lorsqu'il s'est établi sur les sommets de la vertu, il ne change plus mais reste Un à jamais. Car tant qu'il demeure dans la nature mauvaise (*malitia*), tout homme est divisé et dispersé en des parties nombreuses et diverses. Et tant qu'il demeure dans les nombreuses espèces de la nature mauvaise, il ne peut être nommé Un [190]. »

162 *(626)* Dans ce texte, on voit que les nombreux animaux sont remplacés par des états affectifs auxquels l'être humain est livré. Le processus d'individuation, qui est ainsi clairement

évoqué, subordonne la multiplicité à l'Un. Or l'Un, c'est Dieu, dont la correspondance en nous est représentée par l'*imago Dei.* Et cette image de Dieu s'exprime, ainsi que nous l'avons vu déjà chez Jacob Boehme, dans le mandala.

NOTES

[Traduit d'après : C. G. Jung, *Gesammelte Werke (G.W.)* IX/1, pp. 309 à 372, Walter, Zurich-Stuttgart, 1976.]

1. A ce sujet, cf. ci-dessous § 140 (*604*) à 142 (*606*) le commentaire de son horoscope à propos de la 10e image.

2. Voir *Psychologie et Alchimie* (§ 138 sq. et 306) ; Lu-Ch'iang Wu et Tenney L. Davis, *An ancient Chinese treatise on alchemy entitled Ts'an T'ung Ch'i,* pp. 241 et 251.

3. Cf. *Psychologie et Alchimie* (§ 109).

4. Caesarius Heisterbacensis, *Dialogus miraculorum,* IV, XXXIV et I, XXXII : *Animam suam fuisse tanquam vas vitreum et sphaericum, oculatam retro et ante* (Son âme était comme un vase de verre sphérique, muni d'yeux par-devant et par-derrière). D'autres récits analogues se trouvent rassemblés dans : Bozzano, *Populi primitivi e manifestazioni supernormali.* Traduction allemande de : Schneider, *Übersinnliche Erscheinungen bei den Naturvölkern,* p. 209 sq.

5. Jung, *Paracelsus als geistige Erscheinung.* Traduction française de Ch. Pflieger-Maillard, dans *Synchronicité et Paracelsica,* Paris (Albin Michel) 1988. — C'est l'Hermès Kyllenios qui appelle à lui les âmes. Le caducée correspond au phallus. Cf. Hippolyte, *Elenchos,* V, 7, 30, p. 87.

6. Les mêmes données dans : *Elenchos,* V, 16, 8, p. 113. Le Serpent — la δύναμις de Moïse.

7. « *Mentis sive animi lapsus in alterum mundum* » (l'esprit ou l'âme glissant dans l'autre monde) (Rulandus, *Lexicon Alchemiae*). Dans les *Noces Chymiques* de Rosencreutz, l'éclair provoque l'animation du couple royal. Dans l'*Apocalypse* syrienne de *Baruch* le Messie apparaît sous la forme d'un éclair (Riessler, *Altjüdisches Schrifttum außerhalb der Bibel,* p. 101). Chez Hippolyte aussi (*Elenchos,* VIII, 10, 5, p. 230) on lit que, selon la conception des Docètes, comme les Eons ne pouvaient supporter l'éclat du Plérôme, le Monogène se serait ramassé en lui-même « comme le plus grand éclair dans le plus petit corps », ou « comme la vue sous les paupières ». Et c'est sous cette forme aussi qu'il est entré dans le monde par l'intermédiaire de Marie (10, 6, p. 230). Même chose chez Lactance (*Divinae Institutiones,* VII, 19, 644) : « *in orbe toto lumen descendentis dei tamquam fulgur...* », d'après *Luc,* 17, 24 : « ... *Sicut fulgur coruscans... ita erit*

Filius hominis in die sua » (car comme l'éclair resplendit et brille..., ainsi sera le Fils de l'homme en son jour). De même *Zacharie,* 9, 14 : « *et Domine Deus... exibit ut fulgur iaculum eius* » (l'Eternel au-dessus d'eux apparaîtra, et sa flèche partira comme l'éclair).

8. *Viertzig Fragen von der Seelen Urstand, Essentz usw.*, I, 91.
9. *Vom dreifachen Leben des Menschen,* II, 24.
10. *Aurora, oder Morgenröthe im Aufgang,* 10, 13, p. 133.
11. *l.c.,* 10, 24, p. 135.
12. *l.c.,* 12, 39, p. 159.
13. *Sal nitri* = salpêtre : comme le sel, la *materia prima* (*Drey Principia,* I, 9).
14. *Aurora,* (15, 65, p. 206). Ici l'éclair n'est pas du tout la révélation d'une volonté divine, mais un changement d'état de nature satanique. L'éclair est aussi une manifestation du diable (*Luc,* 10, 18).
15. *Aurora,* 19, 18, p. 240.
16. *l.c.* 5, p. 143.
17. Chez Boehme, les « quatre qualités » coïncident en partie avec les quatre éléments, en partie avec les quatre qualités traditionnelles : sec, humide, chaud, froid, en partie avec les qualités du goût : âpre, amer, doux, acide, en partie avec les quatre couleurs.
18. C'est un cœur qui constitue le centre du mandala dans les *Viertzig Fragen* (cf. fig. 1).
19. *Aurora,* 11, 16, p. 144.
20. *Stock* peut signifie ici (chez Boehme) l'arbre, la souche, le tronc, ou la croix (σταυρός = pieu), comme dans d'autres composés allemands *(Blumenstock, Baumstock, Kreuzstock),* mais peut également renvoyer à un bâton, une canne, une baguette (de chef d'orchestre). Dans ce cas, il pourrait s'agir de la baguette magique qui, dans les images suivantes, se change en arbre verdissant (cf. *infra*).
21. *Aurora,* 11, 21, p. 145.
22. L'obscurité d'en bas correspond au monde élémentaire, caractérisé par la quaternité. Cf. à ce sujet les quatre *achurayim* mentionnés dans le commentaire de la septième image.
23. La raison en est que l'éclair est capté par la quaternité des éléments et des qualités, et ainsi partagé lui-même en une quaternité.
24. Le « *Sal petrae* » est la matière de l'arcane, synonyme de « *Sal Saturni* » et de « *Sal Tartari mundi maioris* » (Khunrath, *Von hylealischen Chaos,* p. 263). En alchimie, *Tartarus* a deux sens. Il désigne d'une part le tartre, d'autre part la moitié inférieure de l'alambic ainsi que la substance de l'arcane (Abraham Eleazar, *Uraltes Chymisches Werk,* II, p. 91, 32). C'est dans les « *cavitates terrae* » (= *Tartarus*) que se développent les métaux. Selon Khunrath, *Sal* (le sel) est le « *centrum terrae physicum* ». Selon Abraham Eleazar, « le ciel et Tartarus le Sage » retransforment tous les métaux en Mercure. Saturne est un maléfique ténébreux. (Le même symbolisme dans l'offertoire de la messe des morts

(Missale Romanum) : « *libera animas omnium fidelium defunctorum de poenis inferni et de profundo lacu : libera eas de ore leonis* <attribut de Jaldabaoth = Saturne>, *ne absorbeat eas tartarus, ne cadant in obscurum* » (délivre les âmes de tous les croyants défunts des châtiments de l'enfer et des profondeurs de l'abîme ; délivre-les de la gueule du lion, que le gouffre ne les engloutisse pas, qu'ils ne tombent pas dans les ténèbres). Saturne est l'artisan des ténèbres (Boehme, *Vom dreifachen Leben,* 9, 73) et un aspect du *Salniter* (*De signatura rerum,* 14, 41, p. 185). Le *Salniter* est le « dessèchement », la solidification et la personnification des sept « esprits-sources » de Dieu, qui sont tous contenus dans le septième, c'est-à-dire dans le Mercure, le « Verbe de Dieu » (*Aurora,* 11, 47 ; 15, 38 ; *De signatura rerum,* 4, 32, p. 35). Il est, comme celui-ci, mère et cause de tous les métaux et de tous les sels (*De signatura rerum,* 14, 41, pp. 185 et 319, p. 21). Il est un « *corpus subtile* », la terre du Paradis et l'état corporel immaculé d'avant la chute : une quintessence, donc, de la *materia prima.*

25. Le royaume de Dieu comme royaume de la Joie.

26. Allusion aux « eaux qui sont au-dessus de l'étendue », *Genèse,* 1, 7.

26 bis. *Tinctur :* la teinture : « Le moteur de la croissance spirituelle. Si nous comparons l'âme, selon sa plénitude, à un arbre qui parcourt tout le cycle de sa croissance, la *teinture* est ce qui fait pousser les branches à partir du tronc. Elle est *ce qui pousse au-dessus de soi et hors de soi.* » Pierre Deghaye, *La Naissance de Dieu, ou la doctrine de Jacob Boehme.* Paris, Albin Michel, 1985, p. 167 (*N.d.T.*).

27. *De signatura rerum,* 14, 28 sq., p. 182.

28. *Tabulae principiorum,* p. 271, 3.

29. *l.c.,* 5.

30. *l.c.,* p. 279, 42.

31. *l.c.,* p. 280, 45.

32. *l.c.*

33. *l.c.,* p. 279, 41.

34. Son nom officiel est *hydrargyrum sulphuratum rubrum.* Une variante de son symbole est 🜍 (Lüdy, *Alchemistische und chemische Zeichen ;* Gessmann, *Die Geheimsymbole der Alchemie, Arzneikunde und Astrologie des Mittelalters*).

35. « *Maximum est dubium apud medicos quid sit Cinnabaris, quia nomen hoc Cinnabaris multis et diversis tribuitur rebus ad auctoribus* » (les médecins sont dans la plus grande incertitude sur ce qu'est *cinnabaris,* étant donné que ce nom est attribué par les auteurs à des choses nombreuses et diverses) (Rulandus, *Lexicon alchemiae,* art. *Cinnabaris,* p. 149).

36. Berthelot, *Collection des anciens alchimistes grecs,* III, XXIX, 24, pp. 198-204.

37. *l.c.,* I, V, 1, pp. 22-21. Au sujet du symbolisme attaché au cercle (Ouroboros), il convient de remarquer que le dragon a trois oreilles et quatre pieds. (Cf. « l'Axiome de Marie ! » *Psychologie et alchimie,* § 209 sq.)

38. *Naturalis historiae libri,* XXXIII, vii.

39. En médecine, *anthrax* = *carbunculus,* tumeur inflammatoire sous-cutanée.

40. L'antimoine est aussi représenté par ♁. *Regulus* désigne un métal extrait par réduction d'une combinaison.

41. Michael Maier dit : « *Verum philosophorum antimonium in mari profundo, ut regius ille filius demersum delitescit* » (le véritable antimoine des philosophes est caché dans les profondeurs de la mer, comme le fameux fils du roi) (*Symbola aureae mensae,* p. 380).

42. Vantée comme « *Hercules morbicida* », le tueur des maladies (*l.c.,* p. 378).

43. Ce livre est mentionné (pour la première fois?) par Michael Maier, *l.c.*

44. Egalement ⊡, une quaternité pure.

45. Τάρταρος, de même que βόρβορος, βάρβαρος, etc. a valeur d'onomatopée exprimant l'effroi. Τάργανον signifie vinaigre, vin gâté. Il est dérivé de ταράσσω, remuer, mettre en désordre, effrayer (τάραγμα) : agitation, trouble, confusion) et de τάρβος : crainte, peur.

46. Hippolyte, *Elenchos,* V, 7, 30, p. 86.

46 bis. Texte français d'Emile Ripert d'après la traduction de Madame Dacier, Le Meilleur livre du mois, 1959 (*N.d.T.*).

47. Kerényi, *Hermes der Seelenführer,* p. 29.

48. *l.c.,* p. 30.

49. Les couples de fonctions sont : pensée-sentiment et sensation-intuition. Cf. *Types psychologiques, Définitions.*

50. Cf. *Psychologie et Alchimie,* § 329, où je démontre l'existence *a priori* du symbole du mandala.

51. Cf. *Psychologie et Alchimie,* § 406.

52. Preisendanz, *Papyri Graecae magicae,* II, p. 139.

53. Jung, *Der Geist Mercurius,* § 267 sq.

54. *Psychologie et Alchimie,* chap. III, 5.

55. Wilhelm et Jung, *Le Mystère de la Fleur d'or.*

56. On parle certes beaucoup et non sans raison de la résistance que l'inconscient oppose au passage à la conscience. Mais il faut insister aussi, à l'inverse, sur le fait que l'inconscient présente une sorte de pente en direction de la conscience, qui dénote un besoin d'y accéder.

57. Or philosophique, or potable ou — par référence à l'*Apocalypse,* 21, 21 — or semblable à « du verre transparent ».

58. (Une planète en formation.)

59. Madame X se réfère ici aux conceptions que j'ai développées dans *La Dialectique du moi et de l'inconscient,* et qu'elle connaissait dans la version antérieure de mes *Collected Papers on Analytical Psychology.*

60. Dans ce sens l'anglais moderne emploie aussi le mot *square.*

61. La « *quadrata figura* » qui apparaît comme symbole du *lapis* au centre du mandala alchimique et dont Mercure occupe le centre est qualifiée de « *mediator,* qui établit la paix entre les ennemis ». (*Hermetis*

Trismegisti Tractatus aureus cum scholiis, in : *Theatrum chemicum,* 1613, IV, p. 691.)

62. Voir les invocations à Hermès. Cf. Preisendanz, *l.c.*, II, p. 139; dans Jung, *Psychologie et Alchimie,* (§ 172 et fig. 214), la reprise du « *quadrangulum secretum sapientium* » de *Hermetis Trismegisti Tractatus aureus,* in : *Bibl. chem. curiosa,* I, p. 408b. Voir encore : Jung, *Der Geist Mercurius* (§ 273 sq.)

63. Mes efforts ne m'ont pas permis de trouver une autre raison de la présence du « *mercury* ». Bien entendu, on ne peut exclure une cryptomnésie. Etant donné la netteté de la représentation et la surprenante coïncidence que constitue son apparition (cf. Boehme!) je penche vers cette hypothèse, qui n'exclut pas l'archétype mais tout au contraire le présuppose précisément.

64. Cf. sur ce point la « naissance intime de l'âme » chez Boehme.

65. Cet *homo interior* ou *altus* — l'homme intérieur, ou « d'en haut » était le Mercure, ou du moins procédait de lui. Cf. Jung, *Der Geist Mercurius,* § 284 sq.

66. Ces lignes correspondent aux quatre couleurs fondamentales traditionnelles.

67. Le poisson « géant » de l'épitaphe d'Aberkios (vers l'an 200) (cf. Jung, *Aion,* § 127).

68. Cf. à ce propos Frobenius, *Schicksalskunde,* p. 119 sq. Les interprétations de cet auteur me semblent à vrai dire problématiques sur ce point.

69. *Psychologie et Alchimie,* § 204, et *Zur Phänomenologie des Geistes im Märchen* (*G.W.* 9/1, § 425 et 430).

70. *Psychologie et Alchimie,* Index, art. Quadripartition (*Vierteilung).*

71. Hippolyte, *Elenchos,* V, 26, 1 sq., p. 126.

72. Cf. à ce sujet la διήγησις... περὶ ποικίλης καὶ πολυμόρφου σφαίρας (récit... concernant une sphère multicolore et multiforme) dans le *Codex Vaticanus 190* (cité par Cumont, *Textes et monuments figurés relatifs aux mystères de Mithra,* I, p. 35), où l'on lit : ἔπλασεν ὁ πάνσοφος θεὸς δράκοντα πάνυ μέγαν κατὰ μῆκος καί πλάτος καί βάθος, ζοφοειδῆ ἔχοντα κεφαλὴν, τὸν λεγόμενον ἀναβιβάζοντα, εἰς ἀνατολὴν καὶ τὴν οὐρὰν αὐτοῦ, τὸν λεγόμενον καταβιβάζοντα, εἰς δύσιν... Τότε ὁ πάνσοφος δημιουργὸς ἄκρῳ νεύματι ἐκίνησε τὸν μέγαν δράκοντα σὺν τῳ κεκοσμηένῳ στεφάνῳ, λέγω δὴ τὰ ιβʼ ζῴδια, βαστάζοντα ἐπὶ τοῦ νώτου αὐτοῦ. (Le démiurge à la sagesse infinie fait un dragon immense en longueur, en largeur et en hauteur, dont la tête de couleur sombre, que l'on nomme l'ascendant ⟨*i.e.* le nœud lunaire ascendant⟩, est tournée vers le levant, et la queue, que l'on nomme descendant, vers le couchant... Et alors le démiurge, par son sublime commandement, a mis en mouvement le grand dragon ainsi que la couronne ornée qu'il portait sur son dos, c'est-à-dire les douze signes du zodiaque.) Eisler (*Weltenmantel und Himmelszelt,* p. 389) met en rapport ce serpent zodiacal

avec le Léviathan. Sur le dragon comme symbole de l'année, voir : *Mythographus Vaticanus* III, p. 162. Représentations analogues dans : Horus Apollo, *Selecta hieroglyphica,* 2, p. 9 : « *Insuper ut serpens quotannis pelle ac senio simul exuitur : sic et annuum spatium, quod mundi circumactu producitur, immutatione facta renovatur, ac veluti reiuvenescit.* » (De même qu'en outre le serpent se défait à la fois de sa peau et de sa vieillesse, de même se renouvelle et se rajeunit pour ainsi dire aussi, par métamorphose, la trajectoire annuelle produite par la révolution du monde.)

73. *Der Geist Mercurius,* § 267 sq.

74. Meier, *Antike Inkubation und moderne Psychotherapie.*

75. Vishnou est défini comme *damodara,* « celui dont le corps est ceint d'une corde ». Je ne suis pas sûr que ce symbole doive être pris ici en considération ; je l'évoquerai seulement pour être exhaustif.

76. (D'après Goethe, *Egmont,* acte 3 ; dans l'original : *Langen/Und Bangen* ».) [*N.d.T. :* le passage évoqué est la « chanson de Klärchen ». Jung joue ici sur la polysémie de *schweben,* qui correspond à peu près à celle du français « être suspendu, flotter en l'air/être en suspens, pendant, en attente » — *ce sens seul chez Goethe.* De plus, dans l'expression binaire, redondante *langen und bangen* (lexicalisée depuis Goethe par référence à sa pièce, avec le sens de : être dans l'angoisse du désir), en remplaçant *langen* (archaïque : se morfondre de désir) par *hangen* (être suspendu), Jung ajoute un jeu de mots — au demeurant lui-même aussi lexicalisé. On pourrait traduire l'ensemble, approximativement et en renonçant à toute prétention poétique : « se morfondre, en suspens, dans les tourments du désir et de l'attente ».]

77. Maier, *De circulo physico quadrato, caput* I, pp. 11 sq.

78. Dans l'alchimie médiévale, c'est le Christ. Cf. *Psychologie et Alchimie,* III, chap. 5.

79. L'œuvre de Leone Ebreo (né vers 1460, mort après 1520), médecin et philosophe, a connu au 16e siècle une très vaste diffusion, et exercé une influence de grande portée sur ses contemporains et sur les générations suivantes. C'est le prolongement d'un courant néo-platonicien dont l'origine est le commentaire du médecin et alchimiste Marsile Ficin (1433-1499) sur le *Banquet* de Platon. Le véritable nom de cet auteur est Don Judah Abrabanel (ou Abarbanel, selon les textes), de Lisbonne.

80. J'utilise la traduction anglaise des *Dialoghi,* qui a été publiée en 1937 par Friedeberg-Seeley et Jean H. Barnes, sous le titre *The Philosophy of Love by Leone Ebreo.* Ma citation se trouve pp. 92 et 94. Il faut chercher la source de cette conception dans l'interprétation cabbalistique du Jesod. (*Kabbala denudata,* à cet article).

81. Cette formulation pseudo-biologique doit être mise en relation avec la formation scientifique de l'analysante.

82. Elle aussi, cette représentation est alchimique : *synodos lunae cum sole,* c'est-à-dire le *hieros gamos* de la *coniunctio.* Cf. pour plus de détails : Jung, *Die Psychologie der Übertragung (La Psychologie du transfert).*

83. De plus amples précisions à ce sujet dans : Jung, *Der Geist der Psychologie,* § 498 (trad. fr. in : *Les Racines de la conscience*).

84. On ne peut faire autrement que de penser à l'océan qui entoure le monde et au serpent cosmique qui s'y cache, le Léviathan ou *draco in mari,* qui, repris de la tradition égyptienne du Typhon et de la mer qui lui est associée, n'est autre que le diable. « *Diabolus maria undique circumdat et undique pontum* » (le diable entoure les mers de toutes parts, et de toutes parts l'océan). (Hieronymus, *Epistola,* 2, 4; cf. aussi Rahner, *Antenna crucis,* II, « Das Meer der Welt », p. 112).

85. Le même motif se retrouve dans deux mandalas qu'a publiés Esther Harding (*Das Geheimnis der Seele,* pp. 434 et 436).

85 bis. « Dame Monde », *Frau Welt :* expression dont les connotations sont pratiquement intraduisibles. En allemand, *le monde* est féminin ; en outre, *Frau Welt* rappelle par association *Frau Holle,* célèbre figure folklorique et mythique de la féminité chthonienne, avatar de la Grande-Mère (*N.d.T.*).

86. C'est le *nous* serpentiforme et le *serpens mercurialis* de l'alchimie.

87. Hippolyte, *Elenchos,* V, 26, 21 et 25, pp. 129 sq. Cette histoire d'Adam, d'Eve et du Serpent est restée vivante jusqu'à une période avancée du Moyen Age.

88. Apparemment il y a là un jeu de mots : Πρίαπος ἐπριοποίησε τὰ πάντα (qui créa toutes choses) (*Elenchos,* V, 26, 33, p. 132).

89. Voir l'image [de Mélusine] tirée de la *Pandora* (1588) dans : *Paracelsus als geistige Erscheinung* (*Paracelsica,* p. 99 et *G.W.* XIII ; trad. fr. in : *Synchronicité et Paracelsica* (1988), p. 204).

90. Conformément à la conception, remontant à l'Antiquité, selon laquelle le serpent est « l'animal le plus spirituel » (πνευματικώτατον ζῶον), d'où qu'il était aussi le symbole du *nous* et du Rédempteur.

91. Voir à ce sujet ce que Jean de la Croix dit de la « nuit obscure ». Son interprétation est aussi efficace que psychologiquement vraie.

92. D'où, en alchimie, la comparaison du mandala avec le *rosarium* — la roseraie.

93. Dans le bouddhisme, la quaternité est constituée par les « Grands Rois » (*localpa,* les gardiens du monde). Voir *Saṃyutta-Nikāya,* I, p. 367.

94. « ... *mystica quasi distillatione, Deus aquam hanc primordialem in quatuor partes ac regiones separavit et distinxit* » (par une sorte de distillation mystique, Dieu a séparé et partagé cette eau primordiale en quatre parties et quatre régions) (Sendivogius, *Epistola XIII,* in : *Bibl. chem. curiosa,* II, p. 496). Chez Christianos (Berthelot, *alch. Grecs,* VI, ix, 1, p. 393, et x, 1, p. 394), l'« œuf », de même que la matière elle-même, est constitué de quatre composants. (Même chose dans une citation de Xénocrate *l.c.,* VI, xv, p. 414).

95. Dans la philosophie taoïste, le mouvement vers la droite signifie la « descente » du processus de la vie : l'esprit est sous l'influence de l'âme féminine, *po,* incarnation du *yin,* de nature passionnelle. Définir celle-ci comme anima (Wilhelm et Jung, *Das Geheimnis der Goldenen Blüte,* p. 105)

est correct dans notre perspective psychologique, bien que cette définition ne rende compte que d'un de ses aspects. La *po* engage *hun,* l'esprit, dans les processus cosmiques et dans la reproduction. Le mouvement vers la gauche ou rétrogradation, au contraire, signifie le « mouvement ascendant » de la vie (*l.c.* p. 106). Il se produit une « libération des choses extérieures », qui donne à l'esprit la souveraineté sur l'anima. En ce sens, cette façon de voir concorde avec les constatations empiriques, mais elle ne tient pas compte du fait que l'on peut très bien avoir l'esprit à l'extérieur et l'anima à l'intérieur !

96. Communication orale du *Rimpoché* de Bhutya Busty (Sikkim).

97. Symbole aussi d'une certaine matérialité de l'esprit, notamment quand il s'est « solidifié » en doctrine. Je rappellerai ici aussi le bleu-vert qui chez Boehme signifie « liberté ».

98. Sur la double nature de l'esprit (*Mercurius duplex* des alchimistes), cf. Jung, *Zur Phänomenologie des Geistes im Märchen.*

99. Cf. le serpent de feu de Lucifer chez Boehme.

100. Cf. Jung, *Versuch zu einer psychologischen Deutung des Trinitätsdogmas* (§ 243 sq.)

101. *Elenchos,* V, 26, 27 sq.

102. Au sujet de ces voyages, voir *Psychologie et Alchimie,* § 457.

103. *Realencyclopädie für protestantische Theologie und Kirche,* IV, 173, 60.

104. Baumgartner (*Die Philosophie des Alanus de Insulis,* p. 118) fait remonter cette phrase à un *liber Hermetis* ou *liber Trismegisti, Cod. Par.* 6319 et *Cod. Vatic.* 3060.

105. Στεφάναι = *coronae* ou anneaux (au sens de la géométrie : surface comprise entre deux cercles concentriques).

106. Νυκτός = de nuit, de ténèbres.

107. Δάίμων ἣ πάντα κυβέρναι ; un *daemonium* féminin.

108. Traduction de Jean Beaufret, in : J.B., *Le poème de Parménide* (Paris, PUF., 1955-1986, p. 91, XII).

109. (*Ad Clementis Alexandrini hieroglyphica observationes,* in : *De symbolica Aegyptiorum sapientia,* p. 128 sq.) *Stromateis, lib.* V, C. VIII, § 45, 4 sq. : « Mais lui aussi le grammairien Dionysos Thrax dit, dans son écrit " Sur le sens du symbole des petites roues ", littéralement : " Certains ont caractérisé les actions non seulement par des mots, mais aussi par des symboles... comme par exemple la roue tournante que les Egyptiens tirent à travers les bois consacrés aux dieux, et les rameaux que l'on donnait à leurs adorateurs ". C'est ainsi qu'Orphée le Thrace dit :

Mais pareils à des rameaux sont sur cette terre les œuvres des mortels,
Rien n'est orienté vers unc destinée unique, tout se meut en cercle,
A rien il n'est donné de s'arrêter, tout tourne,
Mais chaque chose suit le cours qui lui a été imprimé au départ. »

(D'après la traduction d'Overbeck, 1936).

110. Cf. Diels, *Vorsokratiker,* II, p. 29, 38 : Νοῦν τὸν θεὸν ἐν πυρί σφαιροειδεῖ (Aët. I, 7, 16).

111. Ce passage renvoie à Cicéron, *De natura deorum*, I, 12, 28 : « ⟨*Parmenides*⟩ *coronae similae efficit* (στεφάνην *appellat) continente ardore lucis orbem, qui cingit caelum, quem appellat deum ; in quo neque figuram divinam neque sensum quisquam suspicari potest.* » (Parménide invente quelque chose qui ressemble à une couronne ⟨il l'appelle *stephanê*⟩, un cercle continu de lumière ardente entourant le ciel, qu'il appelle Dieu, mais dans quoi il est impossible de soupçonner ni une figure divine ni rien de concevable.) Cette remarque ironique de Cicéron montre qu'il est d'un autre temps, pour lequel les images archétypiques sont déjà bien lointaines.

112. Il existe de nombreuses représentations de l'enfant solaire assis sur le lotus (Erman, *Die Religion der Ägypter*, p. 62, et *Handbook of Egyptian Religion*, p. 26). Cette image se retrouve aussi sur un grand nombre d'intailles et de camées antiques. Le lotus est le siège habituel des dieux en Inde.

113. Texte original dans la Bible de Zurich : « *Ringsum wandeln die Gottlosen* ».

114. Caussinus, *l.c.*, p. 129.

115. *Psychologie et Alchimie*, § 214 sq.

116. Cette interprétation m'a été confirmée par mon répondant tibétain, Lingdam Gomtchen, supérieur du monastère de Bhutia Busty : le swastika est, selon ses propres termes, ce qui ne peut être « ni rompu, ni divisé, ni corrompu ». Le sens serait en conséquence quelque chose comme un affermissement intérieur du mandala.

117. Voir un motif analogue indiquant l'affermissement dans le mandala de l'*Amitayur-Dhyāna Sūtra* : Jung, *Zur Psychologie östlicher Meditation* (§ 917 et 930).

118. *Monas hieroglyphica*, in : *Theatr. chem.* (1602) II, p. 220. Dee établit également un rapport entre la croix et le feu.

119. Les « *septem reges* » renvoient à des ères révolues, à des mondes qui « ont fait leur temps » ; les quatre *achurayim* sont ce que l'on appelle aussi les « *posteriora Dei* » : « *omnia ad Malchuth pertinent ; Quae ita vocatur, quia est postrema in Systemate Aziluth... in imis Schechinae existere* » (tous relèvent de Malchuth ; laquelle s'appelle ainsi parce qu'elle est le dernier élément dans le système d'Aziluth... Ils existent dans les profondeurs de la Schechina) (*Kabbala denudata*, I, p. 72). La quaternité des *achurayim* constitue une *quaternio* masculine-féminine : « *Patris nempe et matris supernorum, nec non Iisraelis Senis et Tebhunae* » (du père et de la mère des êtres d'en haut, et aussi du Senex Israël et de Tebhuna) (*l.c.*, p. 726). Le *senex* est *Aen-Soph* ou *Kether* (*l.c.*, p. 635), *Tebhunah* est *Binah, intelligentia* (*l.c.*, p. 726). Les écorces ou coquilles ont aussi le sens d'esprits impurs.

120. Cf. *Kabbala denudata*, I, pp. 675 sq. Les « écorces » (*klippoth*) représentent aussi le mal (*Zohar*, I, 137 sq. et II, 34b). Selon une interprétation chrétienne du 17e siècle, Adam Bélial est le corps du Messie, le « corps total *(totum corpus)* ou la légion des écorces ». (Cf. *2 Corinthiens*, 6, 15 sq.) Par suite du péché originel, cette légion envahit le

corps d'Adam, dont les couches extérieures en furent plus infectées que celles de l'intérieur. L'*anima Christi* combat et finalement anéantit les écorces, qui signifient la matière. En ce qui concerne Adam Bélial, le texte renvoie à la Bible : *Proverbes*, 6, 12 : « *homo apostata vir inutilis graditur ore perverso* » (l'homme pervers, l'homme inique, / Marche la fausseté dans la bouche). (*Adumbratio kabbalae christianae*, IX, 2, p. 56).

121. Hölderlin, *Hyperions Schicksalslied.*

122. De la vision globale de la « vie de l'esprit et de la nature », Boehme dit : « Nous pouvons alors la comparer à une roue ronde et sphérique, qui va de tous côtés, comme le montre la roue dans Ezéchiel. » (*Vom irdischen und himmlischen Mysterium*, 5, 2, p. 326.)

123. Chap. 17, 6, p. 222. Je me réfère ici à la reproduction du mandala dans la vieille édition anglaise des *Viertzig Fragen (Quarante questions sur l'âme)* de 1647 : *XL. Questions concerning the Soule,* fig. en p. 32.

124. Chap. XVII, 6, p. 222.

125. *Quaestiones theosophicae*, 3, 34, p. 12.

126. *Aurora*, XVII, 7, p. 222, mentionne les « sept esprits » qui « s'enflammèrent eux-mêmes dans leur naissance la plus extérieure ». Ils correspondent aux *septem reges* de la Kabbale. Ce sont les esprits de Dieu, « esprits-sources » de la nature éternelle et temporelle. Ils correspondent aux sept planètes et constituent la « roue du centre » (*De signatura rerum*, IX, 8 sq., p. 88). Les sept esprits sont les sept qualités déjà mentionnées, qui toutes ont une même mère pour origine. Cette mère est une « source double, bonne et mauvaise en toutes choses » (*Aurora*, II, 2, p. 72). Tout mouvement naît de cette opposition. A rapprocher de la « Divinité » de Parménide et de l'*Edem* duelle de la gnose de Justin.

127. Guilielmus Mennens (1525-1608), savant alchimiste flamand, écrivit un livre intitulé *Aurei velleris, sive sacrae philosophiae, naturae et artis admirabilium libri tres*, reproduit dans *Theatr. chem.* (1622) V, pp. 272 sq.

128. « *Ut itaque Deus est trinus et unus, sic etiam materia, ex qua cuncta creavit, triplex est et una* » (*l.c.*, p. 335). C'est là la correspondance alchimique de la triade consciente et de la triade inconsciente des fonctions de la psychologie. (Jung, *Zur Phänomenologie des Geistes im Märchen, G.W.* IX/1, § 425 et 436 sq.)

129. Mennens ne semble pas se référer directement à la Kabbale, mais à un texte attribué à Moïse et dont je n'ai pas réussi à retrouver la trace. Aucun rapport avec le texte grec que Berthelot appelle *Chimie de Moïse* (*Alch. grecs*, IV, XXII). Moïse est mentionné çà et là dans la littérature ancienne, et Lenglet-Dufresnoy (*Histoire de la philosophie hermétique*, III, p. 22) cite sous le n° 26 un manuscrit de la Bibliothèque de Vienne intitulé *Moysis prophetae et legislatoris Hebraeorum secretum chimicum* (Ouvrage supposé).

130. *l.c.*, I, 10, pp. 334 sq.

131. La *cauda pavonis* est identifiée par H. Khunrath avec Iris, la « messagère des dieux ». Gerardus Dorneus (*De transmutatione metallorum,*

in : *Theatr. chem.* 1602, I, p. 599) donne l'explication suivante : « *Haec est avis noctu volans absque alis, quam caeli ros primus continuata decoctione, sursum atque deorsum ascensione descensioneque in caput corvi convertit, ac tandem in caudam pavonis, et postea candidissimas et olorinas plumas, ac postremo summam rubedinem acquirit, indicium ignae suae naturae.* » (C'est l'oiseau qui vole la nuit, sans ailes, que la première rosée du ciel, par une coction permanente, en un mouvement de bas en haut et de haut en bas, d'ascension et de descente, transforme en la tête du corbeau, puis en la queue du paon, sur quoi il lui vient des ailes de cygne et pour finir une extrême rougeur, signe de sa nature ignée.) Chez Basilide (Hippolyte, *Elenchos,* X, 14, 1, p. 274) l'œuf du paon est synonyme de *sperma mundi,* κόκκος σινάπεως. Il renferme τὴν τῶν χρωμάτων πληθύν, la profusion des couleurs, au nombre de 365. C'est à partir d'œufs de paon qu'il convient de préparer la couleur dorée, disent les Cyranides (Delatte, *Textes latins et vieux français relatifs aux Cyranides,* XCIII, p. 171). La lumière de Mahomet a la forme d'un paon, et c'est de la sueur de celui-ci qu'ont été créés les anges (cf. Aptowitzer, *Arabisch-Jüdische Schöpfungstheorien,* pp. 209 et 233).

132. *De signatura rerum,* XIV, 10 sq., p. 176.

133. Le *carbunculus* (l'escarboucle) est un synonyme du *lapis.* « *Rex... clarus ut carbunculus* » (le roi... brillant comme une escarboucle) (citation tirée de Lilius, source ancienne transmise par le *Rosarium philosophorum,* dans *Art. aurif.* II, p. 329). « *Radius... in terris, qui lucet in tenebris instar carbunculi in se collectus* » (un rayon... dans la terre, concentré sur lui-même, qui luit dans les ténèbres comme une escarboucle), (tiré de l'exposé de la théorie de Thomas d'Aquin fait par Michael Maier dans *Symbola aureae mensae,* VIII, p. 377). « *Inveni quendam lapidem rubeum, clarissimum, diaphanum et lucidum, et in eo conspexi omnes formas elementorum, et etiam eorum contrarietates* » (j'ai trouvé certaine pierre rouge, très brillante, transparente et lumineuse, et en elle j'ai aperçu toutes les formes des éléments et aussi leurs oppositions) (Thomas d'Aquin, cité par Mylius, *Philosophia reformata,* p. 42).

134. *Vom himmlischen und irdischen Mysterium,* V, 4 sq.

135. L'origine du motif alchimique de la *cauda pavonis* doit être recherchée sans doute d'une part dans la pellicule irisée qui se forme sur les métaux en fusion (p. ex. le plomb), et d'autre part dans les couleurs vives de certaines combinaisons chimiques du mercure et du plomb. Ces deux métaux fournissaient souvent la matière première du travail alchimique.

136. Statistiquement tout au moins, le vert est la couleur correspondant à la fonction sensation.

137. « *Laurus undique virescens, pulchra, et inter complures arbores, fulmine prostratas, media, epigraphen tenet : Intacta triumphat. Mariam Virginem, inter omnes creaturas solam nullius peccati fulmine temeratam, haec imago spectat.* » (Le beau laurier qui partout verdit parmi tant d'arbres qui ont été abattus

par la foudre porte l'inscription : " Intact il a triomphé. " Cette image se rapporte à la Vierge Marie, seule parmi toutes les créatures à n'avoir jamais été souillée par l'éclair du péché. » (Picinellus, *Mundus symbolicus, lib.* IX, chap. 16, p. 565.)

138. *Der Geist Mercurius,* § 247 sq.

139. Sur ce point, cf. ci-dessus (§ 580 et note 133) les références citées concernant l'escarboucle.

140. (Le Bouddha à l'infinie compassion.)

141. Dans les mandalas d'autres personnes, la couleur attribuée à la sensation est généralement le vert, comme on l'a déjà vu.

142. Cf. la quaternité des *achurayim.*

143. *Chochma* (=*facies hominis,* le visage humain), *Binah* (=*aquila,* l'aigle), *Gedulah* (=*leo,* le lion) et *Geburah* (= le taureau), c'est-à-dire les quatre figures symboliques d'anges de la vision d'Ezéchiel (*Ezéchiel,* 1, 1 sq.)

144. Ils portent des noms de planètes, et Boehme les appelle les « quatre baillis qui gouvernent dans la Mère, celle qui donne la vie ». Ce sont Saturne, Jupiter, Mars et le Soleil. « ... En ces quatre figures consiste la naissance de l'esprit/à savoir le véritable esprit à l'intérieur et à l'extérieur » (*De signatura rerum,* IX, 9 sq., p. 90).

145. Dans *Symbole der Wandlung* (2e partie) *(Métamorphoses de l'âme...)* j'ai traité en détail du rapport entre l'ombre et la mère, en particulier dans la tradition chrétienne.

146. *Das umbgewandte Auge,* 4 sq.

147. « Si l'œil n'était pas ⟨de nature⟩ solaire, il ne pourrait voir le soleil. » Goethe, *Zahme Xenien,* III.

148. *Viertzig Fragen von der Seele (Quarante questions sur l'âme),* commentaire explicatif du mandala.

149. En effet je ne me sens pas vocation à peser sur la balance de l'éthique ce que fait la *venerabilis mater natura* pour déployer sa délicate floraison. On peut le faire, et qui par tempérament en éprouve la nécessité doit en conséquence le faire, pour aller au-devant d'un besoin que d'autres encore ressentent. Erich Neumann s'est attaqué de manière extrêmement intéressante à des problèmes de ce genre *(Tiefenpsychologie und neue Ethik).* On va blâmer dans mon respect de la nature une attitude fort peu éthique, et me reprocher de m'esquiver devant « la décision ». Les gens qui pensent ainsi savent, c'est évident, distinguer avec précision le bien et le mal, et qu'il faut se décider, et pour quoi il faut se décider. Cela, je ne le sais malheureusement pas, moi, de manière précise ; mais j'espère, et je souhaite pour mon patient et pour moi-même, que tout, lumière et ténèbres, décision et indécision, tourne dans le sens du « bien » — ce par quoi j'entends quelque chose comme une évolution telle qu'elle est décrite ici, qui ne cause aucun dommage ou ne porte tort à quiconque, mais procure la possibilité de vivre.

150. Le livre *Das Geheimnis der Goldenen Blüte (Le Mystère de la Fleur d'or),*

que j'ai publié avec Richard Wilhelm, n'avait pas encore paru à l'époque. La neuvième image de mon analysante y a trouvé sa place.

151. Cf. à ce sujet *Adumbratio Kabbalae Christianae*, IV, § 2, p. 26 : « Les êtres produits par le Dieu infini par la médiation du premier Adam étaient tous des êtres spirituels... c'est-à-dire qu'ils étaient des actes simples, lumineux, indivis, participant d'un seul et même Etre que l'on peut penser comme un centre de sphère, et participant d'une seule et même vie que l'on peut se représenter comme une sphère rayonnante. »

152. K. E. Neumann, *Die Reden Gotamo Buddhos*, I, 82 sq. — Cette référence au Bouddha n'est nullement arbitraire, en ce sens que la figure du *Tathāgata* assis en lotus revient plusieurs fois dans la série des nombreux mandalas du cas ici évoqué.

153. Les mandalas tibétains certes ne sont pas partagés, mais ils sont très souvent situés entre le ciel et l'enfer, c'est-à-dire entre les dieux bienveillants et les dieux courroucés.

154. Ceci est la triade inférieure correspondant à la Trinité ; de même le diable est-il lui aussi parfois représenté comme ayant trois têtes. Cf. *Zur Phänomenologie des Geistes im Märchen* (§ 425 et 436, in Jung, *G.W.* IX/1).

155. *Yi King*, n° 16. (Les autres hexagrammes mentionnés ensuite sont : *la diminution*, n° 41 ; *la poussée vers le haut*, n° 46 ; *le chaudron*, n° 50.)

156. *Psychologie et Alchimie*, § 338.

157. C'est la même idée que celle de la transformation en *lapis philosophorum* (*l.c.*, § 378).

158. On en aura un bon aperçu dans Suzuki, *Introduction au bouddhisme Zen*, et dans *Le Mystère de la Fleur d'or*.

159. Cf. à ce sujet la citation ci-dessus tirée de l'*Aureum vellus* de Mennens, où *terra* désigne le Père et *umbra Dei* la *materia*. Ces vues de Boehme sont tout à fait en accord avec le caractère de Jahvé. Jahvé est — sans préjudice de son rôle de gardien du droit et de la morale — amoral et injuste. Cf. Stade, *Biblische Theologie des Alten Testaments*, I, p. 88 sq.

160. Boehme, *Viertzig Fragen*.

161. Je laisse consciemment de côté les nombreuses représentations circulaires de cette organisation, p. ex. le *rex gloriae* avec les quatre évangélistes, le paradis avec ses quatre fleuves, les hiérarchies célestes de Denys l'Aréopagite, etc., qui font toute abstraction de la réalité du mal, parce qu'elles le considèrent comme une simple *privatio boni* et le minimisent par cet euphémisme.

162. Sur cette notion, voir le travail d'illustration de Hugo Rahner, *Die seelenheilende Blume*.

163. Voir Bouché-Leclercq, *L'Astrologie grecque* : « Le Cancer ou Crabe ou Ecrevisse » (p. 136). Cette constellation a été représentée la plupart du temps sous la forme d'un crustacé sans queue.

164. « *Cancer iuxta temporum vicissitudines mutari solet ; pristinisque abiectis crustis, novas ac recentes induit.* » (Le crabe subit des changements suivant

les phases du temps; après qu'il a rejeté son ancienne carapace, il en revêt une nouvelle, toute fraîche.) C'est là, dit Picinellus, un symbole de la résurrection des morts (*Mundus symbolicus, lib.* VI, 45) ; il cite *Ephésiens,* 4, 23-24 : « *renovamini autem spiritus mentis...* » (⟨Jésus vous a instruits⟩ à être renouvelés dans l'esprit de votre intelligence.)

165. En prévision de la crue du Nil, les écrevisses (de même que les tortues et les crocodiles) mettraient leurs œufs en sécurité en des lieux plus élevés : « ... *Futura multo antequam veniant animo praesagiunt* » (bien avant que les événements à venir ne se produisent, ils les devinent) (Caussinus, *Polyhistor symbolicus, lib.* VIII, 25, p. 383).

166. « *Cancer a luna dependet, ac cum eadem accrescit* » (l'écrevisse est sous la dépendance de la lune, et croît en même temps qu'elle) (Masenius, *Speculum imaginum veritatis occultae,* chap. LXVII, 30, p. 768).

167. De Gubernatis, *Die Thiere in der indogermanischen Mythologie,* p. 611.

168. Roscher, *Lexikon,* art. *Karkinos,* 950. Le même motif dans un rêve (Jung, *Über die Psychologie des Unbewußten,* § 123 sq., trad. fr. : *Psychologie de l'inconscient*).

169. Le lever héliaque du Cancer en Egypte marque le début de la crue annuelle du Nil, et en même temps le début de l'année (Bouché-Leclercq, *l.c.,* p. 137).

170. Cf. *Psychologie und Religion,* § 62, note 47, et § 113 (trad. fr. : *Psychologie et Religion,* pp. 121 et 138).

171. *Elégies,* IV, 1, 150.

172. De Gubernatis, *l.c.,* p. 612.

173. Cf. à ce sujet *Handwörterbuch des deutschen Aberglaubens,* V, p. 448, art. *Krebs.*

174. *Das Pañcatantram,* p. 313 sq.

175. De Gubernatis, *l.c.*

176. Cet horoscope présente quatre signes de terre, mais aucun signe d'air [*sic*]. Le danger en provenance de l'animus est figuré par ☾□☿. [= Lune en carré avec Mercure. — Jung veut dire ici, très probablement, que les signes de terre sont occupés tous les *trois* par des astres, et que les *trois* signes d'air ne le sont pas, ce qui signifie que cet élément est déficitaire dans l'horoscope en question. *N.d.T.*]

177. Pseudonyme du poète néerlandais Eduard Douwes, *alias* Dekker.

178. A comparer avec l'idée bouddhiste des « huit directions de la boussole » (*Amitāyur-Dhyāna-Sūtra,* in : *Sacred Books of the East,* XLIX, II, p. 170).

179. Je n'hésite pas à prendre sérieusement en considération les phénomènes de synchronicité sur lesquels repose l'astrologie. Si l'alchimie possède une éminente raison d'être psychologique, ainsi que je l'ai démontré de manière exhaustive, il en va de même de l'astrologie. L'intéressant aujourd'hui n'est plus de savoir dans quelle mesure ces

deux disciplines sont des erreurs ; il faut bien plutôt chercher à établir sur quels fondements psychologiques repose leur existence.

180. Il s'agit de ce que l'on appelle *l'axiome de Marie.* Des exemples bien connus sont Horus avec ses quatre fils (3 + 1), les quatre figures symboliques d'Ezéchiel, les quatre Evangélistes et — *last not least* — les trois Evangiles synoptiques et celui de Jean, seul de son espèce.

181. *Der Geist der Psychologie.*

182. [Les images 18-24, qui n'étaient pas reproduites dans les éditions précédentes de ce travail, ont été choisies par le Professeur Jung parmi celles que la patiente avait peintes après la fin de l'analyse. Les dates de la série dans son ensemble sont : 1-6 octobre et 7-9 novembre 1928 ; 10 janvier, 11 février, 12 juin, 13 août, 14 septembre, 15 octobre, 16-17 novembre 1929 ; 18 février, 19 août 1930 ; 20 mars 1931 ; 21 juillet, 22 août 1933 ; 23 (?) 1935 ; « *Night-blooming cereus, done May 1938, on last trip to Jung* » (annotation de la patiente : « fleur de cire épanouie, faite en mai 1938 pendant le dernier voyage pour aller voir Jung »).]

183. *Esaïe*, 35, 8 : « *et erit ibi semita et via et via sancta vocabitur* » (il y aura là un chemin frayé, une route qu'on appellera la voie sainte).

184. *Métamorphoses*, XI, 23, p. 240 : « *Accessi confinium mortis : et calcato Proserpinae limine, per omnia vectus elementa remeavi.* » (Je suis allé jusqu'aux confins de la mort, puis, ayant foulé le seuil de Proserpine et été transporté à travers tous les éléments, je suis revenu.)

185. Des descriptions de cas se trouvent dans C. A. Meier, *Spontanmanifestationen des kollektiven Unbewußten ;* Bänziger, *Persönliches und Archetypisches im Individuationsprozeß ;* Gerhard Adler, *Studies in Analytical Psychology.*

186. L'imagination active apparaît en outre dans : Jung, *Ziele der Psychotherapie*, § 101 sq. ; *Die transzendente Funktion* (*la Fonction transcendante*, dans le présent volume). Voir des exemples de mandalas dans : Wilhelm-Jung, *Das Geheimnis der Goldenen Blüte (le Mystère de la Fleur d'Or)*, et dans *Psychologie et Alchimie.*

187. On pense ici à l'Arche de Noé, qui traverse les eaux de la mort et conduit à une sorte de renaissance de la vie.

188. *In Leviticum Homiliae*, V, 2.

189. *L'Ecclésiastique*, 27, 12 [*L'Ecclésiastique*, ou *Siracide* (allemand : *Sirach Jesus*), un des livres deutérocanoniques (*N.d.T.*)]

190. *In librum regnorum homilia*, I, 4.

III

LA FONCTION TRANSCENDANTE

AVANT-PROPOS *

Cet essai date de 1916. Il a été récemment découvert par les étudiants de l'Institut C. G. Jung et publié dans sa première version provisoire en édition privée dans une traduction anglaise. J'ai retravaillé le style du manuscrit pour le préparer à l'impression mais en lui conservant son mouvement de pensée et les limitations inévitables à sa perspective. Après quarante-deux ans le problème n'a rien perdu de son actualité, même si sa présentation exigerait aujourd'hui d'être beaucoup complétée, comme tout spécialiste en la matière peut le constater. Malheureusement mon grand âge ne me permet pas d'entreprendre un travail aussi considérable. L'essai peut donc demeurer avec toutes ses imperfections comme document historique. Il peut donner au lecteur une idée des efforts de compréhension qu'exigeaient les premières tentatives pour élaborer une synthèse de la vie psychique dans le processus du traitement thérapeutique. Puisque du moins les réflexions de base qu'il contient sont encore valables aujourd'hui, il peut conduire le lecteur à une

* Le texte de « La Fonction transcendante » a paru pour la première fois en allemand dans *Geist und Werk*, « Mélanges pour le 75e anniversaire de Daniel Brody », Zürich, Rhein-Verlag, 1958, puis dans les *Gesammelte Werke*, vol. VIII.

L'avant-propos est de C. G. Jung. Il a été augmenté pour la publication des *Collected Works*. On trouve ici sa traduction complète.

compréhension plus large et plus profonde du problème. Celui-ci en revient à la question universelle : *Comment peut-on en pratique se confronter avec l'inconscient?*

C'est la question que se pose la philosophie de l'Inde, plus particulièrement le bouddhisme, et la philosophie zen. Elle est d'ailleurs indirectement la question fondamentale de toutes les religions et philosophies.

L'inconscient n'est pas seulement telle ou telle chose, mais l'inconnu qui nous affecte immédiatement. Il nous paraît psychique mais on ne peut pas en dire plus sur sa nature véritable que sur celle de la matière — ou tout autant, si l'on veut s'exprimer sous une forme optimiste. Alors que la physique est consciente que ses propos renvoient à des modèles, les philosophies religieuses s'expriment en termes métaphysiques et hypostasient leurs images. A qui s'en tient encore à ce dernier point de vue, les énoncés psychologiques demeureront incompréhensibles; il leur reprochera d'être métaphysiques ou matérialistes — ou tout au moins agnostiques, ou même gnostiques. C'est pourquoi j'ai été taxé par ces critiques moyenâgeux tantôt de mystique et gnostique, tantôt d'athée. Je veux insister sur le fait qu'une telle méprise constitue un obstacle capital à la compréhension du problème : elle témoigne d'un manque de culture certain qui ignore tout de la critique épistémologique et qui admet donc naïvement que le mythe doit être historiquement vrai, sinon il n'est rien. Pour ces personnes, l'utilisation des énoncés mythologiques et folkloriques relativement aux faits psychologiques est complètement « non scientifique ».

Par ce préjugé on s'interdit l'accès à la psychologie de l'inconscient et par suite, la possibilité d'un développement plus large de l'homme intérieur dont l'échec au plan intellectuel et moral est une des découvertes les plus douloureuses de notre époque. Celui qui a quelque chose à dire parle en termes de « on doit » et « on devrait » et ne remarque pas quelle pitoyable impuissance il avoue de la sorte. Tous les moyens qu'il recommande sont en fait exactement ceux qui ont échoué. La psychologie, comprise en son sens profond, est *connaissance de soi.* Mais comme celle-ci ne peut être photographiée, comptée, pesée ni mesurée, elle n'est pas scientifique. Mais cet être psychique encore presque inconnu qui s'adonne à la science, est-il lui aussi « matière non scientifique » et indigne de plus ample étude ? Si le mythe ne caractérise pas l'être psychique, il faut alors contester à l'oiseau tisserand son nid et au rossignol son chant. On a de bonnes raisons de croire que l'être humain a en général une aversion bien enracinée à en savoir davantage sur lui-même, et c'est là ce qui explique pourquoi le progrès extérieur n'a été accompagné d'aucune évolution et amélioration intérieures comparables.

* La méthode de « l'imagination active » décrite plus loin est l'auxiliaire le plus important pour la production de ces contenus de l'inconscient qui se trouvent, pour ainsi dire, immédiatement au-dessous du niveau de la conscience et, s'ils sont activés, sont le plus susceptibles de faire irruption spontanément dans le conscient. La méthode n'est donc pas sans danger et ne devrait pas si possible être utilisée sans le contrôle d'un spécialiste. Un des moindres risques réside dans le fait que la procédure peut ne pas conduire à un résultat positif puisqu'elle glisse aisément dans ce que Freud nomme « association libre », auquel cas le patient se trouve pris dans le cercle stérile de ses propres complexes dont il est de toute façon incapable de sortir. Un autre risque, anodin en soi, tient à ce que, bien que d'authentiques contenus puissent être produits, le patient manifeste à leur égard un intérêt exclusivement esthétique et par là demeure pris dans une fantasmagorie dont il ne résulte à nouveau aucun bénéfice. Le sens et la valeur de ces fantasmes ne se révèlent que par leur intégration dans l'ensemble de la personnalité, c'est-à-dire au moment où l'on est confronté non seulement avec ce qu'ils signifient mais aussi avec ce qu'ils exigent au plan moral.

Enfin, troisième risque, qui peut en certaines circonstances être très sérieux : les contenus subliminaux possèdent déjà une charge énergétique si élevée que, si on les libère par

* Le passage qui suit figure dans l'édition anglaise de l'avant-propos.

l'imagination active, ils peuvent subjuguer le conscient et s'emparer de toute la personnalité. Ceci crée un état qui — temporairement du moins — ne se distingue pas facilement de la schizophrénie et peut même amener un « épisode psychotique ». La méthode de l'imagination active n'est donc pas un jouet pour enfants. La sous-estimation que l'on fait généralement de l'inconscient ajoute considérablement aux dangers de cette méthode. D'autre part, nul doute qu'elle constitue un précieux auxiliaire pour le psychothérapeute.

Küsnacht, juillet 1958/septembre 1959

Sous le terme de « fonction transcendante » il n'y a rien de mystérieux, de suprasensoriel ou de métaphysique à entendre, mais une fonction psychologique pouvant à sa façon être comparée à une fonction mathématique de même nom et qui est une fonction des nombres imaginaires et réels. La « fonction transcendante » provient de l'union des contenus conscients et inconscients. 163 *(131)*

164 *(132)* L'expérience a montré à qui s'occupe de psychologie analytique que le conscient et l'inconscient font rarement coïncider complètement leurs contenus et leurs tendances. Ce manque de parallélisme n'est pas, comme l'expérience le montre, dû au hasard ou dénué de sens, mais il résulte de ce que l'inconscient se comporte face à la conscience sur un mode de compensation ou de complémentarité. On peut aussi formuler inversement ce fait et dire que la conscience agit sur un mode complémentaire face à l'inconscient. Ce rapport vient de ce que :

1. les contenus de l'inconscient possèdent un seuil d'intensité, de sorte que tous les éléments trop faibles restent dans l'inconscient ;
2. la conscience peut, de par ses fonctions d'orientation, inhiber tout matériau qui ne convient pas (Freud parle de censure), de sorte que tout matériau inconvenant tombe dans l'inconscient ;
3. la conscience élabore le *processus temporaire d'adaptation,*

alors que l'inconscient contient tous les matériaux oubliés du passé : l'individuel ainsi que les traces de comportement hérité qui constituent les structures de l'esprit humain ;

4. l'inconscient contient aussi les produits fantasmatiques qui n'ont pas encore dépassé le seuil d'intensité mais qui, au cours du temps et si les conditions sont favorables, parviendront à la lumière de la conscience.

165 *(133)* Il en découle que la position complémentaire de l'inconscient par rapport à la conscience apparaît d'elle-même.

166 *(134)* Le caractère assuré et orienté des contenus conscients est une acquisition tardive de l'histoire humaine, et il fait largement défaut par exemple chez les primitifs actuels. Ces qualités sont souvent endommagées chez le névrosé qui se distingue donc de l'homme normal en ce que chez lui le seuil de conscience est plus mobile, ou en d'autres termes, la cloison entre conscient et inconscient est plus perméable. Le psychotique pour sa part est entièrement soumis à l'influence directe de l'inconscient.

167 *(135)* Ce caractère assuré et orienté du conscient est une acquisition extrêmement précieuse que l'humanité a obtenue au prix des plus grands sacrifices et qui, de son côté, a rendu à l'humanité les plus grands services. Sans lui la science, la technique et la civilisation seraient tout simplement impossibles car elles supposent toutes la durabilité, la régularité, l'orientation vers un but du processus psychique. Elles sont indispensables au haut fonctionnaire, au médecin, à l'ingénieur aussi bien qu'au simple travailleur. En général la valeur sociale diminue à mesure qu'augmente l'action de l'inconscient. Il existe certes des exceptions, à savoir les individus doués d'aptitudes créatrices. La perméabilité de la cloison entre conscient et inconscient constitue en fait pour eux un avantage. Mais pour les institutions sociales, qui requièrent continuité et fiabilité, ces êtres d'exception habituellement comptent peu.

168 *(136)* Il est donc non seulement compréhensible mais également nécessaire que chez chaque invidivu le processus psychique soit aussi stable et assuré que possible car les nécessités de l'existence l'exigent. Mais à cet avantage que présentent ces

qualités s'attache aussi un grand inconvénient : le fait qu'elles soient orientées inhibe ou exclut tous ces éléments psychiques qui semblent ou qui ne sont pas acceptables en ce qu'ils risquent d'infléchir la direction choisie et de conduire le processus à un but non souhaité. Mais comment reconnaître que ces éléments exclus « ne conviennent pas » ? On le sait par un acte de jugement qui détermine la direction de la voie prise et voulue. Ce jugement est partial et entaché de préjugé car il choisit une seule possibilité aux dépens de toutes les autres. Le jugement, pour sa part, est toujours issu de l'expérience, c'est-à-dire qu'il se réfère au connu. Il ne se base donc en général jamais sur le nouveau qui est encore inconnu et qui dans certaines circonstances pourrait considérablement enrichir le processus orienté. Il ne peut évidemment pas s'y appuyer puisque les contenus inconscients ne sont pas accessibles à la conscience.

Par de tels actes de jugement le processus dirigé devient 169 *(137)*
nécessairement unilatéral, même quand il est apparemment dénué de préjugé. En fin de compte la rationalité du jugement peut elle-même devenir préjugé ; car est raisonnable ce qui nous paraît raisonnable. Ainsi ce qui nous semble déraisonnable est condamné à l'exclusion à cause même de son caractère irrationnel, qui peut être vraiment irrationnel, mais qui peut tout aussi bien apparaître comme tel sans l'être si on le considère d'un point de vue plus élevé.

L'unilatéralité est une propriété inévitable parce que 170 *(138)*
nécessaire dans le processus orienté, car orientation équivaut à unilatéralité. Celle-ci est à la fois un avantage et un inconvénient. Même quand aucun inconvénient n'est décelable extérieurement, il existe toujours dans l'inconscient une contre-position flagrante, à moins que nous ne soyons en présence du cas idéal où toutes les tendances psychiques unies s'exercent dans une direction unique — cas idéal et non exclu théoriquement mais en pratique très rare. La contre-position dans l'inconscient est inoffensive aussi longtemps qu'elle ne manifeste pas une valeur énergétique supérieure. Mais si la tension augmente par suite d'une unilatéralité trop grande, la contre-tendance fait alors irrup-

tion dans le conscient, et habituellement au moment même où il serait le plus important de réaliser le processus dirigé. Ainsi celui qui parle fait un lapsus au moment où il lui importe de ne rien dire de sot. Ce moment est critique parce qu'il manifeste la tension énergétique maximale qui peut facilement accroître la tension déjà grande de l'inconscient et libérer le contenu inconscient.

171 *(139)* Notre vie civilisée d'aujourd'hui exige une activité consciente concentrée et orientée, ce qui constelle par suite le risque d'une coupure radicale d'avec l'inconscient. Plus l'on veut s'éloigner de l'inconscient par un fonctionnement orienté, plus a de chances de se créer une contre-position qui, lorsqu'elle fait irruption, peut avoir de fâcheuses conséquences.

172 *(140)* La thérapie analytique nous a fortement montré l'importance des influences inconscientes, et aux fins de notre vie pratique nous a enseigné qu'il est peu sage d'escompter qu'au terme du traitement l'inconscient se trouvera éliminé ou immobilisé. De nombreux patients, reconnaissant obscurément cet état de choses, n'abandonnent pas ou n'abandonnent qu'avec difficulté l'analyse, bien que patient et médecin reconnaissent comme fâcheux et inopportun le sentiment de dépendance qui existe entre eux. Beaucoup craignent de tenter l'expérience et de se tenir sur leurs propres jambes parce qu'ils savent, pour l'avoir vécu, que l'inconscient peut intervenir et les perturber de façon apparemment imprévisible.

173 *(141)* On s'accorde à admettre que les patients sont prêts à affronter la vie normale quand ils sont suffisamment avancés dans la connaissance pratique d'eux-mêmes pour, par exemple, comprendre leurs propres rêves. Mais l'expérience a montré que même les analystes professionnels dont on devrait attendre qu'ils en maîtrisent l'interprétation, capitulent assez souvent face à leurs propres rêves et qu'ils doivent requérir l'aide d'un collègue. Si donc celui qui prétend posséder une maîtrise professionnelle de la méthode renonce et se montre incapable de donner une interprétation satisfaisante de ses rêves, on peut d'autant moins attendre du

patient qu'il en soit capable. L'espoir de Freud qu'on puisse épuiser l'inconscient ne s'est pas réalisé. La vie onirique et l'intrusion de l'inconscient se poursuivent — *mutatis mutandis* — sans que rien ne les gêne.

Il existe un préjugé très répandu qui conçoit l'analyse 174 *(142)*
comme une « cure », à laquelle on se soumet pendant un certain temps et dont on ressort guéri. C'est une erreur de profane qui a son origine dans les premiers temps de la psychanalyse. Le traitement analytique peut être considéré certes comme un réajustement de l'attitude psychologique accompli avec l'aide du médecin. Naturellement cette attitude nouvellement acquise et mieux adaptée aux circonstances intérieures et extérieures peut se maintenir longtemps, mais il n'existe que très peu de cas où une seule « cure » donne un résultat positif aussi durable. Certes l'optimisme médical qui, on le sait, ne s'est jamais privé de publicité, peut rapporter des guérisons définitives. Mais on ne doit pas se laisser leurrer par le caractère humain — trop humain — du praticien ; bien au contraire on doit toujours se rappeler le fait que la vie de l'inconscient continue et qu'elle produit des situations toujours problématiques. Point n'est besoin de se montrer pessimiste : nous avons vu trop de bons résultats obtenus avec de la chance et un travail approfondi. Mais cela ne doit pas nous empêcher de reconnaître le fait que l'analyse n'est pas une « cure » effectuée une fois pour toutes, mais d'abord un réajustement plus ou moins fondamental. Il n'existe pas de modification qui serait absolue et durable. La vie demande toujours à être de nouveau reconquise. Il y a, bien sûr, des attitudes collectives qui permettent de résoudre des conflits typiques. Une attitude collective permet à l'individu de s'intégrer sans friction dans la société puisqu'elle agit sur lui comme n'importe quelle autre condition de vie. Mais la difficulté pour le patient tient précisément non à ce que sa constitution individuelle puisse s'adapter sans friction à une norme typique mais à ce qu'elle exige la solution individuelle d'un conflit si l'on veut que l'ensemble de la personnalité puisse demeurer en vie. Aucune solution rationnelle ne peut accomplir cette tâche et il n'existe pas de

norme collective qui puisse remplacer sans perte une solution individuelle.

175 *(143)* La nouvelle attitude acquise au cours de l'analyse devient habituellement, après un temps plus ou moins long, insuffisante à quelque point de vue, et cela tient inévitablement au courant permanent de la vie qui exige une adaptation toujours renouvelée car aucune adaptation n'est réalisée une fois pour toutes. On pourrait certes exiger de l'analyse que sa méthode permette que les réorientations s'opèrent sans difficulté dans la vie ultérieure. L'expérience montre que tel est le cas dans une certaine mesure. Nous voyons souvent que des patients ayant subi une analyse approfondie ont des difficultés considérablement moindres dans les réajustements ultérieurs. Néanmoins ces difficultés demeurent assez fréquentes et parfois très pénibles. Ce qui explique que plus tard même les patients ayant subi un traitement approfondi se tournent assez souvent vers leur ancien médecin pour demander de l'aide. Comparé à la pratique médicale courante, ce fait n'a rien d'étrange, mais il dément non seulement un enthousiasme thérapeutique indu, mais aussi la conception qui présenterait l'analyse comme une « cure » unique. En fin de compte il est au plus haut point improbable qu'il puisse exister une thérapie capable d'éliminer toutes les difficultés. L'être humain a besoin des difficultés, elles sont nécessaires à sa santé. Ce n'est que leur poids indu qui nous conduira à vouloir intervenir.

176 *(144)* Le problème thérapeutique fondamental n'est pas d'éliminer la difficulté temporaire, mais de savoir comment faire face avec succès aux difficultés ultérieures. La question est celle-ci : quelle attitude mentale et morale s'impose face aux influences perturbantes de l'inconscient, et comment peut-elle être induite chez le patient ?

177 *(145)* La réponse consiste évidemment à lever la séparation entre conscient et inconscient. Cela ne s'obtient pas en condamnant les contenus de l'inconscient unilatéralement par une décision consciente, mais bien plutôt en reconnaissant leur sens de compensation du conscient et en le faisant entrer en ligne de compte. La tendance de l'inconscient et

celle du conscient sont en fait les deux facteurs qui constituent la fonction transcendante. *On l'appelle transcendante parce qu'elle permet le passage organique d'une attitude à une autre,* c'est-à-dire sans perte de l'inconscient. La méthode constructive présuppose des intuitions déjà au moins présentes potentiellement chez le patient et qui, par conséquent, peuvent être amenées à la conscience. Si le médecin ignore tout de ces possibilités, il ne peut rien développer dans cette perspective chez le patient, à moins que patient et médecin ne consacrent à cette question une étude spéciale, ce qui est habituellement exclu.

Dans la pratique, le médecin qui a reçu la formation 178 *(146)*
adéquate médiatise la fonction transcendante chez le patient, c'est-à-dire qu'il l'aide à réunir conscient et inconscient, et ainsi à parvenir à une nouvelle attitude. Dans ce rôle du médecin réside l'une des diverses significations du *transfert :* le patient s'attache par le transfert à la personne qui semble lui promettre un changement d'attitude; par le transfert il cherche à obtenir ce changement, indispensable pour lui, même quand il n'en est pas conscient. Le médecin acquiert donc pour le patient la valeur d'une figure indispensable et d'une importance absolument vitale. Si infantile que puisse paraître semblable dépendance, il s'y manifeste un espoir essentiel qui, s'il est déçu, vaudra au médecin une haine intense. Il importe donc de savoir de quelle attente cachée dans le transfert il s'agit : on a tendance à n'interpréter cette attente que dans le sens réductif d'un fantasme érotique infantile. Mais cela signifierait que ce fantasme qui, en général, se rapporte aux parents, est pris littéralement, comme si le patient — ou plutôt son inconscient — nourrissait encore la même attente qu'il avait à l'égard de ses parents quand il était enfant. En apparence l'attente est la même, d'aide et de protection, que celle que l'enfant avait vis-à-vis de ses parents, mais entre-temps l'enfant est devenu un adulte, et ce qui était normal chez l'enfant devient chez l'adulte impropre. L'attente est devenue l'expression métaphorique du besoin d'aide en situation de crise, besoin non encore perçu consciemment. Il est historiquement juste

d'interpréter le caractère érotique du transfert à partir de l'éros infantile. Mais si on voit le transfert sous cet angle, on n'en comprend plus le but et le sens, et l'interpréter comme fantasme sexuel détourne du problème réel. On ne doit pas chercher le sens du transfert dans ses antécédents historiques mais dans sa finalité. L'interprétation exclusivement réductrice finit par devenir absurde quand elle n'a d'autre résultat que de renforcer les résistances du patient. L'ennui qui s'instaure alors dans l'analyse ne fait qu'exprimer la monotonie et la pauvreté d'idées, non de l'inconscient comme on le supposait parfois, mais de l'analyste qui ne comprend pas que ces fantasmes appellent non pas une interprétation concrétiste et réductrice mais bien qu'ils doivent être saisis de façon constructive. Quand on le comprend, la situation bloquée se modifie souvent d'un coup.

179 *(147)* Ce traitement constructif de l'inconscient, c'est-à-dire à travers la question du sens et du but, fournit la base d'une compréhension de ce processus que je nomme fonction transcendante.

180 *(148)* Il peut ne pas être inutile d'insérer ici une remarque sur le reproche souvent entendu selon lequel la méthode constructive n'est que de la suggestion. La méthode repose sur le principe que le symbole (c'est-à-dire l'image onirique ou le fantasme) n'est plus considéré *sémiotiquement,* comme signe dans une certaine mesure de pulsions élémentaires, mais bien *symboliquement* au sens propre, « symbole » exprimant le mieux possible un état de fait complexe et qui n'est pas encore clairement saisi par la conscience. Si on analyse cette expression, on ne fait qu'élucider les composantes élémentaires qui à l'origine la constituent. On ne peut nier ici qu'une meilleure appréhension de ces éléments présente aussi des avantages, mais elle élude la question du but. Il faut donc renoncer à décomposer le symbole à ce stade de l'analyse. La méthode pour dégager le sens indiqué par le symbole est donc la même que celle que l'on utilise dans l'analyse réductive : on recueille les associations du patient qui, habituellement, suffisent pour permettre un traitement synthétique. Soulignons-le encore une fois : on ne les traite

pas dans une perspective sémiotique mais symbolique. La question à poser est donc : à quel sens tendent les associations A, B, C, etc., si on les considère en même temps que le contenu manifeste du rêve ?

Une patiente célibataire a rêvé que quelqu'un lui tendait une épée très ancienne, somptueusement ornée, exhumée d'un tumulus. 181 *(149)*

Associations de la patiente :

La dague du père, qu'un jour il fit briller au soleil devant elle, ce qui l'impressionna particulièrement. Son père était à tout point de vue un homme énergique, volontaire, de tempérament impétueux, et aventureux dans ses relations amoureuses. Une épée de bronze *celtique*. La patiente se vante de ses origines celtiques. Les Celtes ont du tempérament, ils sont impétueux, passionnés. Les ornements ont un aspect mystérieux, *vieille tradition*, runes, signes d'une sagesse ancienne, culture antique, héritage de l'humanité ramené du tumulus au jour.

Interprétation analytique :

La patiente a un complexe paternel prononcé et un riche réseau de fantasmes érotiques autour du père qu'elle a perdu tôt. Elle se mettait toujours à la place de la mère, manifestant de fortes résistances au père. Elle n'a jamais pu accepter d'homme semblable au père, et ainsi a toujours choisi contre son gré des hommes de constitution délicate et névrosée. Dans l'analyse également, violentes résistances au père-médecin. Le rêve révèle son désir de « l'arme » du père ; une théorisation hâtive ne ferait ici qu'indiquer un fantasme phallique.

Interprétation constructive :

C'est comme si la patiente avait besoin d'une telle arme. Son père avait l'arme. Il était vigoureux et vivait selon son tempérament, en assumant aussi les difficultés, ce qui le conduisait à une existence animée de passion, mais sans être névrosé. Cette arme est un antique héritage de l'humanité qui est enfoui chez la patiente et ramenée au jour par les fouilles (l'analyse). Cette arme a un rapport avec l'intuition, la sagesse. Elle est un moyen d'attaque et de défense. L'arme du père était une volonté passionnée et inflexible par laquelle il se frayait un chemin dans la vie. La patiente était jusqu'alors l'opposé à tous égards. Elle est sur le point de réaliser que l'être humain peut aussi vouloir, et non pas seulement être poussé comme elle l'avait toujours cru. La volonté fondée sur la sagesse et l'expérience de la vie et sur une connaissance intérieure est un vieil héritage de l'humanité qui est aussi en elle, mais jusqu'alors enfoui, car elle est, à ce point de vue aussi, la fille de son père, dont elle ne s'est pas jusqu'à présent montrée digne avec son comportement d'enfant gâtée et larmoyant. Elle était extrêmement passive et livrée aux fantasmes sexuels.

182 *(150)* Point n'est besoin dans ce cas que le médecin apporte un complément d'analogies. Les associations de la patiente ont fourni tout ce qui était nécessaire. Certes on pourrait objecter que l'utilisation du rêve relève de la suggestion. Mais ce serait oublier complètement qu'une suggestion, si elle ne répond pas à une préparation intérieure, ne sera jamais acceptée, ou si elle est acceptée par suite d'une insistance particulière, elle disparaîtra aussitôt. Une suggestion durablement acceptée correspond toujours à un état de grande préparation psychologique que la suggestion ne fait que révéler. Cette objection est donc vaine et elle prête à la suggestion un pouvoir magique qu'elle ne possède nullement, sinon la thérapie par suggestion serait d'une efficacité inouïe et elle rendrait parfaitement superflues toutes procédures analytiques. Ce n'est absolument pas le cas. En outre, cette objection négligerait le fait que les associations de la patiente elle-même se réfèrent à la signification culturelle de l'épée.

183 *(151)* Après cette digression nous revenons à la question de la fonction transcendante. Nous voyons que cette fonction semble dans le traitement être induite pour ainsi dire artificiellement parce qu'elle a reçu l'appui essentiel du médecin. Mais si le patient doit en arriver à se tenir sur ses propres jambes, il ne doit pas indéfiniment se référer à une aide extérieure. L'interprétation des rêves serait certes idéale, un moyen idéal de synthèse de données inconscientes

et conscientes, mais l'analyse des rêves par soi-même présente une trop grande difficulté.

Pour que se constitue la fonction transcendante, il nous faut les données de l'inconscient. Le rêve se présente ici comme l'expression la plus aisément accessible des processus inconscients. Il est pour ainsi dire un pur produit de l'inconscient. Les modifications qu'il subit dans le processus de prise de conscience, si elles sont indéniables, n'entrent cependant pas en ligne de compte puisqu'elles proviennent aussi de l'inconscient et qu'elles ne sont pas des déformations intentionnelles. Les modifications possibles de l'image du rêve originelle proviennent d'une couche plus superficielle de l'inconscient et constituent ainsi un matériel inconscient également utilisable. Ce sont des développements ultérieurs du rêve. Cela vaut aussi pour les nombreuses représentations ultérieures qui apparaissent « spontanément » dans le demi-sommeil ou immédiatement au réveil. Puisque le rêve est issu du sommeil il porte toutes les marques de l' « abaissement du niveau mental » (Janet), c'est-à-dire d'une faible tension énergétique : discontinuité logique, fragmentation, formations analogiques, associations superficielles d'ordre linguistique, phonétique, visuel, contaminations, irrationalité de l'expression, confusion, etc. Quand la tension énergétique se renforce, les rêves acquièrent une allure plus ordonnée, une composition dramatique, ils présentent des rapports de sens clairs et la richesse de leurs associations augmente. 184 *(152)*

Puisque la tension énergétique est habituellement très faible dans le sommeil, les rêves, comparés aux contenus conscients, sont des expressions de moindre valeur de l'inconscient; ils sont difficilement intelligibles dans une perspective constructive, mais ils le sont au contraire davantage dans une perspective réductive. Les rêves constituent donc dans l'ensemble un matériau inapproprié, assez difficilement utilisable pour la fonction transcendante parce qu'ils exigent trop du sujet. 185 *(153)*

Nous devons par conséquent chercher d'autres sources : 186 *(154)*

Il y a par exemple les interférences inconscientes dans l'état de veille, les « intuitions spontanées », les perturbations inconscientes du comportement, les erreurs de mémoire, les oublis, les actes symptomatiques, etc. Ces matériaux sont généralement plus valables pour la méthode réductive que pour la méthode constructive : ils sont trop fragmentaires et manquent de la continuité indispensable pour la compréhension du sens.

187 *(155)* Une autre source réside dans les *fantasmes spontanés.* Ils apparaissent sous une forme relativement composée et cohérente et ils contiennent des éléments significatifs souvent manifestes. De nombreux patients possèdent la capacité de produire en tout temps des fantasmes qu'ils peuvent « laisser monter » simplement en éliminant l'attention critique. On peut utiliser ces fantasmes mais cette aptitude est plutôt rare. On peut cependant la développer par un entraînement particulier, de sorte que le nombre des personnes capables de ces libres fantasmes puisse être sensiblement accru. L'entraînement consiste à apprendre systématiquement à éliminer l'attention critique, de façon à créer un vide de la conscience qui favorise l'émergence des fantasmes tout prêts. A condition bien sûr, qu'il existe déjà des fantasmes chargés de libido effectivement prêts à émerger. Ce qui n'est pas toujours le cas, et il faut alors recourir à des mesures particulières.

188 *(156)* Avant d'entrer dans la discussion de ces méthodes particulières, je dois ici faire place à un sentiment personnel, qui me dit que le lecteur doit se demander : à quoi bon tout ce dispositif, et pourquoi faut-il laisser émerger les contenus inconscients ? Ne suffit-il pas qu'ils se révèlent de temps en temps d'eux-mêmes, et le plus souvent désagréablement ? Point ne serait donc besoin d'amener de force l'inconscient à la surface ; ce serait plutôt un but du traitement analytique que de vider l'inconscient des fantasmes et de le rendre ainsi inopérant.

189 *(157)* Il ne me paraît pas superflu de considérer de plus près ces scrupules puisque les méthodes de prise de conscience des contenus inconscients sont nouvelles, inhabituelles, et qu'elles paraissent peut-être étranges. Nous devons donc tout d'abord nous confronter avec ces objections naturelles

pour qu'elles ne nous empêchent pas de poursuivre la démonstration des méthodes en question.

Les contenus inconscients nous sont, comme nous l'avons dit, nécessaires pour compléter ceux du conscient. Si l'attitude du conscient était un peu moins « orientée », l'inconscient pourrait couler de lui-même, ce qui est le cas de tous les individus chez qui le degré de tension du conscient semble demeurer bas, comme par exemple chez les primitifs. Pour eux il n'est point besoin de mesures particulières pour permettre à l'inconscient d'intervenir. Pour personne d'ailleurs elles ne s'imposent vraiment, pourrait-on dire, car c'est celui qui connaît le moins son côté inconscient qui en est le plus influencé. Mais il n'en a pas conscience. La participation secrète de l'inconscient dans la vie est toujours et partout présente; on n'a pas à la chercher. Ce que l'on cherche c'est d'amener à la conscience par notre action thérapeutique des contenus inconscients sur le point d'affleurer; ainsi est évitée l'ingérence cachée de l'inconscient et les conséquences fâcheuses qui en résultent. 190 *(158)*

On ne manquera pas de se demander : pourquoi ne peut-on pas laisser l'inconscient à lui-même? Qui n'a pas connu sous ce rapport quelques mauvaises expériences ne sera naturellement jamais incité à contrôler l'inconscient. Mais pour qui les a connues, la possibilité de contrôler l'inconscient sera bienvenue. Le processus conscient doit absolument être dirigé, nous l'avons vu, ce qui entraîne inévitablement une unilatéralité. La psyché étant comme le corps vivant un appareil qui assure son autorégulation, le contre-effet se prépare toujours dans l'inconscient. Si le fonctionnement conscient n'était pas dirigé, les influences contraires de l'inconscient s'exerceraient librement, mais le travail d'orientation les exclut. Il n'empêche naturellement pas le contre-effet : celui-ci se produit néanmoins. Mais l'attention critique et la volonté dirigée en suspendent l'effet régulateur parce que le contre-effet comme tel ne paraît pas compatible avec l'action consciente. A tel point que la psyché de l'homme civilisé n'est plus un appareil autorégulateur mais qu'elle est comparable à une machine dont le contrôle 191 *(159)* automatique de vitesse est si insensible qu'elle peut fonctionner jusqu'à en être détériorée alors que d'autre part elle est soumise à l'arbitraire d'une volonté unilatérale.

192 *(160)* Si le contre-effet inconscient est réprimé, il perd son influence régulatrice. Il se met alors à agir dans le sens du processus conscient en l'accélérant et en l'intensifiant. Tout se passe comme si le contre-effet perdait son effet régulateur et son énergie, car il se crée alors une situation où non seulement aucun contre-effet inhibiteur ne se produit mais où également son énergie vient s'ajouter à celle de l'orientation consciente. Cela favorise naturellement l'intention consciente qui, n'étant plus inhibée, peut se réaliser hors de toute proportion, au détriment de l'ensemble. Si, par exemple, quelqu'un fait une affirmation hardie et réprime le mouvement contraire, à savoir le doute qui serait de mise, il accentuera d'autant plus son affirmation à son détriment.

193 *(161)* La facilité avec laquelle on élimine le mouvement contraire est proportionnelle au degré de dissociabilité de la psyché et mène à la perte de l'instinct caractéristique, mais aussi nécessaire, chez l'homme civilisé puisque la puissance originelle des pulsions rend extrêmement difficile l'adaptation sociale. Il ne s'agit pas d'une véritable atrophie des pulsions mais habituellement d'un produit de l'éducation relativement durable qui ne se serait pas aussi solidement implanté s'il ne servait pas les intérêts fondamentaux de l'individu.

194 *(162)* Mis à part les exemples quotidiens rencontrés dans la pratique, je mentionne le cas Nietzsche tel qu'il se manifeste dans *Ainsi parlait Zarathoustra.* La découverte de « l'homme supérieur » tout comme celle de « l'homme le plus hideux » correspond à la régulation inconsciente car les « hommes supérieurs » veulent amener Zarathoustra dans la sphère de l'humanité moyenne comme elle l'a toujours été, et « l'homme le plus hideux » est en fait la personnification du contre-effet. Mais le « lion moral » de Zarathoustra « rugit », repoussant toutes ces influences, surtout la pitié, dans la caverne de l'inconscient. L'influence régulatrice se trouve ainsi réprimée, mais pas le contre-effet secret de l'incons-

cient, très visible dans les écrits de Nietzsche. Il cherche d'abord son adversaire en Wagner à qui il ne peut pardonner le *Parsifal,* mais il concentre bientôt toute sa colère sur le christianisme et en particulier sur saint Paul qui, sous certains rapports, a connu le même sort que lui. On sait que la psychose a d'abord produit chez lui l'identification avec le « crucifié » et ensuite avec le Dionysos démembré. Le contre-effet avait dans cette catastrophe atteint la surface.

Un autre exemple est ce cas de mégalomanie que nous 195 *(163)*
rapporte le chapitre IV du *Livre de Daniel.* Alors qu'il se trouvait au faîte de sa puissance, Nabuchodonosor eut un rêve qui lui annonçait le désastre s'il ne s'humiliait pas, Daniel interpréta le rêve avec beaucoup de compétence mais sans être écouté. Les événements ultérieurs justifièrent son interprétation car après avoir fait taire l'influence régulatrice de l'inconscient Nabuchodonosor tomba dans la psychose qui contenait précisément cette action opposée à laquelle le roi avait voulu se soustraire : lui, le seigneur de la terre, devint comme un animal.

Une de mes connaissances me raconta un jour un rêve 196 *(164)*
dans lequel il marchait du sommet d'une montagne dans le vide. Je lui expliquai un peu l'influence de l'inconscient et le mis en garde contre des expéditions en montagne trop dangereuses qu'il aimait particulièrement. Mais il en rit, avec ce résultat que quelques mois plus tard, il fit effectivement un pas dans le vide et une chute mortelle.

Ces faits qui se répètent avec tous les degrés possibles du 197 *(165)*
dramatique donnent matière à réflexion à celui qui en prend connaissance. On prend conscience de la facilité avec laquelle on néglige les influences régulatrices et on voit qu'il faudrait prendre en considération la régulation inconsciente si nécessaire à notre santé mentale et corporelle. C'est pourquoi on devra s'aider de l'auto-observation et de l'auto-critique. Mais la simple auto-observation et l'auto-analyse intellectuelles sont des moyens insuffisants pour établir le contact avec l'inconscient. Bien que des expériences pénibles ne lui soient jamais épargnées, l'être humain appréhende de s'y risquer, surtout quand il croit voir la possibilité d'esqui-

ver semblable expérience. La tendance à éviter le plus possible ce qui est désagréable est tout à fait légitime. La connaissance des influences régulatrices peut en fait dans de nombreux cas permettre d'éviter des expériences mauvaises inutiles. On peut s'épargner de nombreux détours qui ne se distinguent pas par un attrait particulier mais par des conflits épuisants. C'est bien assez que de faire des détours et de commettre des fautes en terrain inconnu et inexploré ; mais se perdre dans des régions habitées sur les grands routes, est tout simplement exaspérant. On peut l'éviter par la connaissance des facteurs de régulation. La question est alors : de quels moyens et de quelles possibilités disposons-nous pour connaître l'inconscient ?

198 *(166)* S'il n'y a pas libre production de fantasmes, il faut alors recourir à une aide artificielle. L'occasion pour un individu de la réclamer en est surtout donnée quand il se trouve dans un état psychique de dépression ou de perturbation dont on ne trouve pas de cause satisfaisante. Il peut naturellement fournir quantité de causes rationnelles. Le mauvais temps y suffit même. Mais aucune de ces causes ne permet une explication satisfaisante, car une explication causale n'est habituellement satisfaisante que pour celui qui se trouve en dehors de la situation, et encore en partie seulement. Celui-ci se contente de satisfaire plus ou moins ses besoins de causalité : il lui suffit de savoir la cause du problème car il ne sent pas la demande qui se cache pour l'autre dans sa dépression. Le patient souhaiterait bien moins une réponse à la question de l'origine qu'à celle du but ou de la façon de trouver un soulagement. C'est dans l'intensité même de la perturbation émotionnelle que réside la valeur, c'est-à-dire l'énergie que le patient devrait avoir à sa disposition pour remédier à son état d'inadéquation. On n'obtient rien en réprimant cet état ou en le dévaluant par des considérations rationnelles.

199 *(167)* Pour pouvoir capter l'énergie située au mauvais endroit on doit prendre l'état émotionnel comme base ou point de départ de la procédure. On acquiert le plus de conscience possible de cet état en s'y plongeant sans retenue et en fixant

par écrit tous les fantasmes et autres associations qui émergent. Il faut laisser le plus de jeu possible au fantasme, mais pas jusqu'au point qu'il quitte l'orbite de son objet, c'est-à-dire de l'affect, en déclenchant un processus de chaîne associative. L' « association libre », comme on la nomme, s'éloigne de l'objet et conduit à toutes sortes de complexes dont on n'est pas assuré qu'ils se relient à l'affect et qu'ils ne représentent pas des déplacements qui s'y substituent. Par ce souci de l'objet on obtient une expression de l'état psychique plus ou moins complète et cette expression reflète le contenu de la dépression dans son ensemble sous une forme concrète ou symbolique. Puisque la dépression n'est pas produite par la conscience mais qu'elle représente une interférence inopportune de l'inconscient, l'expression qui en est ainsi obtenue constitue une image des contenus et des tendances de l'inconscient compris en bloc dans la dépression. Cette procédure représente la nécessité d'enrichir et d'élucider l'affect qui, par là, se rapproche avec ses contenus du conscient. Il devient à la fois plus accusé et plus intelligible. Ce travail peut déjà en lui-même exercer une influence favorable et tonifiante. De toute façon une situation nouvelle est créée par là, puisque l'affect qui n'était d'abord pas relié est devenu une représentation claire et articulée à des degrés divers grâce à la rencontre et à la coopération du conscient. Cela constitue donc le début de la fonction transcendante, c'est-à-dire l'action conjointe des facteurs inconscients et conscients.

La perturbation émotionnelle peut être traitée d'une autre 200 *(168)*
façon, non pas en lui donnant un éclairage intellectuel mais en lui donnant du moins une forme sensible. Les patients qui possèdent quelque talent pour la peinture ou le dessin peuvent exprimer l'affect par une image. L'important n'est pas ici de produire une représentation esthétiquement satisfaisante mais d'assurer le champ libre au fantasme et de permettre à tout le processus de s'accomplir *aussi bien que possible.* En principe cette méthode est conforme à celle qui a été décrite précédemment. Dans les deux cas est créé un produit influencé à la fois par l'inconscient et par le

conscient, qui inclut dans une seule production l'effort de l'inconscient pour se faire jour et celui du conscient pour devenir substance.

201 *(169)* Cependant on rencontre souvent des cas où il n'y a pas de trouble émotionnel tangible mais un malaise général, accablant, insaisissable, un sentiment de résistance à tout, une sorte d'ennui ou de dégoût de nature indéterminée ou comme un vide qu'on ne peut pas mieux définir. On ne dispose pas dans ces cas de point de départ particulier mais il s'agirait d'abord d'en créer un. Une introversion particulière de la libido est ici nécessaire, peut-être soutenue par des conditions extérieures favorables telles que le repos complet, en particulier la nuit où la libido a de toute façon tendance à s'introvertir. « C'est la nuit — toutes les fontaines jaillissantes parlent maintenant plus haut, et mon âme aussi est une fontaine jaillissante », dit Nietzsche.

202 *(170)* L'attention critique doit être suspendue. Les types visuels ont à se concentrer sur l'attente d'une image intérieure. En général une image de ce genre (peut-être hypnagogique) se présentera, qu'il faudra soigneusement observer et fixer par écrit. Les types auditifs entendent d'ordinaire des paroles intérieures. Ce ne sont peut-être au début que des fragments de phrases apparemment dénuées de signification mais qu'il faut aussi soigneusement enregistrer. D'autres personnes dans ces moments perçoivent leur « autre voix ». Nombreux sont ceux qui possèdent une sorte de critique ou de juge intérieur qui évalue leurs faits et gestes. Les malades mentaux entendent cette voix comme des hallucinations auditives. Mais les gens normaux, si leur vie intérieure est quelque peu développée peuvent aussi reproduire sans difficulté cette voix inaudible. Cependant, à cause de son caractère importun et rebelle notoire, ils la répriment régulièrement. Pour de telles personnes il est évidemment facile d'entrer en relation avec les contenus inconscients et de créer ainsi la condition préalable à la fonction transcendante.

203 *(171)* Il en est d'autres aussi qui ne voient ni n'entendent en eux-mêmes, mais dont les *mains* ont la capacité d'exprimer les contenus de l'inconscient. Ces patients se servent avec profit

de matériaux plastiques. Relativement rares sont ceux qui, doués au plan moteur, peuvent exprimer l'inconscient par le mouvement ou par la danse. On doit pallier l'inconvénient qui tient à ce que ces mouvements ne peuvent être fixés en les dessinant ensuite soigneusement afin qu'ils ne soient pas perdus pour la mémoire. Plus rare encore mais également précieuse est l'*écriture automatique,* pratiquée directement ou avec la planchette. Ce procédé donne aussi des résultats fort utiles.

Nous en arrivons maintenant à la question suivante, à savoir ce qu'il faut faire des matériaux obtenus selon les procédés décrits. Il n'y a pas de réponse *a priori* à cette question car c'est seulement lorsque le conscient est confronté aux produits de l'inconscient que se déclenche une réaction provisoire mais dont découle toute la suite. Seule, l'expérience pratique peut nous donner une indication à ce sujet. Dans la mesure de mon expérience, il semble apparaître deux tendances : l'une va dans le sens de la *mise en forme,* l'autre dans le sens de la *compréhension.* 204 *(172)*

Là où prédomine le *principe de la mise en forme,* les matériaux obtenus varient et augmentent, ce qui donne lieu à une sorte de *condensation des motifs* en symboles plus ou moins stéréotypés. Ces symboles stimulent l'imagination créatrice de formes et servent donc principalement de motifs esthétiques. Cette tendance conduit au problème esthétique de la *mise en forme artistique.* 205 *(173)*

Là où prédomine au contraire le *principe de compréhension,* l'aspect esthétique offre relativement peu d'intérêt et peut même être perçu comme obstacle; en revanche se produit une confrontation intensive avec le *sens* des contenus inconscients. 206 *(174)*

Alors que la mise en forme tend à se concentrer sur l'aspect extérieur du motif, une compréhension intuitive cherche souvent à saisir le sens à partir de simples indications, parfois insuffisantes, fournies par les matériaux sans tenir compte des éléments qu'une mise en forme soignée ferait apparaître. 207 *(175)*

Aucune de ces deux tendances ne peut être créée par une 208 *(176)* décision arbitraire de la volonté ; elles résultent au contraire de la disposition personnelle de chacun. Toutes deux possèdent leurs risques propres de déviation et d'erreurs typiques. Le danger de la tendance esthétique consiste à surestimer le formel, c'est-à-dire la valeur « artistique » des mises en forme produites : la libido est ainsi détournée du but propre à la fonction transcendante vers des problèmes de mise en forme esthétique et artistique. Le danger de la volonté de compréhension consiste à surestimer le contenu qui est soumis à une analyse et à une interprétation intellectuelles : on perd ainsi le caractère essentiellement symbolique de l'objet. Il faut bien jusqu'à un certain point s'engager dans ces déviations pour satisfaire l'exigence prédominante de chacun, esthétique ou intellectuelle selon le cas. Mais le danger de l'une et de l'autre mérite d'être souligné car, après qu'a été atteint un certain point du développement psychique, on peut fortement surestimer les produits de l'inconscient précisément parce qu'auparavant on les *sous-estimait* avec autant d'excès. La sous-estimation est un des plus grands obstacles dans le travail de mise en forme des matériaux inconscients. C'est là que l'on voit comment la collectivité sous-évalue les produits individuels : rien n'est beau ni bon qui ne corresponde pas au schème collectif. L'art contemporain commence à cet égard à faire des tentatives compensatrices. Ce qui manque, ce n'est pas la reconnaissance collective du produit individuel, mais la valorisation subjective de celui-ci, c'est-à-dire la compréhension de son sens et donc sa valeur *pour le sujet*. Le sentiment d'infériorité qui s'attache à ce qu'on a produit soi-même ne constitue évidemment pas la règle générale ; l'opposé n'est pas rare non plus, c'est-à-dire une surestimation naïve et dénuée de critique allant nécessairement de pair avec le besoin d'être reconnu par la collectivité. Si le sentiment d'infériorité qui fait d'abord obstacle est surmonté, il peut facilement s'inverser en une surévaluation tout aussi grande. Inversement la surestimation originelle se transforme souvent en dénigrement sceptique. Ces jugements erronés tiennent à ce que l'individu ne possède ni autonomie ni conscience de soi, soit qu'il ne juge qu'en fonction de valeurs collectives, soit que, par suite d'une inflation du moi, il perde complètement sa capacité de juger.

Une tendance semble constituer le principe régulateur de l'autre : 209 *(177)*
elles sont l'une et l'autre dans un rapport de compensation. L'expérience confirme cette formule. Dans la mesure où on peut donc tirer des conclusions, la mise en forme esthétique requiert la compréhension du sens, et la compréhension a besoin de la mise en forme esthétique. Ainsi les deux tendances se complètent pour constituer la fonction transcendante.

Les premiers pas dans les deux voies se font selon le même 210 *(178)*
principe : le conscient prête ses moyens d'expression au contenu inconscient ; il ne peut donner plus sans courir le risque d'infléchir dans sa direction propre les contenus de l'inconscient. En ce qui concerne la forme et le contenu il faut laisser le plus possible la prépondérance aux associations qui dépendent de l'inconscient. Cette situation signifie un recul au point de vue conscient, souvent ressenti comme pénible. Il est facile de le comprendre si on se rappelle comment les contenus de l'inconscient se présentent habituellement, c'est-à-dire comme des choses qui sont en elles-mêmes trop faibles pour franchir le seuil de la conscience, ou comme des éléments incompatibles qui pour diverses raisons doivent être éliminés. La plupart sont des contenus en partie désagréables, en partie inattendus et irrationnels, qu'il semble tout à fait compréhensible de négliger ou de refouler. Seule une petite partie des contenus présente une valeur exceptionnelle selon le point de vue collectif ou le point de vue individuel. Des contenus sans valeur pour le collectif peuvent en posséder une très grande si on les considère du point de vue individuel. Ce fait s'exprime dans leur tonalité affective, qu'elle soit ressentie par le sujet comme positive ou comme négative. La société aussi est divisée quand il s'agit pour elle de recevoir des idées nouvelles ou inconnues qui provoquent chez elle des réactions émotives. La méthode initiale choisie vise à découvrir des *contenus chargés d'affect*, car il s'agit toujours de situations ou l'unila-

téralité du conscient se heurte à la résistance des instincts.

211 *(179)* Les deux voies ne divergent que lorsque le problème esthétique prédomine pour un individu et, pour l'autre, le problème individuel et moral. L'idéal serait le cas où les deux aspects coexisteraient à mesure égale ou celui où les deux possibilités alternaient rythmiquement. L'un sans l'autre semble à peine possible mais cela se présente pourtant dans la pratique : la volonté de mettre en forme s'empare de son objet aux dépens du sens, ou la volonté de comprendre l'emporte prématurément sur la mise en forme. Les contenus inconscients veulent apparaître dès le début avec netteté, ce qui n'est possible que par leur mise en forme et ils ne peuvent être jugés qu'ensuite, lorsque toutes leurs expressions sont tangibles. C'est pour cette raison que Freud déjà laissait les contenus du rêve parler pour ainsi dire d'eux-mêmes sous forme d' « associations libres » avant de les interpréter.

212 *(180)* Il ne suffit pas dans tous les cas d'élucider seulement les idées qui forment le contenu du rêve. Il est souvent indispensable que des contenus vagues soient précisés par une mise en forme visible; par exemple par le dessin, la peinture, le modelage. Les mains souvent savent déchiffrer une énigme avec laquelle l'intellect se débat en vain. Car par la mise en forme le rêve est continué et détaillé à l'état de veille, et le fait qu'il était au début incompréhensible et isolé est intégré à l'ensemble de la personnalité, même si le sujet n'en a d'abord pas conscience. Ainsi la mise en forme esthétique s'en tient là et renonce à vouloir découvrir un sens. Cela conduit parfois les patients à se croire des *artistes* — naturellement méconnus. La volonté de compréhension, si elle ne s'appuie pas sur une mise en forme soignée, intervient à partir d'intuitions sommaires et il lui manque donc alors une base satisfaisante. Elle n'a quelque chance de réussir que si elle commence avec un produit formellement constitué. Moins la matière première est mise en forme, plus grand est le danger que la compréhension ne soit pas gouvernée par les faits empiriques mais par des préjugés théoriques et moraux. La compréhension dont il s'agit à ce stade-ci consiste en la construction du sens, lequel, par

hypothèse, réside dans l'intuition qu'on a eue au point de départ.

Il est évident qu'une telle procédure ne peut légitimement être mise en œuvre que s'il existe un motif suffisant pour ce faire. De même on ne peut laisser à l'inconscient la direction que si vit en lui une volonté de diriger. Mais ce n'est le cas que si le conscient se trouve dans une situation critique. Si on parvient à donner forme au contenu inconscient et à comprendre le sens du produit formellement constitué, la question se pose de savoir comment le moi se comporte dans ces circonstances. Là commence la *confrontation entre le moi et l'inconscient.* C'est la deuxième partie, et la plus importante, de la procédure, le rapprochement des contraires et l'apparition et la création d'un troisième élément : la fonction transcendante. A ce stade ce n'est plus l'inconscient qui dirige mais le moi. 213 *(181)*

On ne définira pas ici le moi mais on le laissera dans sa banale réalité de centre permanent du conscient dont l'existence s'est manifestée depuis l'enfance. En face de lui se trouve un état psychotique, un produit qui doit son existence à un événement essentiellement inconscient et qui se trouve donc par là en une certaine opposition vis-à-vis du moi et de ses tendances. 214 *(182)*

Ce point de vue est fondamental dans toute confrontation avec l'inconscient. Face à l'inconscient il faut que le moi garde sa valeur, et *vice versa.* Cela équivaut à une mise en garde nécessaire : car si le conscient de l'homme civilisé exerce une action limitative sur l'inconscient, de son côté l'inconscient redécouvert a souvent un effet dangereux sur le moi. De même que celui-ci réprimait précédemment l'inconscient, un inconscient libéré peut mettre de côté le moi et le dominer. Le danger tient à ce que le moi « perde contenance », c'est-à-dire qu'il ne peut plus défendre son existence contre la poussée des éléments émotionnels, situation qui se rencontre souvent au début de la schizophrénie. Ce danger n'existerait pas, ou du moins il serait moins grand, si la confrontation avec l'inconscient pouvait enlever aux affects leur dynamique. C'est aussi en général ce que l'on 215 *(183)* tente par l'esthétisation ou l'intellectualisation de la contre-position. Mais la confrontation avec l'inconscient doit se faire sous plusieurs angles car la fonction transcendante n'est pas un processus partiel soumis à un déroulement conditionné mais bien un événement global qui inclut ou mieux, devrait inclure, tous les aspects. L'affect doit donc s'exercer dans toute son ampleur. L'esthétisation et l'intellectualisation sont, certes, d'excellentes armes contre la menace des affects, mais qui ne doivent être utilisées que s'il y a menace vitale et non pas pour — à moindres frais — se soustraire à une tâche nécessaire.

216 *(184)* Grâce aux vues fondamentales de Freud nous savons que le traitement des névroses doit prendre en considération dans toute leur ampleur des facteurs émotionnels : c'est-à-dire que la personnalité doit être saisie comme un tout, ce qui vaut à la fois pour le patient et pour le médecin. Dans quelle mesure celui-ci peut s'abriter derrière le bouclier de la théorie demeure une question délicate laissée à son jugement. Mais le traitement des névroses n'est en aucune façon une cure thermale psychologique mais bien un renouvellement de la personnalité s'exerçant dans tous les sens et dans tous les domaines de la vie. La confrontation avec la contre-position est une affaire sérieuse dont, parfois, beaucoup dépend. C'est une exigence absolue de la confrontation que de prendre au sérieux l'autre position, et par là seulement les facteurs régulateurs peuvent faire sentir leur influence dans le traitement : prendre au sérieux ne veut pas dire *prendre littéralement*, mais plutôt faire crédit à l'inconscient afin que puisse s'instaurer une coopération plutôt qu'une perturbation automatique de la conscience.

217 *(185)* Ainsi, dans cette confrontation, non seulement est justifiée la position du moi mais une autorité correspondante est conférée à l'inconscient. La confrontation est certes conduite à partir du moi, mais on laisse aussi la parole à l'inconscient — *audiatur et altera pars.*

218 *(186)* La méthode selon laquelle cette confrontation peut être conduite apparaît le mieux dans le cas où « l'autre voix » est perçue plus ou moins distinctement. Il est pour ces personnes

techniquement très facile de fixer par écrit « l'autre voix » et de lui répondre à partir du moi. Tout se passe comme si s'instaurait un dialogue entre deux interlocuteurs égaux en droit, dans lequel chacun accorde crédit à l'argument de l'autre et considère qu'il vaut la peine de rapprocher les points de vue opposés en les comparant et en les discutant en profondeur ou en les distinguant clairement. Puisque la voie de l'unification ne se présente guère immédiatement, on devra en général tolérer un assez long conflit qui exige des sacrifices des deux côtés. Semblable confrontation peut tout aussi bien s'instituer entre médecin et patient, le rôle de « l'avocat du diable » étant facilement dévolu au premier.

Il est effrayant de voir combien l'homme est peu capable 219 *(187)*
de faire droit à l'argument de l'autre, bien que cette capacité soit une condition fondamentale et indispensable de toute communauté. C'est une difficulté générale avec laquelle doit compter tout individu qui projette semblable confrontation avec lui-même. Pas plus qu'il ne laisse les autres s'exprimer, il ne reconnaît à « l'autre » en lui le droit à l'existence. L'aptitude à l'objectivité extérieure se mesure à l'aptitude au dialogue interne.

Alors que la concertation est simple quand le dialogue 220 *(188)*
intérieur est possible, elle est à coup sûr bien plus compliquée quand n'existent que des produits visuels, parlant certes, pour qui comprend, un langage éloquent, mais qui n'est pour les autres que langage de sourd et muet. Face à des productions de ce genre le moi doit prendre l'initiative et se poser la question : « Comment suis-je affecté par ce signe ? » Cette question faustienne peut évoquer une réponse éclairante. Plus elle est immédiate et naturelle, plus elle a de valeur car ces deux qualités ont plus de chance de garantir une réaction globale. Il n'est pas absolument indispensable que la confrontation devienne consciente en toutes ses parties. Souvent en fait une réaction complète s'opère sans les hypothèses, vues et concepts théoriques qui rendraient possible une conception claire. On doit dans ce cas se contenter du sentiment muet mais riche de suggestion qui

apparaît à leur place et qui a plus de valeur qu'un bavardage subtil.

221 *(189)* L'aller et retour des arguments et des affects représente la fonction transcendante des opposés. La confrontation des positions crée une tension énergétique source de vie, un troisième terme qui n'est pas un produit mort-né de la logique selon le principe du « *tertium non datur* » mais une reprise du mouvement issue du suspens entre les opposés, une naissance vivante qui conduit à un nouveau palier, à une nouvelle situation. La fonction transcendante apparaît donc comme une propriété des contraires rapprochés. Aussi longtemps qu'ils sont tenus éloignés — naturellement afin d'éviter le conflit —, ils ne fonctionnent pas et demeurent inertes.

222 *(190)* Quelle que soit la forme sous laquelle les contraires apparaissent chez l'individu, il s'agit toujours au fond du conscient qui s'est dévoyé et incrusté dans une position unilatérale, confrontée avec l'image de l'entièreté et de la liberté instinctives. C'est l'image de l'anthropoïde et de l'homme archaïque avec, d'une part, son monde de pulsions supposées sans frein et, d'autre part, son monde de conceptions spirituelles souvent incompris, image qui sort de l'obscurité pour compenser et corriger notre unilatéralité et nous montrer comment et où nous nous sommes éloignés du modèle fondamental et nous nous sommes psychiquement mutilés.

223 *(191)* Je dois me contenter ici d'exposer les formes et les possibilités extérieures de la fonction transcendante. Plus importante serait la tâche d'en décrire les *contenus*. Nous disposons déjà à cet effet de matériaux importants mais les difficultés que présente leur description ne sont pas encore toutes surmontées. Un ensemble de travaux préparatoires est encore requis pour établir les bases conceptuelles nécessaires à une description intelligible et claire de ces contenus. Malheureusement j'ai appris par expérience que jusqu'à présent le public scientifique n'était pas encore prêt à suivre semblables réflexions et exposés psychologiques, car il y mêle soit une implication personnelle, soit des préjugés philoso-

phiques et intellectuels, ce qui rend impossible une évaluation significative des facteurs psychologiques. Si on fait d'un problème une affaire personnelle le jugement est toujours subjectif car il tient pour impossible ce qui ne s'applique pas à soi-même ou ce qu'on préfère ne pas savoir. A qui possède cette tournure d'esprit il est donc impossible de voir que ce qui vaut pour soi ne vaut absolument pas pour d'autres individus possédant une psychologie différente. Nous sommes donc en tous les cas fort éloignés d'un schéma d'explication qui serait partout valable.

Ce qui fait beaucoup obstacle à la compréhension psycho- 224 *(192)*
logique est cette curiosité mal placée qui veut savoir si tel facteur psychologique est « vrai » ou « correct ». Si la description n'en est pas déformée, voire fausse, le phénomène, tel qu'il est, est valide et prouve sa validité par son existence. L'ornithorynque est-il une invention « vraie » ou « correcte » de la volonté du Créateur ? Tout aussi puéril est le préjugé contre le rôle que jouent les éléments mythologiques dans la vie de la psyché. Puisqu'ils ne sont pas « vrais » ils n'ont rien à faire — prétend-on — dans une explication psychologique. Les mythologèmes *existent,* même si ce qu'ils disent ne coïncide pas avec notre concept incommensurable de « vérité ».

Puisque la confrontation avec la contre-position a un 225 *(193)*
caractère de globalité rien n'en est exclu. Tout entre en discussion, même si seuls des fragments sont conscients. Le conscient est constamment élargi par la confrontation avec des contenus jusqu'alors inconscients ou, mieux, pourrait être élargi s'il voulait bien s'efforcer de les intégrer. Ce n'est naturellement pas toujours le cas. Même s'il y a assez d'intelligence pour comprendre le problème, le courage et la confiance en soi font défaut, ou l'on est spirituellement et moralement trop paresseux ou trop lâche pour accomplir un effort. Mais si au contraire les conditions indispensables sont satisfaites, la fonction transcendante apporte non seulement un complément valable au traitement thérapeutique mais elle procure au patient l'avantage inestimable de fournir par ses propres moyens une contribution de poids aux efforts du

praticien. Dans cette mesure elle permet au patient de ne pas dépendre, d'une façon souvent humiliante, du médecin et de son pouvoir. Cela constitue une voie pour se libérer par ses propres moyens et trouver le courage d'accéder à soi-même.

IV

PSYCHANALYSE ET CURE D'ÂME[1]

S'il n'est pas facile de répondre à la question du rapport entre la psychanalyse et la cure d'âme, c'est qu'il s'agit de deux choses de nature profondément différente : la cure d'âme, pratiquée par un homme d'Eglise, est l'exercice d'une influence religieuse reposant sur une profession de foi chrétienne ; la psychanalyse, elle, est une intervention médicale, une technique psychologique visant à dégager les contenus de l'inconscient et à les intégrer à la conscience. Toutefois, cette définition de la psychanalyse ne caractérise que les méthodes de l'école de Freud et de la mienne. La méthode d'Adler n'est pas en ce sens une analyse, elle ne poursuit d'ailleurs pas l'objectif qui vient d'être indiqué ; elle est essentiellement pédagogique et agit pour ainsi dire directement sur la conscience, sans tenir compte de l'inconscient. Elle représente un développement de la technique française de « rééducation de la volonté » et de l' « orthopédie psychique » de Dubois. Le but poursuivi par la pédagogie adlérienne, la normalisation de l'individu et son intégration à la psyché collective, est autre que celui de la cure d'âme, qui se propose exclusivement de sauver l'âme et de la dégager des liens qui l'enchaînent au monde. Normalisation et intégration sont même à l'occasion des objectifs diamétralement opposés à une éventuelle intention religieuse, au sens chrétien, de soustraire l'homme au monde, de le soumettre à la volonté de Dieu et d'assurer sa rédemption. La méthode 226 *(539)* adlérienne et la cure d'âme telle que l'ont pratiquées jusqu'ici le protestantisme aussi bien que le catholicisme n'ont qu'un seul point commun : le fait que l'une et l'autre s'adressent à la conscience et font appel à l'intelligence et à la volonté.

227 (540) La psychanalyse freudienne, elle, ne s'adresse en premier lieu ni à la conscience ni à la volonté, mais tente d'amener à la conscience les contenus de l'inconscient, dans l'intention de détruire, ce faisant, les racines des troubles ou des symptômes. Freud cherche donc à éliminer les troubles d'adaptation. Telle est la finalité de sa technique psychanalytique.

228 (541) Mon désaccord avec Freud commence avec l'interprétation du matériel inconscient. On ne peut naturellement rien faire accéder à la conscience sans interprétation, c'est-à-dire sans théorie. Pour rendre assimilable ou compréhensible le matériel inconscient, Freud applique sa fameuse théorie de la sexualité, qui interprète les matériaux amenés au jour par l'analyse essentiellement comme l'expression de tendances sexuelles (ou le cas échéant aussi d'autres souhaits immoraux) incompatibles avec la conscience. A cet égard, son point de vue est un matérialisme rationaliste caractéristique de la vision qu'avaient du monde les sciences de la nature à la fin du 19e siècle (son texte sur *L'avenir d'une illusion* est sur ce point d'une clarté qui ne laisse rien à désirer). Partant de cette vision du monde, il est possible de reconnaître à l'animal humain, sans trop de difficultés, des droits qui peuvent d'ailleurs aller assez loin, car le conflit moral paraît alors se limiter à une collision facilement évitable avec l'opinion publique ou éventuellement avec le code pénal. En même temps, Freud parle aussi de sublimation, entendant par là un investissement de la « libido » sous forme désexualisée. Je ne puis m'engager ici dans une critique de cette notion problématique ; je voudrais seulement souligner le fait qu'il n'est pas possible de « sublimer » *tout* ce qui vient de l'inconscient.

229 (542) A qui se situe, pour des raisons philosophiques ou religieuses ou par tempérament, sur le terrain du matérialisme scientifique, l'accès à la conscience de contenus

inconscients pose un problème à tous égards bien difficile. Par bonheur, une crainte instinctive nous protège et nous empêche d'aller trop loin dans la prise de conscience, de sorte que l'on peut assez souvent se contenter de la pousser jusqu'au point où elle est profitable. C'est le cas notamment dans les névroses simples, dépourvues de complexité, c'est-à-dire chez les êtres qui le sont également (la névrose n'est jamais plus compliquée que l'être qui l'a). Les natures plus raffinées, en revanche, souffrent le plus souvent d'un besoin passionné d'être conscients, qui domine cette crainte instinctive. Elles veulent voir, savoir, comprendre. Pour de telles natures, la réponse de l'herméneutique freudienne est insuffisante. Dans ce cas, ce sont plutôt les instruments de la grâce que l'Eglise a confiés au prêtre, surtout catholique, qui peuvent prêter une utile assistance à la compréhension qui se cherche, car leur forme et leur signification sont d'emblée adaptées à la nature des contenus inconscients. C'est pourquoi le prêtre n'*écoute* pas seulement la confession, mais *questionne* aussi ; il est même tenu de questionner, et il peut poser des questions qui relèvent par ailleurs du domaine du médecin. Eu égard aux instruments de la grâce dont dispose le prêtre, son intervention ne peut être considérée comme un abus de compétence, car il est en mesure d'apaiser la tempête après l'avoir soulevée.

Pour le pasteur protestant le problème n'est pas aussi 230 *(543)*
simple, car en dehors de la prière en commun et de la Sainte Communion il ne dispose d'aucun cérémonial rituel (exercices spirituels, rosaires, pèlerinages, etc.) dont le symbolisme permette à l'âme de s'exprimer ; c'est pourquoi il est obligé de se placer plutôt sur le terrain de la morale, ce qui entraîne pour les énergies pulsionnelles issues de l'inconscient le risque de subir un nouveau refoulement. Le rituel sacré, sous toutes ses formes, fonctionne comme un réceptacle qui peut accueillir les contenus de l'inconscient. Le puritanisme simplificateur a privé le protestantisme des moyens d'agir sur l'inconscient, et il a en tout cas ôté au pasteur la qualité proprement sacerdotale de médiateur, tellement indispensable à l'âme. Il a du même coup renvoyé l'individu,

isolé, à sa propre responsabilité, et l'a laissé seul avec son Dieu. C'est là que résident l'avantage et le danger du protestantisme. C'est de là que résulte son instabilité interne, qui en l'espace de peu de siècles, a déjà produit plus de quatre cents communautés différentes, églises ou sectes, manifestant ainsi la prépondérance de l'individualisme protestant.

231 *(544)* On ne saurait douter que la mise à nu de l'inconscient par la psychanalyse produise de grands effets ; on ne saurait douter davantage du puissant effet de la confession catholique, surtout quand elle n'est pas une simple écoute mais aussi une intervention active. Eu égard à ce fait, il est au fond surprenant que les Eglises protestantes n'aient pas plus tôt déjà tenté de rétablir l'institution de la confession, qui représente le lien par excellence entre le pasteur et les âmes dont il a la charge. Toutefois il ne peut être question pour le protestant, et c'est bien ainsi, d'un simple retour à une forme aussi spécifiquement catholique et totalement opposée à l'essence même du protestantisme. On comprend que l'homme d'Eglise protestant, qui voit à juste titre dans la cure d'âme sa véritable raison d'être, cherche une voie nouvelle qui puisse lui donner accès aux âmes de sa paroisse, et non seulement aux oreilles de celle-ci. Il semble que la psychologie analytique lui en donne la clé, car la cure d'âme ne trouve pas son sens et n'atteint pas son but dans le rituel sermon dominical, qui certes parvient aux oreilles, mais va rarement jusqu'au cœur et plus rarement encore jusqu'à l'âme, la chose la plus profondément cachée en l'homme. C'est seulement dans le recueillement d'un dialogue que la cure d'âme peut être exercée, portée par l'atmosphère bienfaisante d'une confiance sans réserve. Dans la cure d'âme, c'est l'âme qui doit agir sur l'âme, et c'est pourquoi bien des portes doivent être ouvertes qui barrent l'accès à ce que les êtres ont de plus intime. La psychanalyse a les moyens d'ouvrir des portes qui sans elle restent closes.

232 *(545)* Mais lorsque ces portes s'ouvrent, il en est souvent comme dans une opération chirurgicale où le médecin qui manie le bistouri doit s'attendre à tout ce qui peut se révéler et ne se révélera qu'une fois l'incision faite. Elle aussi, la psychana-

lyse peut le cas échéant découvrir des choses imprévues, fort désagréables, comme par exemple des psychoses latentes ou d'autres problèmes encore. Bien que de telles choses viennent souvent, avec le temps, d'elles-mêmes à la surface, elles n'en seront pas moins mises à la charge de celui dont l'intervention a précipité le déclenchement du trouble. Seules des connaissances approfondies dans la spécialité psychiatrique protègent le médecin contre de telles bévues. C'est pourquoi l'analyste non médecin devrait toujours travailler avec un médecin.

Heureusement les mauvaises surprises de ce genre sont 233 *(546)*
relativement rares. Mais ce que la psychanalyse amène au jour représente en soi déjà une difficulté de taille. *Elle place même le patient devant le problème essentiel de sa vie, et donc devant certaines questions graves, ultimes, qu'il a jusqu'alors éludées.* Comme la véritable nature de l'homme n'est rien moins qu'innocente, on voit d'ordinaire apparaître précisément les faits les plus propres à expliquer pourquoi le patient a éludé ces questions : il sentait d'instinct qu'il n'avait pas de réponse satisfaisante. La réponse, il l'attend donc de l'analyste. Or le médecin peut, tranquillement et pour le bien du patient, laisser ouverte telle ou telle question épineuse, étant donné qu'aucun patient raisonnable n'attend de lui plus qu'une assistance *médicale*. De l'homme d'Eglise, on attend davantage : *une solution religieuse.*

Ainsi que je l'ai déjà dit, l'Eglise catholique dispose de 234 *(547)*
moyens qui depuis toujours ont servi à saisir et à exprimer en symboles même les énergies pulsionnelles inférieures de l'âme, et donc à les intégrer à la hiérarchie de l'esprit. L'homme d'Eglise protestant, lui, est dépourvu de ces moyens, et c'est pourquoi souvent il ne sait que faire en présence de certaines données de la nature humaine qui ne veulent se plier à quoi que ce soit : exhortations, compréhension, bonne volonté, mortification héroïque. Dans le protestantisme, le bien et le mal sont affrontés en une opposition brutale et irréconciliable. Il n'y a pas de rémission visible, l'homme reste seul avec son péché. Et Dieu ne remet, comme on le sait, que les péchés dont on est venu soi-même à bout. Il

y a là pour la cure d'âme protestante une difficulté psychologique considérable : elle ne dispose pas de formes dans lesquelles puissent être canalisées les pulsions vitales inférieures de l'âme. Or ce problème qu'il faudrait résoudre, l'adversaire inconscient en nous, c'est précisément celui que soulève la psychanalyse. Le médecin peut le traiter, sur la base du matérialisme scientifique, avec la retenue qui s'impose à lui, c'est-à-dire considérer l'éthique de son patient comme quelque chose qui échappe à la compétence médicale. Il peut se retrancher en toute quiétude derrière la formule bien connue : « c'est à vous de voir, par vous-même, comment vous en tirer ». Mais le pasteur en charge d'âme ne peut, lui, à mon avis, s'en laver les mains ; en fait, il devrait au contraire accompagner dans les ténèbres de son cheminement l'âme de celui qui se confie à lui. A cet effet, le point de vue réducteur de la psychanalyse (freudienne) lui est de peu d'utilité, car l'évolution ne dissèque pas, elle construit ; en outre, dans les cas difficiles les bons conseils et les exhortations morales ne serviront pas à grand-chose ou ne serviront à rien du tout, car les suivre empêcherait carrément l'apparition de ces ténèbres sans lesquelles la lumière ne peut naître ensuite. (Une maxime de sagesse orientale dit : il vaut mieux faire le bien qu'éviter le mal. Qui est sage, donc, joue le rôle du mendiant, du roi ou du criminel, en se souvenant des dieux.)

235 *(548)* La cure d'âme catholique peut plus facilement tirer parti des éléments de l'analyse psychologique que la protestante. C'est à celle-ci qu'incombe la tâche la plus lourde. Pour la cure d'âme, le catholicisme dispose non seulement, avec la confession, la pénitence et l'absolution sous leur forme arrêtée par l'histoire, d'une technique préfabriquée, mais aussi, de surcroît, d'une symbolique rituelle riche et parlante, propre à satisfaire entièrement les attentes ainsi que les pulsions ténébreuses des âmes simples. La cure d'âme protestante, en revanche, a de la technique psychologique un besoin d'autant plus grand qu'elle est dépourvue de toutes les formes essentielles du rituel. C'est pourquoi je considère l'intérêt des hommes d'Eglise protestants pour la psychologie

comme tout à fait légitime et même nécessaire. Un éventuel empiètement sur le domaine médical est largement compensé par celui auquel les médecins se croient naïvement autorisés en matière de conception du monde (voir l'interprétation des processus religieux comme symptomatologie sexuelle ou comme fantasme de désir infantile). Indubitablement le médecin et l'homme d'Eglise entrent en collision sur le terrain de la psychologie analytique. Ce choc devrait conduire à la coopération, et non pas à l'hostilité.

Par suite de l'absence de rituel constitué, la cure d'âme 236 *(549)*
protestante (au contraire de la catholique) prend la forme d'une *confrontation personnelle,* qui ne peut faire passer à la manière catholique le problème fondamental du transfert sur le plan impersonnel, mais est obligée de le traiter, avec conviction, comme un vécu personnel. Toucher avec quelque profondeur à l'inconscient induit toujours le phénomène du transfert. Là donc où l'homme d'Eglise pénètre, si peu que ce soit, dans les arrière-plans de l'âme, il provoquera un transfert (chez les hommes aussi bien que chez les femmes). Ce transfert concerne le pasteur protestant dans sa personne, et il ne dispose d'aucune forme qu'il pourrait (ou même devrait, comme le prêtre catholique) substituer à celle-ci. Il est ainsi conduit à s'impliquer de la façon la plus personnelle, pour le bien, le salut de l'âme du patient, presque plus encore que le médecin, qui ne prend pas nécessairement à cœur le problème particulier du salut de cette âme. Quoi qu'il en soit, le médecin dispose de bonnes échappatoires, auxquelles le pasteur chargé d'âmes doit renoncer dans l'angoisse, pour des raisons supérieures. Il court en conséquence, il *doit* courir le risque d'être impliqué dans de difficiles conflits psychiques, ce qui n'est guère profitable — pour ne pas dire plus — à la quiétude d'une existence bourgeoise. Ce risque n'est absolument pas négligeable, mais il a, du point de vue de l'Eglise, le mérite de replacer le pasteur qui prend au sérieux sa charge d'âmes, dans la réalité de la vie et par là dans la situation difficile de l'Eglise primitive (voir les rumeurs contre lesquelles saint Paul eut à se défendre).

Dans ces conditions, il faut que l'homme d'Eglise 237 *(550)* apprenne à voir clairement dans quelle mesure sa situation publique de fonctionnaire et sa situation de famille, dont il doit tenir compte, l'empêchent de se consacrer à cette mission périlleuse qu'est la cure d'âme. Je n'en tiendrai pas rigueur au pasteur s'il ne suit pas le conseil que Tertullien donnait à ses cathéchumènes d'aller d'eux-mêmes dans l'arène. Car la véritable cure d'âme fondée sur la psychologie moderne peut l'exposer au martyre de l'incompréhension publique. La situation publique et le souci de la famille — considérations d'abord temporelles — lui conseillent d'observer une sage réserve (les enfants de ce monde sont notoirement plus avisés que les enfants de la lumière) ; mais les yeux de l'âme n'en sont pas moins tournés avec une ardente ferveur vers ceux qui, insoucieux de leur confort temporel, sont capables de se jeter dans le plateau de la balance pour que les choses aillent mieux. Ce n'est pas, il est vrai, avec un enthousiasme d'enfant que l'on obtient des résultats ; seule une audace active, qui d'une part ne quitte jamais le terrain du réel et du possible et d'autre part ne recule devant aucune souffrance, permet d'accomplir quelque chose d'un peu grand.

238 *(551)* Ainsi donc c'est la déficience des moyens rituels dont dispose le pasteur protestant qui, en matière de cure d'âme, d'une part l'empêche d'établir un contact étroit, mais d'autre part l'oblige à faire preuve d'une audace plus grande qui le met directement en première ligne. J'espère que le protestant ne manque pas du courage nécessaire.

239 *(552)* Tout psychothérapeute intelligent se félicitera de voir ses efforts soutenus et complétés par la cure d'âme pratiquée par le pasteur. Certes les problèmes de l'âme humaine, que l'homme d'Eglise et le médecin abordent sous des angles opposés, leur créeront des difficultés considérables, il ne faut pas se le dissimuler, et la moindre raison n'en est pas la différence de leurs perspectives. Mais on est en droit d'espérer que cette rencontre conflictuelle sera, de ce fait même, stimulante pour l'un comme pour l'autre.

NOTES

[Traduit d'après : C. G. Jung, *Gesammelte Werke* (*G.W.*) XI, pp. 356 à 362 (Walter, Zurich-Stuttgart, 1988)]

1. Paru dans : Ethik. Sexual-und Gesellschafts-Ethik V/1, Halle 1928-29, pp. 7-12.

V

SUR LES PHÉNOMÈNES OCCULTES

A PROPOS DES PHÉNOMÈNES SPIRITES

Il est impossible, en une heure de temps, de parler de 240 *(697)*
manière approfondie d'un problème historique et psychologique aussi complexe que celui que nous pose le phénomène du spiritisme. Encore bien moins peut-on prétendre épuiser le sujet. Il faut se limiter à porter un éclairage sur l'un ou l'autre aspect de cette inépuisable matière. Cette manière de traiter la question aura sur d'autres l'avantage de permettre à l'auditeur de se faire une idée de la complexité de ce problème. Le spiritisme (de *spiritus* = esprit) est aussi bien une doctrine .(que ses adeptes taxent de « scientifique ») qu'une conviction religieuse, laquelle, comme toute conviction de ce type, constitue le noyau idéel propre à donner naissance à un mouvement religieux, à une secte ; ce mouvement croit en « l'ingérence effective et concrète d'un monde des esprits dans le nôtre », et sa pratique religieuse consiste par conséquent en le commerce avec les esprits. Mais le spiritisme se distingue d'autres mouvements religieux en ce qu'il possède une double nature : il ne se donne pas seulement certains articles de foi ne reposant sur aucune preuve, mais il fonde ses croyances sur un ensemble de phénomènes qui ressortissent en dernière analyse à la physique et se prêtent donc à une investigation scientifique ; ces phénomènes sont tels, paraît-il, que l'on ne saurait les expliquer que par l'action d'esprits. Du fait de cette double nature qui lui est propre — d'une part secte religieuse,

d'autre part hypothèse scientifique — le spiritisme touche aux domaines de la vie les plus divers et apparemment les plus éloignés les uns des autres.

241 *(698)* En tant que secte, le spiritisme connut ses débuts en Amérique en 1848. L'histoire de sa naissance est assez étrange[1]. Deux jeunes filles d'une famille méthodiste de Hydesville, près de Rochester (New York), les Fox, étaient effrayées toutes les nuits par des bruits de coups frappés. Cela donna lieu tout d'abord à un grand scandale, car les voisins supposèrent que tout ceci était l'œuvre du diable, puis on parvint peu à peu à entrer en contact avec ces bruits, car on avait découvert qu'ils répondaient à des questions en frappant un certain nombre de coups. On finit par établir, au moyen d'un alphabet de coups frappés, qu'un homme avait été assassiné dans la maison des Fox et que son cadavre avait été enseveli dans la cave. Les recherches qu'on fit effectuer
242 *(699)* vinrent, paraît-il, confirmer cette révélation.

Voilà pour ce qui est de l'anecdote. Les séances publiques que les Fox donnèrent à Rochester avec leurs esprits frappeurs furent rapidement suivies de la fondation d'autres sectes. On redécouvrit la pratique, déjà en usage auparavant, des *tables tournantes,* on se mit à la recherche de médiums et on en trouva un grand nombre, de ces personnes chez lesquelles peuvent être observés des phénomènes tels que des bruits de coups frappés, la rotation de tables, etc. Le mouvement eut tôt fait d'atteindre aussi l'Angleterre et le continent. Chez nous le mouvement spirite prit essentiellement la forme d'une épidémie de tables tournantes dont la vague déferla sur l'Europe tout entière. Il n'existait en ce temps-là aucune société, aucune réunion amicale où l'on aurait laissé s'achever la soirée sans questionner la table, ouvertement ou à la dérobée. Cette manifestation-là du spiritisme se propagea un peu partout; l'orientation religieuse de la secte s'imposa moins rapidement chez nous, mais elle crût lentement et sûrement. Et il n'y a plus aujourd'hui de ville d'une certaine importance où l'on ne trouverait pas une communauté assez nombreuse d'adeptes de la foi spirite.

En Amérique, où les petits mouvements religieux locaux 243 *(700)*
sont légion, la fortune du spiritisme est aisément compréhensible. L'accueil favorable réservé chez nous à cette croyance exotique ne s'explique que par l'existence d'un terrain historique propice à son implantation. Le début du 19ᵉ siècle nous apporta, en littérature, le courant romantique, correspondant à la manifestation d'une nostalgie, profondément ancrée dans le peuple et largement répandue, de l'extraordinaire et de l'anormal. On aimait le frisson, les sentiments ossianiques, on accordait la préférence aux romans dont l'action se déroulait dans de vieux châteaux et des monastères en ruine. Le mysticisme, l'hypersensibilité, l'hystérie s'imposaient de toutes parts. Des conversations sur la vie après la mort, sur les somnambules et les visionnaires, sur le magnétisme animal étaient à l'ordre du jour. Schopenhauer a consacré un volumineux chapitre de ses « *Parerga et Paralipomena* » à ce courant et aime également à parler de choses de ce genre en divers passages de son œuvre principale. Sa notion, importante chez lui, de la « sainteté », procède elle aussi d'un idéal mystico-ascétique poussé à l'extrême. De semblables orientations se manifestèrent également dans l'Eglise catholique, concentrées notamment sur la figure énigmatique de Johann Josef von Görres (1776-1846). Particulièrement significatif est à cet égard son ouvrage en quatre volumes, *Die christliche Mystik*[2]. L'un de ses premiers textes, « Emanuel Swedenborg, seine Visionen und sein Verhältnis zur Kirche[3] » révèle une tendance similaire. Le public protestant se passionnait pour la poésie sentimentale de Justinus Kerner et de sa clairvoyante, Madame Friederike Hauffe, tandis que certains théologiens exprimaient leur orientation catholicisante en se livrant à des pratiques d'exorcisme. Il nous reste de ce temps-là toute une série d'étranges biographies et d'autres récits traitant de la psychologie des extatiques (somnambules, sensitifs...). Partout on se mettait en quête de ces anomalies neurologiques et on les cultivait sous toutes leurs formes. Nous en avons un bel exemple avec le cas de Madame Hauffe, la voyante de Prevorst, et le cercle d'admirateurs qu'elle réunissait autour

d'elle. Son pendant catholique serait Katharina Emmerich, la nonne extatique de Dülmen. Un savant anonyme a consacré un gros livre à relater des faits concernant de semblables personnalités : *Die Tyroler ekstatischen Jungfrauen. Leitsterne in die dunkeln Gebiete der Mystik*[4].

244 *(701)* Chez ces personnes étranges — sensitives ou somnambules, comme on les appelait à l'époque — on pouvait observer en général les phénomènes suprasensibles suivants :

a. Des phénomènes dits « magnétiques ».
b. La clairvoyance et la prophétie.
c. Des visions.

245 *(702)* a. Le terme de *magnétisme animal* servait à désigner au début du 19e siècle un ensemble mal délimité de phénomènes physiologiques et psychologiques que l'on croyait pouvoir expliquer tous par le « magnétisme ». On se mit à parler de « magnétisme animal » dès qu'on eut connaissance des géniales expérimentations réalisées par Franz Anton Mesmer. Mesmer découvrit en effet l'art d'endormir les gens en les effleurant légèrement des mains. Chez les uns ce sommeil avait l'apparence d'un sommeil naturel, chez d'autres en revanche il s'agissait d'une sorte de « sommeil éveillé », dans lequel les gens se comportaient comme des somnambules, ne dormant que partiellement, alors que certains domaines sensoriels étaient maintenus en éveil. Ce demi-sommeil était appelé aussi « sommeil magnétique » ou somnambulisme. Une fois plongés dans ces états, les gens étaient entièrement soumis à la volonté du magnétiseur, ils étaient « magnétisés » par lui. Aujourd'hui ces états ont notoirement perdu l'auréole de merveilleux qui les entourait ; ils relèvent pour nous du domaine de l'*hypnose*, et nous utilisons les passes magnétiques mesmériennes comme de précieuses techniques auxiliaires parallèlement à d'autres méthodes de suggestion. On se mit pourtant assez vite à surestimer l'importance des passes mesmériennes, en leur attribuant une signification tout à fait exagérée. On croyait avoir découvert là une force vitale, on parlait d'un « fluide magnétique » qui se transmettrait du magnétiseur au patient et aurait le pouvoir de décomposer la substance même de la maladie. On voulut

aussi expliquer par là les déplacements de la table lors des séances de tables tournantes, en s'imaginant que la table serait en quelque sorte « vitalisée » par l'imposition des mains, et qu'elle se mouvrait de ce fait à la manière d'un être doué de vie et d'âme. On s'expliquait de façon analogue les phénomènes de la baguette du sourcier et des oscillations automatiques du pendule. On racontait même des histoires tout à fait extravagantes au sujet de phénomènes de ce genre, et on y croyait. Ainsi, la *Neue Preussische Zeitung* de Barmen en Poméranie relata qu'une société de sept personnes avait pris place autour d'une table fixée sur un bateau flottant sans direction, et l'avait magnétisée. « Pendant les vingt premières minutes, le bateau parcourut une distance de cinquante pieds dans le sens du courant. Puis il amorça sa rotation, de telle sorte qu'en l'espace de trois minutes il changea de cap à 180 degrés, en accroissant constamment sa vitesse. On parvint finalement, en manœuvrant habilement le gouvernail, à faire en sorte qu'il se déplace en ligne droite, et en quarante minutes la société parcourut un demi-mille vers l'amont, tandis qu'elle ne mit que vingt-six minutes à franchir la même distance en sens inverse. Une nuée de spectateurs qui avaient assisté à l'expérience depuis la berge réserva à ces " navigateurs à la table " un accueil enthousiaste, etc. » Il s'agissait donc d'un navire automobile mystique ! C'est le professeur Nägeli, de l'université de Fribourg-en-Brisgau, qui passe pour avoir suggéré de faire cette expérience.

En fait de telles expériences sont connues depuis la plus 246 *(703)*
haute antiquité. Ainsi, en 371, Ammianus Marcellinus rapporte qu'un certain Patricius et un Hilarius avaient tenté, sous le règne de l'empereur Valens, d'obtenir « au moyen de répugnantes pratiques divinatoires » des informations sur le successeur au trône. Ils avaient utilisé à cette fin une coupe en verre, sur les bords de laquelle était gravé l'alphabet. Tout en récitant des formules, ils avaient tenu au-dessus de la coupe un anneau suspendu à un fil. Celui-ci s'était mis à penduler, et en heurtant les bords de la coupe, avait épelé le nom de Theodorus. Lorsqu'on eut vent de leur pratique de

magie, ils furent incarcérés et exécutés. [XXIX, 1, 7, 28, 35; XXXI, 14, 8.]

247 *(704)* Les expérimentations couramment réalisées avec les tables tournantes, la baguette du sourcier ou le pendule ne se passent pas, en général, d'une manière aussi étrange que dans le cas du premier exemple cité, ni aussi dangereuse que dans le second. Justinus Kerner a rédigé au sujet des divers phénomènes qui peuvent se produire lors des séances de tables tournantes un traité au titre significatif : *Die somnambulen Tische. Zur Geschichte und Erklärung dieser Erscheinungen*[5]. Le professeur Thiry de Genève, récemment disparu, a également écrit au sujet de ces phénomènes : « *Les Tables parlantes au point de vue de la physique générale*[6]. »

248 *(705)* b. *La clairvoyance et la prophétie* sont d'autres particularités des somnambules. Les cas de clairvoyance à travers le temps et l'espace jouent toujours un rôle très important dans la biographie des meilleurs parmi les somnambules. La littérature y afférant est riche en récits de ce genre, plus ou moins crédibles. (C'est dans E. Gurney, F.W.H. Myers et F. Podmore, *Phantasms of the living*, traduit en allemand par Feilgenhauer sous le titre aguichant de *Gespenster lebender Personen und andere telepathische Erscheinungen*, qu'on en trouve le plus[7].)

249 *(706)* La littérature philosophique nous rapporte un bel exemple de clairvoyance, d'autant plus intéressant pour nous qu'Emmanuel Kant y a ajouté ses remarques personnelles. Dans une lettre non datée, adressée à Charlotte von Knobloch, Kant écrit les choses suivantes au sujet du visionnaire Swedenborg :

250 *(707)* « Mais c'est le fait suivant qui, entre nous, me semble avoir la plus grande valeur de preuve, et il barre véritablement la route à tous les doutes qui se puissent concevoir. En l'année 1756, Monsieur de Swedenborg arrivant d'Angleterre vers la fin du mois de septembre, débarqua à Göteborg un samedi à quatre heures de l'après-midi. Monsieur William Castel l'invita chez lui en même temps qu'une société de quinze personnes. Le soir à six heures, Monsieur

de Swedenborg, qui était sorti, revint tout pâle et bouleversé, dans la pièce où se trouvait la société. Il disait qu'en ce moment même un dangereux incendie s'était déclaré dans le quartier de Södermalm à Stockholm, et que le feu gagnait à grande vitesse. (Göteborg se trouve à plus de cinquante milles de Stockholm). Il était fort inquiet et sortait souvent. Il disait que la maison de l'un de ses amis, qu'il nomma, était déjà réduite en cendres et que sa propre maison était en danger. A huit heures, après être sorti à nouveau, il dit avec joie : Dieu soit loué, l'incendie est éteint, il s'est arrêté à trois portes de ma maison ! — Cette nouvelle mit toute la ville en émoi, en particulier la société qui avait accueilli Swedenborg, et on en informa le gouverneur le soir même. Le dimanche matin, Swedenborg fut appelé chez le gouverneur. Celui-ci le questionna sur cette affaire. Swedenborg décrivit exactement l'incendie, la manière dont il s'était déclaré, dont il avait cessé, et indiqua sa durée. Le même jour la nouvelle se répandit dans la ville tout entière, où elle causa un émoi encore plus vif, parce que le gouverneur y avait prêté attention, et parce qu'un grand nombre de gens se faisaient du souci pour leurs amis ou pour leurs biens. Le lundi soir, une estafette envoyée par les marchands de Stockholm pendant l'incendie arriva à Göteborg. Les lettres décrivaient l'incendie exactement comme il avait été raconté par Swedenborg. Le mardi matin un courrier royal parvint au gouverneur, l'informant de l'incendie, des pertes qu'il avait causées et des maisons qui en avaient été touchées ; ces nouvelles ne différaient en rien des informations données au moment même par Swedenborg, car à huit heures l'incendie était maîtrisé. — Que peut-on avancer contre la crédibilité de cet événement ? L'ami qui m'écrit à ce sujet a lui-même examiné tout cela, non seulement à Stockholm, mais également il y a environ deux mois à Göteborg, où il connaît très bien les meilleures maisons et où il a pu se faire instruire fort complètement par toute une ville dans laquelle les témoins oculaires sont toujours vivants, un laps de temps très court s'étant écoulé depuis 1756[8]. »

251 *(710)* * La prophétie est un phénomène si bien connu dans sa notion même et grâce à l'enseignement religieux, qu'il ne semble pas particulièrement nécessaire de l'éclairer par des exemples.

252 *(711)* c. *Les visions* enfin ont toujours joué un grand rôle dans les récits d'événements extraordinaires, qu'il s'agisse d'apparitions de fantômes ou de visions extatiques. La science considère les visions comme des hallucinations. Celles-ci sont tout à fait courantes chez les malades mentaux. J'en donne un exemple parmi d'autres, tiré de la littérature psychiatrique :

253 *(712)* Une servante âgée de vingt-quatre ans, née d'un père alcoolique et d'une mère atteinte de troubles neurologiques, se met à souffrir subitement de crises étranges : de temps en temps elle est transportée dans un autre état de conscience, dans lequel elle voit tout ce qui lui vient à l'esprit en des couleurs aussi vives que s'il s'agissait de la réalité. Les images se succèdent à ces moments-là d'une manière si rapide et si vivante qu'elle en est véritablement bouleversée. La malade, qui n'est en fait rien d'autre qu'une simple fille de la campagne, ressemble alors à une voyante exaltée. Le visage radieux, elle se meut avec une véritable grâce. Une suite de magnifiques images se présente à son œil spirituel. Schiller lui apparaît en personne et joue avec elle. Il lui récite ses poèmes. Puis elle se met elle-même à faire de la poésie et à réciter des vers ou à en improviser à partir de choses lues, vécues ou pensées. Elle finit par retrouver sa conscience, fatiguée, épuisée, souffrant de maux de tête et d'oppression, et ne se souvenant plus qu'imprécisément de ce qu'elle vient de vivre. D'autres fois sa seconde conscience se présente sous un jour négatif : elle voit des figures fantomatiques prophétiser des malheurs, des cortèges d'esprits, des caravanes

* L'édition allemande des *Œuvres complètes* (*G.W.* XVIII/1) passe directement du § 707 au § 710 ; les § 708 et 709 correspondent à une articulation du texte qui se trouve dans l'édition anglaise *(Collected Works)* mais que l'édition allemande n'a pas reprise. *(N.d.T.)*

d'étranges et effrayantes entités animales, elle assiste à son propre enterrement, etc[9].

C'est sur un semblable modèle que se déroule aussi, en général, l'expérience extatique du voyant. De nombreux visionnaires nous sont connus à travers l'histoire ; parmi eux on compte beaucoup de prophètes de l'Ancien Testament. Paul fait le récit de la vision qu'il eut sur le chemin de Damas ; elle fut suivie de cécité, laquelle fut guérie à un moment psychologiquement important. Cette cécité rappelle fortement celle que l'on peut provoquer par la suggestion, mais aussi celle qui se produit spontanément chez certains malades hystériques, et qui disparaît en un moment psychologiquement favorable. C'est dans les vies de saints que l'on trouve les visions les plus belles et celles dont le sens psychologique est le plus transparent, et c'est lorsqu'il s'agit, chez les saintes, des fiançailles célestes, que les visions sont les plus colorées. Un exemple particulièrement éclatant du type visionnaire nous est fourni par la Pucelle d'Orléans, que le pieux rêveur Thomas Ignaz Martin copia, apparemment en toute inconscience, sous le règne de Louis XVIII[10]. 254 *(713)*

Nous avons, en la personne d'Emmanuel de Swedenborg, un visionnaire d'une fécondité jamais égalée, un homme érudit et d'une très haute valeur spirituelle. Son importance se manifeste également par l'influence non négligeable qu'il exerça sur Kant[11]. 255 *(714)*

Les considérations qui précèdent ne prétendent pas apporter de conclusions définitives, mais visent simplement à tracer dans les grandes lignes une image de ce que pouvait être le savoir de l'époque et son approche mystique des phénomènes concernés. Elles donnent un aperçu sur les prémisses psychologiques qui permettent de comprendre comment il a pu se faire que le spiritisme anglo-américain ait pu être accueilli chez nous aussi rapidement. Le spiritisme trouva sur le continent un terrain fertile pour son implantation. J'ai déjà mentionné l'épidémie de tables tournantes des années 1850. Le point culminant fut atteint dans les années 1860-70. Des séances de spiritisme furent organisées à Paris à la cour de Napoléon III. Des médiums célèbres et parfois de 256 *(715)* réputation douteuse s'y produisaient, comme Cumberland, les frères Davenport, Home, Slade, Miss Cook ; c'est avec eux que commença la véritable floraison du spiritisme, car ces médiums faisaient arriver des miracles, des choses tout à fait extraordinaires qui dépassaient de si loin toute mesure humaine qu'un être doué de pensée qui n'en était pas le témoin oculaire ne pouvait que les considérer avec scepticisme. L'impossible se produisait en effet : des corps humains et des parties de corps apparaissaient là où il n'y avait auparavant que de l'air. Ces corps faisaient preuve d'une intelligence autonome et se révélaient être des esprits de défunts. Ils accédaient avec complaisance aux requêtes hésitantes des humains d'ici-bas, et se soumettaient même à des conditions expérimentales : en disparaissant, les esprits laissaient derrière eux des morceaux de leurs vêtements de crêpe blanc, des empreintes du pied et de la main, des témoignages manuscrits sur la face interne de deux plaques d'ardoise scellées l'une contre l'autre, et ils acceptaient même de se laisser photographier.

257 *(716)* Mais ces nouvelles ne produisirent tout leur effet que lorsque le savant anglais William Crookes, qui jouissait d'un grand renom dans le domaine de la physique, porta à la connaissance du monde, dans son *Quarterly Journal of Science*, les résultats des observations qu'il avait faites pendant trois ans et qui l'avaient convaincu de la réalité des phénomènes en question. Comme il s'agit d'observations auxquelles aucun d'entre nous n'a participé, et que personne ne peut plus contrôler les conditions dans lesquelles elles furent faites, il ne nous reste rien d'autre à faire qu'à apprendre de la bouche même de l'observateur la manière dont ses observations se reflétèrent à l'époque dans son cerveau. Sa façon de s'exprimer nous permettra au moins de nous faire une idée des sentiments qui accompagnèrent la description qu'il en fit. Pour cette raison je cite littéralement un passage du récit de Crookes concernant les recherches qu'il entreprit dans les années 1870-1873 :

258 *(717)* « *Classe VI :* La lévitation des personnes. — Ceci s'est produit en ma présence, à quatre reprises, dans l'obscurité.

Les conditions de vérification dans lesquelles ces expériences eurent lieu étaient tout à fait satisfaisantes, pour autant que je puisse en juger ; mais la preuve visible d'un fait de ce genre est si nécessaire pour détruire nos idées préconçues quant à “ ce qui est possible ou impossible selon la nature ”, que je ne veux faire état ici que de cas dans lesquels le sens de la vision est venu confirmer les conclusions auxquelles la raison peut aboutir.

En l'une de ces occasions je vis une chaise, sur laquelle 259 *(718)*
était assise une dame, s'élever à plusieurs pouces au-dessus du sol. En une autre occasion la dame, pour pallier le soupçon que le phénomène ait pu, de quelque manière, être provoqué par elle, s'agenouilla sur la chaise de telle sorte que les quatre pieds de celle-ci furent visibles pour nous. Elle s'éleva alors à une hauteur de trois pouces, resta en l'air pendant environ dix secondes puis redescendit lentement vers le sol. Une autre fois deux enfants s'élevèrent du sol avec leurs chaises, en différentes occasions, en pleine lumière du jour et dans des conditions extrêmement satisfaisantes : car j'étais agenouillé et observais les pieds des chaises de très près, et je voyais que personne ne pouvait les toucher.

C'est sur la personne de Monsieur Home que je pus 260 *(719)*
observer les cas les plus frappants de lévitation. Je l'ai vu s'élever complètement au-dessus du sol de la pièce en trois occasions différentes. La première fois il était assis sur un fauteuil à bascule, la deuxième fois il était agenouillé sur une chaise et la troisième fois il s'y tenait debout. Dans chacun de ces cas j'eus tout le loisir d'observer la chose dès qu'elle se produisait.

Il existe au moins une centaine de relations de ces cas de 261 *(720)*
lévitation observés sur la personne de Monsieur Home, en présence de personnes nombreuses et diverses, et j'ai entendu de la bouche de trois témoins oculaires ayant assisté aux plus frappants parmi les événements de ce genre — le comte de Dunraven, Lord Lindsay et le capitaine Wynne — leurs propres comptes rendus de ce qui s'était passé. Récuser de tels témoignages fondés sur la perception sensorielle voudrait dire récuser toute possibilité d'un témoignage

humain quel qu'il soit; car nulle part dans l'histoire sacrée ou profane un fait n'a été étayé par une plus grande série de témoignages.

262 (721) L'ensemble des informations concernant les lévitations de Monsieur Home est absolument convaincant. Il serait fort souhaitable qu'une personne dont l'opinion serait considérée comme déterminante dans le monde scientifique — si un tel homme devait effectivement exister, dont on accepterait le témoignage *en faveur* de tels phénomènes — veuille bien soumettre les faits rapportés à un examen sérieux et approfondi. La plupart des témoins oculaires de ces lévitations sont encore vivants et seront sans aucun doute disposés à rapporter ce qu'ils ont vu. Mais d'ici quelques années un témoignage *direct* de ce genre sera très difficile à obtenir, si toutefois c'est encore possible[12]. »

263 (722) D'après le ton de cette citation on peut conclure sans autre forme de procès que Crookes est parfaitement convaincu de la réalité de ses perceptions. Je renonce à citer d'autres passages, qui ne nous apprendraient rien de fondamentalement nouveau. Il suffit d'observer que Crookes a vu à peu près tout ce qui peut se passer chez ces grands médiums. Il devrait être inutile d'insister particulièrement sur le fait que si ces choses inouïes devaient être des faits véritables, le monde et la science en seraient enrichis d'un domaine d'expérience extrêmement important. Critiquer d'un point de vue psychiatrique l'aptitude psychologique qu'avait Crookes pendant ces années 1870-1873, à percevoir les faits et à en rendre compte fidèlement, est une entreprise impossible pour de nombreuses raisons. Nous savons seulement qu'il ne souffrait pas manifestement, à l'époque, de maladie mentale. Pour l'instant, Crookes et ses observations sont pour nous une énigme psychologique non résolue. La même chose vaut pour une série d'autres observateurs, dont il n'y a pas de raison de minimiser l'intelligence ou l'honnêteté. Je ne dirai rien au sujet des nombreux observateurs chez lesquels les préjugés, le manque d'esprit critique et l'imagination sautent aux yeux : ils n'entrent même pas en ligne de compte.

Il n'est pas nécessaire d'être particulièrement saisi de doutes quant au fait de savoir si la connaissance que le 20e siècle a du monde s'est vraiment hissée au plus haut des sommets qu'il soit possible d'atteindre, pour se sentir touché, d'un point de vue humain, par le témoignage sans équivoque d'un savant éminent. Dans un premier temps on peut faire totalement abstraction de la question de savoir si de tels phénomènes possèdent une réalité physique, et se poser tout d'abord la question suivante, d'ordre purement psychologique : comment un être capable d'une pensée cohérente, qui n'a fait preuve par ailleurs que de circonspection et d'aptitudes à l'observation scientifique, en vient-il à affirmer la réalité de l'inconcevable ? 264 *(723)*

C'est poussé par cet intérêt psychologique que j'ai entrepris, depuis des années déjà, de me mettre à la recherche des personnes douées de facultés médiumniques. Ma profession de psychiatre m'en fournit de multiples occasions, surtout dans une ville comme Zurich, où tant d'éléments remarquables à cet égard se trouvent rassemblés sur un espace aussi réduit, situation unique en Europe. J'ai pu, au cours des dernières années, me livrer à des observations sur huit médiums, six de sexe féminin et deux de sexe masculin. On pourrait résumer l'impression d'ensemble produite par l'examen de ces cas en disant qu'il ne faut aborder un médium qu'avec des attentes tout à fait réduites si on ne veut pas être déçu. Le fruit de ces explorations ne présente pas d'autre intérêt que psychologique, il n'a pas été possible d'en tirer des conclusions nouvelles intéressant la physique ou la physiologie. Tout ce qui peut avoir valeur de fait scientifiquement avéré ressortit au domaine des phénomènes de l'esprit, c'est-à-dire des processus ayant une origine cérébrale, et peut être expliqué sans exception par des lois scientifiques déjà connues. 265 *(724)*

Tous les phénomènes que le spiritisme fait relever de l'action d'esprits sont liés à la présence de certains individus que l'on appelle des médiums. Jamais je n'ai pu observer de phénomènes dits spirites hors de la présence d'un médium. Ces derniers sont en général des personnes légèrement 266 *(725)* anormales du point de vue mental. Madame Rothe par exemple ne put être déclarée irresponsable par les psychiatres légistes, bien qu'elle présentât une série de symptômes dits hystériques. Sept de mes médiums présentaient de tels symptômes, sous une forme légère (ceux-ci sont du reste extrêmement répandus, d'une manière générale). Un autre de mes médiums était un mythomane américain, dont l'anomalie consistait essentiellement en l'impudence avec laquelle il mentait. Mes sept autres médiums étaient de bonne foi. Un seul parmi eux, une femme d'âge moyen, avait des dispositions innées à la médiumnité ; elle souffrait en effet depuis sa plus tendre enfance de modifications de son état de conscience (sous la forme de fréquents états de demi-conscience au caractère légèrement hystérique). Elle fit de nécessité vertu, entreprit de provoquer elle-même ces modifications de la conscience par l'autosuggestion et se livrait alors à la prophétie sous l'effet de cette autohypnose. Les autres médiums ne prirent conscience de leurs facultés que sous l'influence de l'entourage ; ils y furent dressés au cours de séances de spiritisme, ce qui se fait sans difficulté particulière. Il est possible, au moyen de quelques habiles suggestions, d'amener un pourcentage exceptionnellement important de gens, surtout de femmes, à effectuer des manipulations spirites simples, comme par exemple de provoquer la rotation d'une table ; on peut les amener aussi, un peu moins fréquemment, à l'écriture automatique.

267 *(726)* Les phénomènes que l'on peut observer le plus couramment chez les médiums sont ceux des tables tournantes, de l'écriture automatique et de la parole en état de transe.

268 *(727)* Le phénomène des tables tournantes consiste en ce qu'une ou plusieurs personnes posent leurs mains sur une petite table susceptible de se mouvoir facilement. Au bout d'un certain temps (de quelques minutes à une heure) la table se met à bouger en effectuant des mouvements de rotation ou de balancement. On peut observer de tels phénomènes sur tous les objets touchés par des médiums. Les oscillations automatiques du pendule et la baguette du sourcier reposent sur le même principe. C'était une hypothèse fort infantile des

précédentes décennies d'admettre que les objets ainsi touchés se mouvaient de façon autonome, comme des êtres vivants. Si l'on choisit un objet un peu plus lourd et que l'on tâte les muscles des bras du médium pendant que l'objet se meut, on peut constater sans erreur possible que ceux-ci sont tendus et partant, que le médium fait un effort pour déplacer l'objet. Il est seulement remarquable que les médiums prétendent ne rien percevoir de cet effort, mais avoir l'impression que l'objet se meut de son propre fait, ou qu'on leur fait bouger le bras ou la main. Mais ce phénomène psychologique n'est surprenant que pour les gens qui n'ont aucune connaissance des acquis de l'hypnose. Il est possible par exemple d'obtenir d'un sujet hypnotisé qu'il oublie, au réveil, tout ce qui s'est passé pendant le temps de l'hypnose, mais qu'il réagisse ensuite à un certain signal, en levant subitement le bras droit, sans savoir pourquoi. Il a effectivement tout oublié au réveil, pourtant il lève le bras au signal donné ; mais il ne sait pas pourquoi : « Quelque chose lui a tout simplement tiré le bras en l'air ».

A l'inverse il est possible d'observer parfois chez des 269 *(728)*
hystériques la manifestation spontanée de phénomènes automatiques, comme par exemple la paralysie d'un bras ou de singuliers mouvements automatiques de celui-ci. Pour ce qui est de la cause de ces symptômes, soit les patients sont incapables d'en dire quoi que ce soit, soit ils font état de raisons apparentes, invoquant par exemple un refroidissement ou le surmenage. Il suffit d'hypnotiser les patients pour découvrir alors, dans l'état d'hypnose, la véritable cause de ce symptôme et son sens. Une jeune fille se réveille un matin en constatant qu'elle a le bras droit paralysé. Effrayée, elle se dépêche de consulter un médecin : elle prétend ne pas savoir d'où cela pourrait venir, et ajoute qu'elle s'est probablement surmenée la veille en faisant le ménage. Ce serait là la seule raison qu'elle puisse imaginer. L'hypnose révèle toutefois que la patiente avait eu la veille une violente querelle avec ses parents, au cours de laquelle son père avait fini par la saisir énergiquement au bras droit et par la mettre à la porte. La cause de la paralysie du bras droit est donc claire : elle est

en rapport avec le souvenir de la scène du jour précédent, absent de la conscience à l'état de veille (donc inconscient) [13].

270 *(729)* Ces faits permettent de voir qu'en certaines circonstances notre corps peut très bien produire des mouvements automatiques dont la cause et l'origine nous sont inconnues. Si la science ne nous y avait pas rendus attentifs, nous ne saurions pas non plus que nos bras et nos mains exécutent presque constamment de légers mouvements accompagnant nos pensées, et qu'on appelle des « tremblements imperceptibles esquissés sous l'influence d'une image mentale ». Ainsi, lorsqu'on se représente une figure géométrique simple, un triangle par exemple, les mouvements de la main tendue décrivent également un triangle, ce qu'il est facile de faire apparaître au moyen d'appareils appropriés. Si donc on s'assoit à la table dans l'attente de voir se produire des mouvements automatiques de celle-ci, les tremblements imperceptibles refléteront cette attente et feront peu à peu se mouvoir la table. Mais à partir du moment où nous aurons enregistré le mouvement apparemment automatique, nous serons convaincus que « cela marche ». Mais cette conviction (suggestion) perturbe le jugement et l'observation, de telle sorte que nous ne nous apercevons pas de ce que les légers tremblements du début se transforment peu à peu en contractions musculaires plus fortes, lesquelles produisent alors naturellement des effets encore plus intenses et encore plus convaincants.

271 *(730)* Mais si une table tout à fait normale, dont nous connaissons la construction simple, se met à exécuter des mouvements apparemment autonomes et à se comporter comme si elle était vivante, l'imagination humaine est volontiers encline à admettre qu'un quelconque fluide mystique ou même les esprits aériens pourraient être à l'origine de ces mouvements. Mais si par hasard — ce qui est le cas en règle générale — la table se met, à partir d'un alphabet, à constituer des phrases au contenu raisonnable, la preuve semble être faite qu'une « intelligence étrangère » est à l'œuvre. Nous savons pourtant que les tremblements automatiques par lesquels débute le phénomène sont pour une

large part dépendants des idées que nous nous faisons. S'ils sont en mesure de faire bouger la table, ils peuvent également guider ses mouvements de telle sorte qu'ils construisent des mots et des phrases à partir de lettres de l'alphabet. Il est tout à fait inutile à cet égard que l'on se fasse au préalable une idée claire de ces phrases. La même partie inconsciente de notre âme qui guide les mouvements automatiques a tôt fait de donner à ces mouvements un contenu intellectuel[14]. Comme on pouvait s'y attendre, le contenu intellectuel de ce genre de productions se situe en règle générale à un niveau assez bas et ne dépasse que dans certains cas très rares celui de l'intelligence du médium concerné. Le *Livre des médiums* d'Allan Kardec fournit de bons exemples de l'indigence de ces « propos de table ».

L'écriture dite automatique fonctionne selon les mêmes 272 *(731)*
principes que le phénomène des tables tournantes. La teneur de ce qui est écrit n'est en rien d'un niveau supérieur à celui des « propos de table ». Il en va de même, pour l'essentiel, de la parole en état de transe, c'est-à-dire de ravissement ou d'extase, avec cette différence qu'au lieu des muscles du bras ou de la main, ce sont ceux de l'appareil phonatoire qui font l'objet d'une activité autonome. Le contenu du discours ainsi prononcé est naturellement d'un niveau identique à celui des produits des autres automatismes.

Les phénomènes que je viens d'évoquer sont statistique- 273 *(732)*
ment les plus fréquents parmi ceux que l'on peut observer chez les médiums. Beaucoup plus rares sont les phénomènes de « clairvoyance ». Parmi mes médiums il y en avait deux que l'on créditait de clairvoyance. L'un d'entre eux est une voyante professionnelle connue, qui s'est déjà ridiculisée avec ses séances dans plusieurs villes suisses. Afin d'être en mesure de juger aussi équitablement que possible de l'état mental de cette personne, j'ai tenu en l'espace de six mois une trentaine de séances avec elle. Les résultats de ces expériences se résument à peu de chose quant à la possibilité de véritables faits de clairvoyance : je n'ai rien pu observer qui dépassât de manière incontestable les facultés psychologiques normales. En revanche certains faits étaient intéres-

sants parce qu'ils révélaient une aptitude inconsciente à la combinaison. Le médium était assurément capable d'opérer d'habiles connections entre de petites perceptions et des suppositions et de les exploiter, généralement dans un état de léger obscurcissement de la conscience. Cet état n'a rien de surnaturel en soi, bien au contraire, il est en psychologie un objet d'investigation familier.

274 *(733)* Par mes expériences avec le second de mes médiums j'ai pu mettre en évidence le degré élevé de sensibilité auquel peut atteindre la faculté de perception inconsciente. Les expériences se déroulaient de la manière suivante : le médium s'asseyait en face de moi à une petite table légère posée sur un tapis épais et moelleux (pour faciliter sa mobilité). Nous posions tous deux les mains sur la table. Pendant que l'attention du médium était accaparée par une troisième personne qui lui faisait la conversation, j'évoquais fortement par la pensée un nombre situé entre 0 et 10, par exemple 3. Nous étions convenus que la table devait, au moyen d'un nombre correspondant de mouvements, indiquer à chaque fois quel était le nombre auquel je pensais. Le fait qu'elle ait donné une indication juste de ce nombre chaque fois que je maintenais mes mains posées sur le plateau pendant toute la durée de l'expérience n'a rien de remarquable en soi. Mais ce qu'il est intéressant d'observer, c'est que dans 77 % des cas la table indiqua le nombre juste même lorsque j'avais retiré mes mains dès que je sentais le premier des mouvements. Lorsque mes mains n'entraient pas du tout en contact avec la table, rien ne se produisait. Les résultats de ces nombreuses expériences montrent qu'il est possible, au moyen des tremblements imperceptibles esquissés sous l'influence d'une image mentale, de transmettre à une personne un nombre entre 0 et 10, de telle sorte que cette personne soit en mesure, non pas de prendre connaissance de ce nombre, mais de l'exprimer au moyen de mouvements automatiques. Comme j'ai pu le constater amplement, jamais la conscience du médium n'avait de notion du nombre que j'avais transmis. Les nombres supérieurs à 10 n'étaient restitués que de manière incertaine,

parfois à moitié seulement. Si je me représentais ces nombres en chiffres romains, cela fonctionnait beaucoup plus mal qu'avec des chiffres arabes. Les 77 % de résultats positifs mentionnés ci-dessus ne valent que pour les expériences faites avec les chiffres arabes. On peut en conclure que mes mouvements inconscients transmettaient probablement la forme écrite des chiffres. C'est pourquoi les formes compliquées et moins courantes des chiffres romains posaient plus de problèmes, tout comme les nombres supérieurs à 10.

Je ne puis relater ces expériences sans que me revienne en 275 *(734)*
mémoire une observation curieuse mais instructive que je fis un jour où toutes les expériences psychologiques que j'entreprenais avec le médium semblaient vouées à l'échec. Même celles dont j'ai parlé ci-dessus, effectuées avec les nombres, refusaient de fonctionner, jusqu'à ce que j'aie eu l'idée du procédé suivant : tout en conservant pour tous les autres éléments de l'expérience le même arrangement, j'expliquai que le nombre auquel je pensais (3) se situait entre 2 et 5. Je fis répondre la table une douzaine de fois. Les nombres qu'elle restituait étaient immanquablement 2, 4 et 5, mais jamais 3; ce par quoi la table, c'est-à-dire l'inconscient du médium, voulait manifester négativement mais clairement qu'il connaissait le nombre auquel je pensais, mais refusait de l'exprimer, par caprice tout simplement. Le caractère capricieux et sujet à des humeurs de l'inconscient est une chose à propos de laquelle les adeptes du spiritisme ont toujours beaucoup à dire, mais ils affirment alors, dans leur langage, que les esprits bien disposés à leur égard auraient été relayés par d'autres, moqueurs et farceurs, ce qui aurait eu pour effet de perturber l'expérience.

La faculté de perception de l'inconscient, d'une sensibilité 276 *(735)*
si élevée qu'elle peut déchiffrer des nombres à partir de mouvements imperceptibles exécutés par une autre personne, est une donnée frappante mais nullement inouïe. La littérature scientifique fait état d'une série d'exemples propres à l'étayer. Mais si l'inconscient d'une personne est capable de prendre connaissance d'une information et de la restituer (ce que prouvent mes expériences), sans que la

conscience de cet individu en sache quoi que ce soit, la plus grande prudence est requise lorsqu'il s'agit d'apprécier les résultats de phénomènes de clairvoyance. Avant d'admettre que la pensée se déplace dans le temps et l'espace indépendamment du cerveau, il nous faut tenter, par une analyse psychologique minutieuse, de découvrir la source cachée de laquelle émane ce savoir apparemment surnaturel.

277 *(736)* Mais par ailleurs tout chercheur dépourvu de préjugés peut tranquillement avouer que nous n'avons pas atteint encore aujourd'hui le sommet de toute sagesse et que la nature renferme encore en elle des possibilités infinies, qu'un avenir plus heureux pourra exploiter. C'est pourquoi je me borne à constater que les manifestations de clairvoyance qui se sont déroulées en ma présence pourraient être expliquées très facilement d'une manière autre et beaucoup plus compréhensible qu'en admettant la possibilité d'une connaissance mystique. Quant aux cas de clairvoyance apparemment inexplicables, je n'en ai pris connaissance que par ouï-dire ou dans les livres.

278 *(737)* La même chose vaut pour les autres grandes manifestations ayant cours dans le spiritisme, pour les phénomènes dits *physiques*. Ceux dont je fus le témoin passaient pour en être, mais n'en étaient pas. Parmi les innombrables personnes qui de nos jours croient au surnaturel, peu auront sans doute jamais assisté à quelque événement de ce genre, dont le caractère surnaturel soit, pour ainsi dire, à portée de la main. Certaines d'entre elles sont pourvues en tout cas d'une imagination exaltée et remplacent l'observation critique par la foi. Parmi ces témoins il en reste toutefois un petit nombre qui ne mérite pas d'être dénigré sans autre forme de procès. Je compterai Crookes au nombre de ceux-ci.

279 *(738)* Tous les hommes observent mal les choses dont ils n'ont pas l'habitude. Crookes aussi est un homme. Il n'existe pas de don universel de l'observation qui serait hautement fiable sans un entraînement spécial. L'observation humaine ne donne de résultats que si elle est entraînée à s'exercer dans un domaine déterminé. Si nous détournons un observateur, si subtil soit-il, de son microscope pour orienter son attention

vers le temps qu'il fait, il sera tout à fait démuni et moins efficace que n'importe quel chasseur ou paysan. Si nous plongeons un bon physicien dans l'obscurité trompeuse et magique d'une séance de spiritisme, où des médiums hystériques s'agitent avec tout l'extraordinaire et incroyable raffinement dont beaucoup d'entre eux sont capables, les résultats de son observation ne seront pas plus convaincants que ceux du profane. Il faut tenir compte aussi de la force du préjugé que cet homme peut avoir en faveur de ces phénomènes ou contre eux. Il y aurait lieu par exemple d'examiner les dispositions psychiques de Crookes à cet égard. S'il n'est pas porté par le milieu qui est le sien ou par son éducation, ou par ses dispositions d'esprit innées, à nier la possibilité du merveilleux, il sera convaincu par les phénomènes spirites. Si au contraire il est enclin d'emblée à en refuser la possibilité, il n'y croira pas, même s'il est confronté à ces phénomènes, comme ce fut le cas de bien des personnes qui observèrent des choses analogues chez les mêmes médiums.

L'observation humaine et la relation qui en est faite sont 280 *(739)*
perturbées par de nombreuses sources d'erreurs encore totalement inconnues pour une partie d'entre elles. C'est ainsi par exemple que toute une branche de la psychologie expérimentale étudie la « psychologie du témoignage », c'est-à-dire le problème de l'observation et du rapport qui en est fait. Le professeur William Stern [15], le fondateur de cette orientation, a publié des récits d'expériences dont les résultats font apparaître le don humain de l'observation sous un jour peu avantageux, et pourtant Stern a mené ses expériences avec des gens cultivés ! Il me semble que nous ayons, pendant quelques années encore, à travailler patiemment dans la direction ouverte par Stern, avant de pouvoir nous attaquer au difficile problème de la réalité en matière de spiritisme.

En ce qui concerne les faits extraordinaires relatés dans la 281 *(740)*
littérature se rapportant au sujet, il ne faut jamais perdre de vue, en en faisant la critique, le caractère limité de nos connaissances en la matière, sans quoi on pourrait facilement se mettre dans cette situation trop humaine de devoir subir le

ridicule, comme ce fut le cas de l'Académie à propos des météores de Chladni [16], ou du très sage collège des médecins bavarois à propos du chemin de fer [17]. Quoi qu'il en soit, je suis d'avis qu'on fait bien, dans l'état actuel des choses, d'attendre tranquillement que se produisent de nouveaux phénomènes physiques d'une certaine importance. S'il devait se révéler, après que l'imposture consciente et inconsciente, l'illusion volontairement cultivée, les préjugés, etc. auraient été démasqués, que ces phénomènes recèlent tout de même quelque chose de positif, les sciences exactes se rendraient maîtresses de ce domaine-là également et se soumettraient à la preuve faite par l'expérience, de la même manière qu'elles l'ont fait pour tous les autres domaines du savoir humain. Le bruit que font de nombreux adeptes du spiritisme autour de leur « science » et de leurs « connaissances scientifiques » n'est évidemment qu'un tissu d'insanités. Ces gens-là ne manquent pas seulement d'esprit critique, mais encore des connaissances les plus élémentaires en matière de psychologie. Au reste, ils ne veulent pas qu'on leur enseigne quoi que ce soit, mais préfèrent croire, ce qui, si l'on considère l'imperfection humaine, n'est qu'un naïf manque d'humilité.

NOTES

[Conférence faite au Bernoullianum, à Bâle, le 5 février 1905. Texte publié sous la forme d'une suite d'articles dans : *Basler Nachrichten*, n°s 311-316, 12-17 novembre 1905.]

1. On en trouve le récit complet dans Capron, *Modern spiritualism, its Facts and Fanaticisms*, etc. Boston 1885. Court compte rendu de cet ouvrage dans Aksakow, *Animismus und Spiritismus*. Leipzig, 1894.
2. [= Le mysticisme chrétien. Regensburg, 1836-1842.
3. Spire, 1827.]
4. [= Les vierges extatiques du Tyrol. Repères lumineux dans les sphères obscures de la mystique. Regensburg, 1843.]
5. [= Les tables somnambules. A propos de l'histoire de ces phénomènes et de leur explication. Stuttgart, 1853.]

6. Genève, 1855.

7. [= Fantômes de personnes vivantes et autres phénomènes de télépathie.] Leipzig [1896.]

8. [*Träume eines Geistersehers,* annexe, p. 73 sq. = Rêves d'un visionnaire. La lettre ici citée ne figure pas dans la traduction française *(N.d.T.)*.]

9. Krafft-Ebing, *Lehrbuch der Psychiatrie* [p. 577].

10. Cf. Kerner, *Die Geschichte des Thomas Ignaz Martin, Landmann zu Gallardon, über Frankreich und dessen Zukunft im Jahre 1816 geschaut.* Heilbronn, 1835.

11. Sur sa vie, cf. Ballet, *Swedenborg. Histoire d'un visionnaire au* XVIIIe siècle. Paris, 1899.

12. [« Notes of an Enquiry into the Phenomena called Spiritual during the years 1870-1873 », in : l.c.XI, n.s. IV, Londres, 1874, p. 85 sq.]

13. Au sujet de l'existence de « représentations inconscientes » cf. ma thèse d'habilitation *Über das Verhalten der Reaktionszeit beim Assoziationsexperiment.* Leipzig, 1905.

14. Pour une description détaillée de ce genre de phénomènes, cf. mon livre *Zur Psychologie und Pathologie sogenannter okkulter Phänomene.* Leipzig, 1902. [trad. fr. *A propos des phénomènes occultes.*]

15. [1871-1938, professeur de psychologie appliquée à Breslau ; de 1934 à 1938 à la Duke University, aux États-Unis. Cf. l'index de la *Correspondance Freud-Jung,* à l'article correspondant, et Jung, *Die psychologische Diagnose des Tatbestandes,* § 728.]

16. [Il s'agit en fait de météorites, que les astronomes du 19e siècle considéraient encore comme ayant une origine terrestre. Le physicien allemand E. F. F. Chladni (1756-1827) était partisan de la théorie de leur provenance extra-terrestre.]

17. [Lorsqu'en 1835 la première ligne de chemin de fer de Nuremberg à Fürth fut ouverte, des médecins mirent en garde contre le fait que la vitesse des trains était susceptible de provoquer des vertiges chez les voyageurs et les spectateurs, et de faire tourner le lait des vaches.]

PRÉFACE AUX « PHÉNOMÈNES OCCULTES »

282 *(741)* La période de rédaction des trois essais réunis dans ce petit volume s'étend sur plus d'un quart de siècle. Les *Phénomènes occultes* furent écrits en 1902, l'essai intitulé *Ame et mort* en 1932. La raison pour laquelle ils sont publiés ensemble est intrinsèque à leur contenu : ils traitent tous trois d'une problématique qui mène aux confins de l'âme humaine, à savoir la question de l'existence psychique après la mort. Le premier de ces essais se propose de décrire le cas d'une somnambule qui prétendait communiquer avec des esprits de défunts. Le second traite du problème de la dissociation et des parties fragmentaires de la personnalité (les psychés partielles). Dans le troisième essai enfin, la psychologie de la croyance à l'immortalité ainsi que la possibilité d'une survie de l'âme après la mort sont soumises à une discussion approfondie.

283 *(742)* Ces problèmes sont abordés du point de vue et dans l'esprit de la psychologie empirique moderne, dont la méthode est celle des sciences de la nature. Quoique ces essais aient pour objet des thèmes traités habituellement en philosophie ou en théologie seulement, ce serait pourtant un malentendu que d'admettre que la psychologie s'occuperait de l'aspect métaphysique du problème de l'immortalité. La psychologie ne peut ni ne veut constater de « vérité » métaphysique. Elle se préoccupe exclusivement de *phénoméno-logie psychique*. L'idée de l'immortalité est un phénomène

psychique dont l'existence peut être constatée à l'échelle de la terre entière. Du point de vue psychologique, toute « idée » est un « phénomène » comme le sont la « philosophie » et la « théologie ». Pour la psychologie moderne les idées sont des êtres, comme le sont les animaux et les plantes. Sa méthode est descriptive, elle décrit la nature. Toutes les représentations mythologiques ont la qualité d'êtres, et sont beaucoup plus anciennes que toute philosophie. Elles trouvent leur origine dans la perception et dans l'expérience, exactement de la même manière que les connaissances que nous avons acquises au sujet de la nature physique. Dans la mesure où de telles représentations sont universellement répandues, elles sont des symptômes, ou des caractéristiques, ou des expressions normales de la vie psychique, qui sont présentes de manière *naturelle* et n'ont besoin d'aucune sorte de preuve de leur « vérité ». La seule question qui se puisse discuter est celle de savoir si elles se manifestent toujours et partout. Si tel est le cas, elles font partie des composants naturels de l'âme et de sa structure normale. Et si par hasard elles devaient faire défaut dans une conscience individuelle, elles seraient alors présentes *inconsciemment,* et il s'agirait là d'un cas anormal. On trouve d'autant plus de semblables idées universelles dans l'inconscient qu'un plus grand nombre d'entre elles est absent de la conscience, et l'influence de l'inconscient sur la conscience se trouve ainsi renforcée. Un tel état est presque comparable déjà à une perturbation de l'équilibre comme en provoque la névrose.

Il est normal de penser l' « immortalité » et anormal de ne 284 *(743)*
pas le faire ou de ne pas savoir s'il faut le faire. Si tout le monde mange du sel, il est normal de le faire et anormal de s'en abstenir. Ceci ne permet en rien d'établir qu'il soit *juste* ou non de manger du sel ou de croire à l'immortalité. C'est là une question qui, strictement parlant, ne regarde pas le psychologue. On ne peut pas davantage prouver l'immortalité que l'existence de Dieu, ni philosophiquement, ni scientifiquement ou empiriquement. Du sel nous savons qu'il est indispensable à la bonne santé physiologique. Pourtant ce n'est pas sur la base de ce savoir que nous mangeons du sel,

mais parce que la nourriture assaisonnée au sel a toujours été bien plus agréable au goût. On pourrait se représenter sans difficulté que les humains aient, bien longtemps avant toute philosophie, découvert instinctivement les idées nécessaires au fonctionnement normal de leur âme. Un intellect un peu grossier voudrait être en mesure d'établir l'existence ou l'inexistence de l'immortalité, ou se permettre d'en juger. C'est là une question qui ne peut pas se poser, parce qu'il n'est pas possible d'en débattre. En outre, elle passe à côté de l'essentiel, c'est-à-dire de *l'importance qu'a, du point de vue fonctionnel, l'existence de l'idée.*

285 *(744)* Si quelqu'un ne « croit pas au sel », il faut que son médecin lui enseigne que c'est une nécessité physiologique d'en absorber. De la même manière, me semble-t-il, le médecin de l'âme ne devrait pas sacrifier à une mode déraisonnable, mais rappeler au patient quels sont les éléments de structuration normaux de l'âme. Par conséquent il vaudrait mieux, pour des raisons d'hygiène psychique, ne pas oublier ces idées premières et universelles, mais au contraire les reconstituer aussi rapidement que possible partout où la négligence et l'intellectualité bornée les avaient fait disparaître, et cela sans se soucier d'avoir à fournir — ce qui est de toute façon impossible — des preuves « philosophiques » pour ou contre elles. Dans l'ensemble le cœur semble capable d'une mémoire plus fiable en ce qui concerne les choses de l'âme, alors que la tête, qui a toujours une tendance un peu morbide à mener une existence « abstraite », oublie volontiers que sa conscience s'éteint dans l'instant même où le cœur refuse ses services.

286 *(745)* Car les idées ne sont pas seulement des adjuvants propres à soutenir l'intellect dans ses opérations, mais également les réceptacles privilégiés de sentiments vivants : la « liberté » n'est pas qu'une dénomination abstraite, mais aussi une émotion. La raison bascule dans l'absurde lorsqu'elle se sépare du cœur, et une vie de l'âme privée de ces idées premières et universelles souffre de malnutrition. Le Bouddha dit : « Ces quatre éléments, ô bhikkus, servent aux êtres (déjà) nés à se maintenir en vie, ou aux êtres qui cherchent la

renaissance, à l'obtenir... *La nourriture,* grossière ou subtile ; le *contact* est le second ; *l'activité de la pensée accomplie par l'esprit* est le troisième ; la *conscience* est le quatrième [1]. »

C. G. Jung

NOTES

[L'ouvrage, traduit par E. Godet et Y. Le Lay, parut à Paris en 1939. Il se compose des textes suivants : *Zur Psychologie und Pathologie sogenannter okkulter Phänomene* (G. W. I ; trad. fr. : *A propos de certains phénomènes dits occultes*) ; *Seele und Tod* (trad. fr. *Ame et mort*) ; *Die psychologischen Grundlagen des Geisterglaubens* (trad. fr. *Croyance aux esprits*), ces deux derniers textes in G. W. VIII.]

1. *Saṃyutta-Nikāya,* 12, 11, II, p. 18.

PSYCHOLOGIE ET SPIRITISME

287 *(746)* Qu'on ne referme pas aussitôt ce livre en découvrant qu'il traite des « invisibles », c'est-à-dire des esprits, et qu'il fait partie, de ce fait, de la littérature du spiritisme. On peut également le lire en faisant abstraction de cette hypothèse ou théorie, en le considérant comme un exposé de faits psychologiques, ou comme une succession d'informations en provenance de l'inconscient — car c'est bien de cela qu'il s'agit en premier lieu. Les esprits eux-mêmes sont avant tout des phénomènes psychiques qui trouvent leur fondement dans l'inconscient. En tout cas les « invisibles » qui constituent la source d'information de ce livre sont des personnifications fantômatiques de contenus inconscients, conformément à la règle selon laquelle les parties activées de l'inconscient acquièrent un caractère personnel lorsqu'elles deviennent accessibles à la perception consciente. C'est là la raison pour laquelle les voix qu'entendent les malades mentaux semblent soit appartenir à des êtres doués de personnalité, souvent identifiés en tant que tels, soit manifester des intentions personnelles. Si l'observateur parvient — ce qui n'est pas toujours chose facile — à collecter un certain nombre de ces discours hallucinés, il pourra effectivement y reconnaître quelque chose comme des thèmes ou des intentions personnelles.

288 *(747)* La même chose vaut, à plus grande échelle, pour les « esprits » qui transmettent des « communications » aux

médiums spirites. Tout dans notre psychisme a jusqu'à un certain point un caractère personnel, et il faut déjà pousser l'investigation très avant pour rencontrer des éléments qui ne présentent pas ce caractère. Le « je » ou le « nous » en usage dans les communications a un sens purement grammatical et n'est jamais une preuve de l'existence d'un esprit, mais seulement de la présence personnelle du ou des médiums. Mais lorsqu'il est question de « preuves de l'identité », telles qu'elles apparaissent dans ce livre, il convient de se rappeler que ce genre de preuves semble, théoriquement du moins, impossible à fournir au vu de la quantité non négligeable de sources d'erreur dont il y a lieu de tenir compte. Nous savons avec certitude que l'inconscient perçoit les choses de manière subliminale et qu'il renferme le trésor de nos souvenirs perdus. D'autre part, nous savons aussi qu'il existe suffisamment de preuves expérimentales de la *relativité* de l'espace et du temps pour l'inconscient, et que par conséquent la perception inconsciente n'est pas soumise de manière absolue aux limitations spatio-temporelles, mais qu'elle est capable d'acquisitions qui seraient tout à fait hors de portée de la conscience. Je renvoie à ce sujet aux expériences menées par Rhine à la Duke University et ailleurs[1].

Au vu de cet état de choses, la preuve de l'identité semble, 289 *(748)*
au moins théoriquement, être absolument impossible à fournir. Dans la pratique toutefois il en va un peu autrement, dans la mesure où l'on a affaire à des cas — non seulement potentiels mais effectivement réels — si extraordinairement impressionnants qu'ils ont pour effet de susciter l'adhésion inconditionnelle des personnes concernées. Même si d'un côté nos arguments critiques jettent le doute sur chaque cas pris isolément, aucun de ces arguments n'est en mesure, par ailleurs, de prouver l'inexistence des esprits. Il nous faut donc nous contenter à cet égard d'un « *non liquet* ». Que celui qui est convaincu de la réalité des esprits sache qu'il s'agit là de sa part d'une prise de position subjective, attaquable pour diverses raisons. Que celui qui n'en est pas convaincu se garde de croire naïvement que cela suffirait à déclarer les phénomènes spirites nuls et non avenus, et que toutes les

manifestations de ce genre auraient à être considérées comme mensongères et dépourvues de sens. Car il n'en est ricn. Les phénomènes ont droit à l'existence, indépendamment de toute interprétation, et il ne fait aucun doute qu'il s'agit là d'authentiques manifestations de l'inconscient. Les communications des « esprits » sont dans tous les cas des *discours sur la psyché inconsciente,* à condition qu'elles soient vraiment spontanées et non pas inventées par une conscience mensongère. De tels discours ont avec le *rêve* ceci en commun que lui aussi parle de l'inconscient, et que la psychothérapie l'utilise également comme une source d'information de premier ordre.

290 *(749)* Nous pouvons donc considérer ce que E. S. White relate dans son livre comme un ensemble d'informations sur l'inconscient et sur la nature de celui-ci. Les communications qui y sont rapportées se distinguent avantageusement de celles que l'on rencontre communément dans la littérature du spiritisme en ce qu'elles s'abstiennent de tout discours édifiant et de toute fantasmagorie banale pour se concentrer sur certains aspects et certaines idées de portée générale. Sans doute pouvons-nous attribuer cette différence aussi bienvenue que remarquable au fait que le mérite de l'ouvrage revient au médium Betty, la femme de l'auteur, déjà décédée à l'époque. C'est son « esprit » qui domine le livre. Nous connaissons sa personnalité et son influence par de précédents ouvrages de White [2], et savons à quel point cette personnalité marqua son entourage, par l'action didactique et formatrice qu'elle exerça sur les âmes, et à quel point elle avait préparé dans l'inconscient de ceux qui l'entouraient tout ce qui apparaît dans les communications faites dans ce livre.

291 *(750)* L'intention didactique qui anime l'activité de Betty ne se distingue pas de la tendance générale à l'œuvre dans les communications qui font l'objet de la littérature spirite : les « esprits » (ou facteurs inconscients personnifiés) cherchent à développer la conscience humaine et à réaliser l'union de celle-ci avec l'inconscient. C'est vers le même but, avoué, que tendent les efforts de Betty. Il est intéressant de constater que

les débuts du spiritisme américain (bientôt implanté en Europe), au milieu du 19e siècle, coïncident avec la floraison du matérialisme scientifique. Le spiritisme sous toutes ses formes acquiert ainsi une signification *compensatoire.* Il n'est pas sans intérêt de savoir qu'une série de scientifiques, de médecins et de philosophes à l'autorité incontestée ont pris position en faveur de la vérité de tous ces phénomènes problématiques qui montrent que la psyché exerce une action extrêmement étrange sur la matière. Je mentionnerai Friedrich Zöllner, William Crookes, Alfred Richet, Camille Flammarion, Giovanni Schiaparelli, Sir Oliver Lodge ainsi que notre psychiatre zurichois, Eugen Bleuler, auxquels s'ajoute un grand nombre d'autres noms moins connus. Pour ce qui me concerne, je ne me suis illustré dans ce domaine par aucune recherche originale, mais je déclare sans réticence aucune avoir observé suffisamment de phénomènes de ce genre pour être tout à fait convaincu de leur réalité. Ils restent inexplicables pour moi, et je ne puis me rallier à aucune des interprétations couramment proposées.

Je ne veux pas dévoiler à l'avance le contenu de ce livre, 292 *(751)*
mais je ne puis m'empêcher d'attirer l'attention sur quelques points. Avant toute chose, un fait me semble digne d'être mentionné, à savoir que les « invisibles » professent une *conception énergétique de la psyché* qui s'apparente à certaines des idées les plus récentes de la psychologie. C'est la notion de « fréquence » qui fonde cette analogie. Mais elle implique en même temps une différence non négligeable : la psychologie attribue à la conscience une tension énergétique plus élevée qu'à l'inconscient. A l'inverse, les « invisibles » attribuent à l'esprit d'un défunt (donc à un contenu inconscient personnifié) une « fréquence » plus élevée qu'à la psyché vivante. Néanmoins il ne faut pas accorder une trop grande importance au fait que chacun des deux domaines ait recours à une conception énergétique, puisque la notion d'énergie constitue en elle-même une catégorie spécifique de la vision du monde scientifique moderne.

Les « invisibles » expliquent par ailleurs que notre univers 293 *(752)*
conscient forme avec l' « au-delà » un seul et même cosmos,

de telle sorte que les morts ne se trouvent pas, d'une certaine manière, en un autre lieu que les vivants. La seule différence réside, pour ces deux formes de vie, dans la « fréquence », comme pour les ailes d'une hélice, qui sont nettement visibles lorsqu'elles tournent lentement, mais disparaissent en tournant plus vite. Transposé en termes de psychologie, ceci voudrait dire que la psyché consciente et l'inconsciente sont une seule et même chose, et ne se distinguent l'une de l'autre que par une différence de potentiel énergétique. La science peut fournir sa caution à cette affirmation, même si elle ne peut accepter l'idée d'un potentiel énergétique supérieur revendiqué pour l'inconscient, du moins dans l'expérience courante qu'on peut en avoir.

294 *(753)* L' « au-delà » n'est autre, selon les « invisibles », que notre cosmos, mais dépourvu des limites imposées aux mortels par le temps et l'espace. D'où la notion d'un « unobstructed universe ». Notre monde est pour ainsi dire contenu dans cet ordre plus vaste et doit son existence, pour l'essentiel, au fait que l'être humain vivant dans un corps a une « fréquence » basse, ce qui permet aux facteurs de limitation tels que le temps et l'espace d'être efficients. L'univers sans limites est appelé par les « invisibles » « *orthos* », ce qui signifie à peu près univers « véritable » ou « authentique ». Ceci fait apparaître clairement que l'accent est mis sur l' « au-delà », sans toutefois que notre monde en soit dévalorisé — ce qui mérite d'être relevé. Je me souviens de la question philosophique que me posa mon interprète arabe alors que je visitais les tombeaux des califes au Caire. « Quel homme, me demanda-t-il, est plus intelligent, celui qui construit sa maison là où il séjournera la plupart du temps, ou celui qui la construit là où il ne sera que de passage ? » Il était tout à fait clair pour Betty que cette existence affectée de limitation devait être vécue aussi *totalement* que possible, parce que le fait d'accéder à un degré aussi élevé que possible de conscience dès cette vie constituait une condition essentielle à la vie future dans l' « *orthos* ». En cela elle est en accord non seulement avec l'orientation générale de la « philosophie » spirite, mais

également avec Platon, qui considérait la philosophie comme une préparation à la mort.

La psychologie moderne peut confirmer qu'il existe — 295 *(754)*
pour certains êtres du moins — un problème spécifique à la deuxième moitié de la vie, dans laquelle l'inconscient fait entendre sa voix d'une manière souvent très perceptible, et l'inconscient est, selon les conceptions les plus anciennes, le royaume du rêve et aussi celui des morts et des ancêtres. L'inconscient semble effectivement, d'après tout ce que nous en savons, constituer une forme de l'existence relativement indépendante des limitations de l'espace et du temps ; il n'y aurait rien à opposer non plus à l'idée selon laquelle la conscience et son univers seraient en quelque sorte enfermés dans la mer de l'inconscient. La psyché inconsciente a une extension dont nous ignorons l'ampleur, et elle est probablement porteuse d'un sens plus vaste que celui de la conscience. Tout au moins sommes-nous convaincus de ce que le rôle joué par la conscience dans la vie des primitifs ou des primates est relativement insignifiant par rapport à celui de l'inconscient. Les événements de notre monde moderne — l'humanité qui se précipite aveuglément et sans le vouloir d'une catastrophe dans l'autre — ne sont guère de nature à renforcer la croyance en la valeur de notre conscience et en notre libre arbitre. Certes *il faudrait* accorder à la conscience un sens très grand ; car elle est la seule garantie de la liberté et de la possibilité d'éviter les événements inéluctables. Mais il semble bien que les choses en restent pour l'instant aux vœux pieux.

Betty et ses « invisibles » s'efforcent d'élargir la cons- 296 *(755)*
cience, autant qu'il est possible, par son rattachement à l' « *orthos* ». Ils tentent d'éduquer la conscience à se mettre à l'écoute de l'âme, afin d'amorcer par là une coopération avec les « invisibles ». C'est là une volonté comparable à celle de la psychothérapie moderne, dont les efforts vont dans le même sens. Elle aussi tente de compenser le caractère unilatéral, étroit et limité de la conscience par une meilleure relation à l'inconscient, qu'il s'agit de mieux connaître.

Toutefois la ressemblance entre les principales idées de ce 297 *(756)* livre et certaines vues fondamentales de la psychologie de l'inconscient ne doit pas faire oublier l'existence d'une différence tout aussi importante. La psychologie des « Betty Books » ne se distingue en rien d'essentiel de la vision du monde des primitifs, dans laquelle les contenus de l'inconscient sont tous projetés sur des objets du monde environnant. Ce qui, à un niveau archaïque, se manifeste comme un « esprit », sera peut-être, à un niveau plus conscient, une idée abstraite ; c'est ainsi que les dieux de l'Antiquité se mirent, au début de notre ère, à se transformer en idées philosophiques. Le spiritisme partage cette projection de faits psychologiques avec la théosophie de notre époque. La projection présente un avantage patent : elle est d'une évidence concrète et immédiate, et ne met pas la pensée ni la réflexion à contribution. Mais comme elle fait en sorte, dans une certaine mesure, que l'inconscient se rapproche de la conscience, elle vaut toujours mieux que rien du tout. Le livre de White a néanmoins une prétention à la pensée, non seulement d'un point de vue psychologique, mais davantage encore de celui des sciences physiques ; ce qui, dans une perspective d'intégration des contenus projetés, a son importance.

NOTES

[Préface à Stewart Edward White, *Uneingeschränktes Weltall* (= *Un univers sans frontières*), Zurich, 1948. Le texte fut publié également dans *Neue Schweizer Rundschau* XVI/7 (Zurich, novembre 1948) pp. 430-435. — White (1873-1946) écrivain américain, auteur de récits d'aventures, s'occupa vers la fin de sa vie de spiritualisme. Jung eut connaissance de ses livres par l'intermédiaire d'un psychothérapeute américain, Fritz Künkel ; cf. sa lettre à Künkel du 10 juillet 1946, longue et détaillée, au sujet de *The Unobstructed Universe* (C. G. Jung, *Briefe* I, ed. par Aniela Jaffé).]

1. Rhine, *New Frontiers of the Mind,* 1937 ; *The Reach of Mind,* 1947. Tyrell, *The Personality of Man,* 1945.
2. *The Betty Book,* 1937 ; *Across the Unknown,* 1939 ; *The Road I Know,* 1942.

PRÉFACE ET CONTRIBUTION À MOSER « SPUK : IRRGLAUBE ODER WAHRGLAUBE? »

L'auteur a souhaité pour son livre quelques mots d'introduction de ma part. Je réponds d'autant plus volontiers à ce désir que je garde encore un souvenir très vivant de son précédent ouvrage sur l'occultisme, rédigé avec une grande circonspection et une excellente connaissance du matériel. Je salue la parution de ce livre, qui constitue une belle collection, fort bien documentée, de phénomènes parapsychologiques, susceptible d'enrichir l'ensemble de la littérature psychologique de données précieuses. Les histoires extraordinaires et mystérieuses ne sont pas nécessairement toujours des mensonges et des chimères. Les siècles passés connaissaient de nombreuses « histoires pleines d'esprit, curieuses et amusantes », parmi lesquelles on trouvait aussi des observations que la science confirma par la suite. La description de l'homme comme totalité, à laquelle vise la psychologie moderne, a d'ailleurs aussi ses précédents dans les nombreuses biographies de gens étranges, comme les somnambules ou d'autres, écrites au 19e siècle. En outre c'est justement à de telles observations anciennes, encore préscientifiques, que nous devons la découverte de l'inconscient. Pour ce qui est de la recherche sur les phénomènes parapsychologiques, nous n'en sommes encore qu'aux tout premiers commencements. Nous n'avons pas même encore connaissance de l'étendue du domaine en question. C'est pourquoi toute collecte d'observations et de matériaux aussi 298 *(757)* fiables que possible est chose extrêmement méritoire. Toutefois celui qui se livre à cette recherche devra s'armer de courage et être fermement déterminé à ne pas se laisser rebuter par les difficultés, les insuffisances et les nombreux risques d'erreurs qui accompagnent nécessairement une entreprise de ce genre ; de même, le lecteur devra faire preuve de suffisamment d'intérêt et de patience pour permettre à ces matériaux souvent déroutants d'agir sur lui, sans que des préjugés de toutes sortes viennent l'en empêcher. Pour être en mesure de se former un jugement quelque peu solide dans ce domaine multiforme et obscur, où rien ne semble crédible parce que tout a l'air possible, il faut avoir soi-même observé des choses, avoir entendu raconter beaucoup d'histoires, en avoir lu et si possible avoir vu celles-ci confirmées par les dires de témoins.

299 *(758)* En dépit de certains progrès accomplis dans ce domaine, comme la fondation, en Angleterre et aux Etats-Unis, d'une Society for Psychical Research, et de l'existence d'une littérature abondante et parfois bien documentée, il subsiste, précisément dans les milieux compétents pour en juger, un préjugé contre de tels récits ainsi qu'une méfiance qui n'est que partiellement justifiée. Il semblerait presque que Kant devrait avoir raison pour longtemps encore, lui qui écrivait il y a maintenant plus de deux cents ans : « Ainsi les récits de ce genre n'auront-ils sans doute jamais de fidèles qu'en secret ; en public ils seront rejetés par la mode dominante de l'incroyance [1]. » Kant lui-même réserve son jugement en les termes suivants : « C'est à cause de cette même ignorance que je n'ai pas l'audace de dénier toute vérité à ces histoires d'esprits, mais que je me contente, en vertu des réserves habituelles et pourtant étranges, de les mettre en doute chacune prise séparément, mais de leur accorder un certain crédit, prises toutes ensembles [2]. » On se prendrait à souhaiter que beaucoup de ceux qui chez nous sont enclins au préjugé veuillent bien prendre note du sage point de vue d'un grand esprit.

Mais ceci — j'ai de bonnes raisons de le craindre — ne 300 *(7*
sera pas si facile à obtenir, car le préjugé rationaliste ne se

fonde pas — « *lucus a non lucendo*[3] » — comme on serait en droit de s'y attendre, sur la raison, mais sur quelque chose de bien plus profond et de plus originellement enraciné en nous, à savoir sur un instinct archaïque, auquel Goethe donne ainsi la parole dans le *Faust* : « N'évoque pas la horde bien connue[4]... » J'eus un jour la chance de pouvoir en observer le fonctionnement *in vivo,* chez une tribu du Mount Elgon, dont très peu de membres seulement avaient jamais eu de contacts avec l'homme blanc. Un jour, lors d'une palabre, je prononçai en toute innocence le mot de « selelteni » qui signifie « esprits ». Un silence de mort s'abattit soudain sur l'assemblée des hommes. Ils détournèrent leurs yeux de ma personne, se mirent à regarder dans toutes les directions, et quelques-uns d'entre eux prirent la poudre d'escampette. Mon guide et le chef de la tribu se concertèrent en aparté, puis le guide me glissa à l'oreille : « Pourquoi astu dit cela ? Il faut que tu fasses " shauri tahâri " (clore la palabre). » J'appris à cette occasion qu'il ne faut sous aucun prétexte évoquer les esprits à haute voix. Cette crainte primitive des esprits nous habite encore inconsciemment. Le rationalisme entretient avec la superstition une relation de complémentarité. C'est une règle psychologique que l'ombre augmente proportionnellement avec la lumière ; ainsi, plus la conscience se montrera rationaliste, plus l'univers fantomatique de l'inconscient gagnera en vitalité. Et l'on se rend compte à quel point l'exhortation à être raisonnable n'est qu'une manière de se protéger, en l'ignorant délibérément, contre l'inévitable et omniprésente « superstition ». L'univers des primitifs, notoirement peuplé d'esprits, est séparé de nous par quelques générations seulement, et les choses inouïes qui se sont produites et se produisent encore dans les états dictatoriaux nous ont enseigné et nous enseignent encore qu'il est toujours terriblement proche de nous. Je ne puis oublier, pour ma part, que la dernière sorcière a été brûlée en l'année de naissance de mon grandpère.

Le préjugé négatif, extrêmement répandu, à l'encontre des 301 *(760)*
récits dont il est question ici, présente tous les symptômes de

la crainte des revenants telle qu'elle apparaît chez les primitifs. Même des gens cultivés, qui devraient être mieux en mesure d'en juger, font usage à l'occasion des arguments les plus absurdes, versent dans l'illogisme et prétendent nier le témoignage apporté par leurs sens eux-mêmes. Ils acceptent, le cas échéant, de signer un protocole de séance puis, comme il est arrivé plus d'une fois, retirent ensuite leur signature, sous prétexte que ce qu'ils avaient observé et confirmé n'était vraiment pas possible — comme si on pouvait savoir exactement ce qui est possible ou pas !

302 *(761)* Les histoires d'esprits ne prouvent pas toujours, il s'en faut de beaucoup, ce en faveur de quoi elles ont l'air de témoigner. Ainsi par exemple ne fournissent-elles aucune preuve de l'immortalité de l'âme. Mais pour le psychologue elles sont intéressantes à plus d'un titre : elles renseignent sur des choses dont l'entendement profane n'a pas la moindre notion, comme par exemple sur le problème de l'extériorisation de processus inconscients, sur le contenu de ces derniers, et de ce fait sur l'origine possible des phénomènes parapsychiques. De tels récits présentent un intérêt tout particulier pour l'investigation des divers états de l'inconscient, et surtout pour celle des phénomènes de synchronicité, lesquels font apparaître la relativisation par la psyché du temps et de l'espace, et partant, celle de la matière. Il est certes possible, grâce à la méthode statistique, de prouver avec une certitude plus que suffisante l'existence de phénomènes de ce genre, comme l'ont fait Rhine et une série d'autres chercheurs. Mais lorsqu'il s'agit des plus complexes parmi ces phénomènes, le caractère fortement individuel de ceux-ci ne permet pas d'adopter le point de vue statistique, car celui-ci se trouve avec le point de vue de la synchronicité dans un rapport de complémentarité, en vertu duquel il détruit le phénomène de synchronicité, ne pouvant rien faire de plus que de l'éliminer comme relevant probablement du hasard. Nous sommes donc, dans cette perspective, obligés de nous en remettre entièrement aux cas particuliers, dans la mesure où ceux-ci ont fait l'objet d'une observation fiable et peuvent

être attestés. De ce fait, toute contribution nouvelle, sous forme d'informations objectives, ne pourra recevoir, du point de vue de la psychologie, qu'un accueil favorable.

Madame Fanny Moser a réuni dans ce premier volume 303 *(762)*
une impressionnante quantité de matériel empirique. Son ouvrage se distingue d'autres recueils de ce genre par sa présentation aussi soigneuse que détaillée de la documentation, permettant dans bien des cas d'acquérir une vision d'ensemble de la situation, ce qui est loin d'être toujours le cas dans les travaux de cette sorte. Même si les phénomènes tels que les apparitions et autres manifestations d'esprits présentent certains traits universels, ils se manifestent pourtant sous des formes individuelles et dans des conditions spécifiques susceptibles de varier à l'infini et particulièrement importantes du point de vue de la recherche. Dans cette perspective justement, le présent recueil fournit des informations très précieuses.

Le problème dont il est question ici est porteur d'avenir. 304 *(763)*
La science n'a fait que commencer à s'occuper sérieusement de l'âme humaine et en particulier de l'inconscient. La parapsychologie, qui nous met en contact avec des possibilités inouïes, ressortit elle aussi au vaste domaine des phénomènes psychiques. Il est grand temps que l'humanité prenne conscience de ce que l'âme est en réalité, car il se révèle peu à peu, avec une évidence sans cesse croissante, que les plus grands dangers qui menacèrent l'homme de tous temps proviennent de son psychisme, de ce recoin de notre univers empirique jusqu'à présent le plus inconnu de nous. La psychologie a besoin de voir son horizon s'élargir considérablement. Ce livre pose une borne nouvelle sur le long chemin qui mène à la connaissance de l'âme humaine.

C. G. JUNG
Avril 1950

CAS RAPPORTÉ PAR LE PROFESSEUR C. G. JUNG (ZURICH)

305 *(764)* Pendant l'été 1910 je me trouvais à Londres pour y travailler et y faire des conférences sur l'invitation du docteur X. Mon collègue me raconta qu'il avait trouvé, en vue de mon arrivée, un lieu de week-end approprié pour l'été. Ça n'avait pas été si simple, disait-il, de trouver une maison qui convienne, soit que tout eût déjà été loué du fait de la proximité des vacances, soit que les choses proposées eussent été d'un prix si exorbitant ou tellement peu tentantes qu'il avait failli renoncer à son projet. Il avait fini par trouver — et ç'avait été une chance inespérée — un charmant cottage, tout juste ce qu'il fallait pour nous, et à un prix ridiculement bas. Il s'agissait effectivement, comme je pus m'en rendre compte par moi-même, d'une vieille ferme extrêmement plaisante, dans le Buckinghamshire. Nous nous y rendîmes à la fin de notre première semaine de travail (le vendredi soir). Le docteur X avait engagé pour le service une jeune fille du village voisin, à laquelle se joignait toujours, au cours de l'après-midi, une amie venue l'aider bénévolement. L'hébergement était simple, mais confortable. C'était une vaste maison de deux étages, construite en équerre. Elle possédait donc deux ailes, dont une seule nous suffisait amplement. Au rez-de-chaussée se trouvait une véranda prolongée par un *conservatory* (une serre), dont la porte donnait directement dans le jardin; puis la cuisine, une salle à manger et un *drawing-room*. Au premier étage se trouvait également un corridor médian qui menait depuis l'escalier situé près de la véranda jusqu'à une grande chambre à coucher qui occupait toute la façade principale de l'aile que nous habitions. Cette chambre avait une fenêtre de chaque côté et une cheminée sur la façade principale. L'une des fenêtres donnait à l'ouest, l'autre à l'est. A gauche de la porte (côté ouest) se trouvait un lit; en face, sur la façade

principale (côté nord) une grande commode ancienne; à droite (côté ouest), une armoire et une table. Avec quelques chaises c'était là tout l'ameublement de cette pièce, qui était ma chambre. Des deux côtés du corridor se trouvait une série de chambres à coucher, occupées par le docteur X et les autres hôtes.

La première nuit, fatigué par le travail éprouvant de la 306 *(765)*
semaine, je dormis parfaitement bien. La journée suivante se passa en promenades et en conversations. Ce soir-là j'allai me coucher à onze heures, assez fatigué, mais ne parvins à trouver le sommeil. Je tombai seulement dans une sorte de torpeur d'autant plus pénible que j'avais l'impression de ne pas pouvoir bouger. Il me semblait aussi que l'air dans la chambre était étouffant et qu'il y régnait une odeur indéfinissable et désagréable. Je crus avoir oublié d'ouvrir les fenêtres, ce qui m'amena finalement, en dépit de mon engourdissement, à donner de la lumière (en allumant une bougie) : les deux fenêtres étaient ouvertes, une légère brise nocturne soufflait à travers la chambre et l'emplissait de l'agréable senteur estivale des prés en fleurs. Il n'y avait plus trace d'une mauvaise odeur. Je demeurai dans cet étrange état, à demi éveillé, jusqu'au moment où je vis poindre le premier rayon de jour par la fenêtre située à l'est. A cet instant même toute sensation de torpeur me quitta comme par enchantement et je tombai immédiatement dans un profond sommeil, dont je ne m'éveillai que vers neuf heures.

Le dimanche soir je fis remarquer incidemment au doc- 307 *(766)*
teur X que j'avais particulièrement mal dormi la nuit précédente. Il me conseilla de boire une bouteille d'ale, ce que je fis. Mais il en alla de cette troisième nuit comme de la précédente : je ne parvins pas à dépasser le seuil de l'endormissement. Les deux fenêtres étaient ouvertes. Au début l'air était frais, mais au bout d'une demi-heure environ j'eus l'impression qu'il se détériorait; il devenait lourd, s'emplissait d'une odeur de moisi, et il finit par avoir quelque chose de répugnant. J'avais du mal à identifier l'odeur, et pourtant je m'efforçais d'en saisir la nature. La seule chose que je parvenais à me dire, c'est qu'elle avait quelque chose

de morbide. Je me mis à suivre cette piste en essayant de me rappeler toutes les impressions olfactives que j'avais pu collecter au cours de huit années d'exercice dans une clinique psychiatrique. Soudain me revint en mémoire l'image mnésique d'une vieille femme qui souffrait d'une tumeur ouverte. Il s'agissait bien, sans erreur possible, de la même odeur morbide que celle que j'avais sentie si souvent dans sa chambre d'hôpital.

308 *(767)* Je me demandai alors, en ma qualité de psychologue, quelle pouvait être la raison de cette singulière hallucination olfactive. Mais je ne parvenais pas à trouver une quelconque relation convaincante entre mon état de conscience et cette hallucination. Je me sentais seulement très mal à l'aise, et dans ma torpeur j'avais l'impression d'être paralysé. Je finis par être incapable de penser, tombai dans un état d'engourdissement accompagné d'un demi-sommeil. Soudain j'entendis un bruit régulier de gouttes qui tombaient. « Aurais-je peut-être mal refermé le robinet ? » me dis-je. « Mais non, il n'y a même pas d'eau courante dans la pièce ! Alors il pleut sans doute — et pourtant il a fait si beau aujourd'hui. » Le bruit des gouttes se poursuivait, au rythme d'une toutes les deux secondes. Je me représentai une petite flaque d'eau à gauche de mon lit, à proximité de la commode. « Mais alors il faut que le toit soit percé », me dis-je. Finalement, en un effort héroïque, me sembla-t-il, j'allumai la lumière et m'approchai de la commode. Il n'y avait pas d'eau sur le sol, ni de tache humide au plafond plâtré. C'est alors seulement que je regardai par la fenêtre : c'était une claire nuit étoilée. Entre-temps le bruit de gouttes continuait tranquillement. Je pus repérer un endroit du sol d'où il provenait, à peu près à cinquante centimètres de la commode. J'aurais pu le toucher du doigt. Soudain le bruit cessa et ne revint plus. Je ne m'endormis qu'aux environs de trois heures du matin, à la première lueur du jour, d'un profond sommeil. J'ai déjà eu l'occasion d'entendre des vers à bois. Mais leur crissement est plus net. Ce bruit-là était beaucoup plus sourd, exactement comme celui que produirait une goutte d'eau tombant du plafond.

J'étais contrarié, et pas particulièrement revigoré par ce 309 *(768)*
week-end. Mais je n'en dis rien au docteur X. Le week-end suivant, après une semaine bien remplie et riche en événements intéressants, je ne pensais plus du tout à ce qui m'était arrivé la fois précédente. Mais à peine avais-je passé une demi-heure au lit que tout recommença comme avant, la sensation de torpeur et l'odeur répugnante, mais il s'y ajoutait un élément nouveau : j'avais l'impression que quelque chose effleurait les murs, c'était comme un bruit de papier froissé ; les meubles craquaient çà et là, j'entendais des bruits étranges, des sortes de frémissements qui semblaient provenir tantôt d'un coin, tantôt d'un autre. Il y avait dans l'air une agitation insolite. Je me dis que c'était le fait du vent, j'allumai et voulus fermer les fenêtres. Mais la nuit était calme, sans un souffle de vent. Tant que la lumière était allumée, l'air était frais et on n'entendait aucun bruit. Mais il suffisait que j'éteigne pour que la torpeur m'envahisse à nouveau, pour que l'air redevienne étouffant et que les craquements et les frémissements reprennent. Je crus avoir des bourdonnements d'oreilles. Mais ils cessèrent d'un seul coup aux environs de trois heures du matin.

Le soir du deuxième jour j'essayai à nouveau le remède de 310 *(769)*
la bouteille d'ale. A Londres en effet j'avais toujours très bien dormi et je n'arrivais pas à me faire la moindre idée de ce qui pouvait bien me provoquer des insomnies précisément ici, dans ce lieu tranquille et paisible. Cette nuit-là les mêmes phénomènes se reproduisirent, mais avec une intensité accrue. C'est à ce moment-là seulement que me vint l'idée qu'il pouvait s'agir de quelque chose de parapsychique. Je savais que dans certains cas l'existence, chez les habitants de la maison, de problèmes inconscients, pouvait donner lieu à de semblables phénomènes d'extériorisation ; car les contenus inconscients constellés ont souvent tendance à se manifester à l'extérieur d'une manière ou d'une autre. Mais il se trouvait que j'étais fort bien informé des problèmes de ceux qui habitaient alors la maison, et je n'y trouvais rien qui eût été de nature à expliquer ces extériorisations. Toutefois, le

lendemain je m'enquis par prudence auprès de mes compagnons de la qualité de leur sommeil. Tous déclarèrent avoir parfaitement bien dormi.

311 *(770)* La troisième nuit ce fut encore pire. Il y eut même des bruits de coups frappés, et j'avais l'impression qu'un animal de la taille d'un chien de grosseur moyenne s'était glissé dans la pièce et y errait, comme mû par une silencieuse panique. Comme d'habitude ces phénomènes cessèrent instantanément à la première lueur du jour pointant à l'orient.

312 *(771)* Au cours du week-end suivant, qui était le troisième, les phénomènes allèrent en s'amplifiant. Les frémissements se transformèrent en un mugissement de tempête. Les bruits de coups frappés venaient également de l'extérieur, sous la forme de heurts sourds, comme si quelqu'un cognait contre les murs de brique avec un marteau de forgeron enveloppé d'un linge (au premier étage!). Il me fallut m'assurer à plusieurs reprises de ce qu'il n'y avait pas de tempête et de ce que personne ne pouvait cogner contre le mur de l'extérieur.

313 *(772)* Lors du quatrième week-end je fis à l'adresse de mon hôte quelques allusions prudentes : peut-être la maison était-elle « *haunted* », et ceci pourrait être la raison du prix étonnamment bas de la location ? Il se moqua évidemment de moi, quoiqu'il fût tout aussi incapable de s'expliquer mes insomnies que je l'étais moi-même. J'avais été frappé pourtant par la rapidité avec laquelle les deux jeunes filles débarrassaient tous les soirs après le souper et quittaient toujours la maison bien avant le coucher du soleil. A huit heures elles avaient disparu l'une et l'autre. Je fis observer à la cuisinière sur le ton de la plaisanterie qu'elle devait avoir bien peur de nous pour se faire chercher tous les soirs par une amie et pour être toujours si pressée de rentrer chez elle. Elle dit en riant : « Je n'ai pas peur de ces messieurs, mais je ne voudrais pas rester un seul instant seule dans cette maison, surtout pas après le coucher du soleil. » « Mais que se passe-t-il donc ici ? » lui demandai-je. « *Why, this here house is haunted didn't you know it ?* Voici la raison pour laquelle vous l'avez eue à si bon marché. Personne n'a pu tenir le coup

ici. » Il en était ainsi depuis toujours, aussi loin que remontaient ses souvenirs. Il n'y avait rien à tirer d'elle quant à l'origine de cette rumeur. Son amie confirma ses dires avec emphase.

En tant qu'invité je ne pouvais évidemment pas entrepren- 314 *(773)*
dre d'enquête plus précise dans le village. Mon hôte était sceptique mais disposé à inspecter la maison de fond en comble. Nous ne trouvâmes d'abord absolument rien d'anormal ; puis nous nous rendîmes au grenier. Nous y trouvâmes, entre les deux ailes, une cloison dans laquelle était encastrée une porte relativement neuve, d'environ quatre centimètres d'épaisseur, pourvue d'une lourde serrure et de deux imposants verrous ; cette porte séparait l'aile inhabitée de la maison de celle où nous demeurions. Les jeunes filles ignoraient l'existence de cette porte. Sa présence était insolite, car aussi bien au rez-de-chaussée qu'au premier étage les deux ailes communiquaient ouvertement. Au grenier il n'y avait pas de chambres, ni de réduits verrouillables. On ne pouvait y relever aucune trace d'utilisation. Je n'ai pas pu trouver d'explication.

Lors du cinquième week-end ce fut tellement insupporta- 315 *(774)*
ble que je dus prier mon hôte de me donner une autre chambre. Il s'était en effet produit la chose suivante : c'était une belle nuit de pleine lune, sans vent. Dans la chambre se faisaient entendre des frémissements, des coups frappés et des craquements ; de l'extérieur, des bruits de coups assenés contre les murs. J'avais l'impression d'une présence à proximité. J'ouvris les yeux avec peine, et vis alors, à côté de moi sur l'oreiller, la tête d'une vieille femme dont l'œil droit, grand ouvert, me fixait. La moitié gauche du visage manquait jusqu'à la hauteur de l'œil. Cela vint d'une manière si soudaine et inattendue que je sautai du lit, allumai la lumière et passai le reste de la nuit dans un fauteuil, à la lueur d'une bougie. Le lendemain je m'installai dans la chambre à côté, où je dormis parfaitement bien, et je ne fus plus dérangé le moins du monde, ni au cours de ce week-end-là, ni au cours du suivant.

J'exprimai à mon hôte ma conviction que cette maison 316 *(775)* était effectivement hantée, mais il accueillit cette explication avec scepticisme. Cette attitude, quoique compréhensible, me causa tout de même quelque irritation. Je ne pouvais me dissimuler en effet que ma santé avait souffert de ces événements. Je me sentais anormalement épuisé, à un point jamais éprouvé auparavant. Ceci me poussa à inciter le docteur X à essayer lui-même cette « *haunted room* ». Il accepta et me donna sa parole d'honneur qu'il me ferait part de ses observations, sincèrement et avec précision. Il se rendrait seul dans la maison et y passerait le week-end, pour me donner « fair chance ».

317 *(776)* Peu après je repartis. Environ dix jours plus tard je reçus une lettre du docteur X. Il était parti en week-end tout seul. Le soir tout avait été très silencieux, et il s'était dit qu'il n'était pas absolument nécessaire de monter au premier étage ! Les revenants, si toutefois il y en avait, pouvaient au besoin se manifester partout dans la maison ! Il avait donc installé son lit de camp sous la véranda, et comme la maison était plutôt isolée, il s'était muni, en se couchant, d'un fusil de chasse armé. Il régnait un silence de mort. Il ne s'était pas senti particulièrement à l'aise, mais au bout de quelque temps il avait tout de même été sur le point de s'endormir. Il avait alors eu soudain l'impression d'entendre un léger bruit de pas en provenance du corridor. Il avait immédiatement allumé la lumière et ouvert la porte toute grande, d'un geste vif. Mais il n'y avait rien du tout. Sur ce il s'était recouché contrarié en pensant que j'étais un « *fool* » ! Mais au bout d'un bref instant il avait à nouveau entendu les pas, et avait découvert à son grand déplaisir que la clef ne se trouvait pas dans la serrure. Il avait alors coincé le dossier d'une chaise contre la porte, juste en dessous de la serrure, et était retourné se coucher. Peu après il avait à nouveau entendu les pas, et ceux-ci s'étaient arrêtés juste devant la porte ; la chaise avait grincé, comme si quelqu'un avait appuyé contre la porte du côté du corridor. Il avait alors placé son lit dans le jardin et y avait très bien dormi. La nuit suivante il avait encore dressé son lit dans le jardin. A une heure du matin il s'était mis à pleuvoir et il avait alors disposé la tête

du lit sous l'auvent de la serre et couvert le reste d'une bâche imperméable. Ainsi il avait pu dormir tranquillement. Mais pour rien au monde il n'aurait accepté de dormir encore sous la véranda. A présent il avait abandonné la maison.

Un peu plus tard, j'appris par le docteur X que le 318 *(777)*
propriétaire avait fait démolir la maison, car elle était invendable et faisait fuir tous les locataires en un rien de temps. Je ne suis malheureusement plus en possession de l'original de cette lettre. Mais son contenu reste à jamais gravé dans ma mémoire, car il avait été pour moi une source toute particulière de satisfaction, après que mon collègue se fût si abondamment moqué de ma peur des fantômes.

Du point de vue d'un jugement scientifique, je voudrais 319 *(778)*
faire sur ces phénomènes les observations suivantes : je ne puis m'expliquer le bruit de gouttes qui tombent. J'étais tout à fait réveillé et j'ai soigneusement inspecté le sol. J'exclurais dans ce cas la possibilité d'une aberration subjective. En ce qui concerne les craquements et les frémissements, je pense qu'il ne s'agissait sans doute pas de bruits de nature objective, mais de bourdonnements d'oreilles qui me semblaient avoir dans la pièce une existence objective. Ils m'apparurent comme exagérément forts du fait de l'étrange état hypnoïde dans lequel je me trouvais. Je ne suis pas du tout sûr non plus de l'existence objective des bruits de coups frappés. Il a pu s'agir aussi bien de quelques forts battements de cœur, qui me semblaient localisés à l'extérieur. L'état de torpeur dans lequel je me trouvais était lié à une agitation intérieure probablement concomitante d'une angoisse. Mais celle-ci était restée inconsciente jusqu'au moment de la vision et n'a fait irruption dans la conscience qu'avec celle-ci. La vision présentait le caractère d'une hallucination hypnagogique et était probablement une reconstruction de l'image mnésique de cette vieille femme atteinte d'une tumeur.

En ce qui concerne l'hallucination olfactive, j'avais comme 320 *(779)*
l'impression que ma présence dans la pièce redonnait vie, en quelque sorte, à quelque chose qui en imprégnait les murs. J'avais le sentiment que ce chien, qui courait çà et là sous

l'emprise de la panique, avait donné corps à mon intuition (celle-ci est notoirement mise en rapport avec le nez — on dit bien « avoir le nez fin »). J'avais « flairé » quelque chose. Si l'odorat humain n'était pas si désespérément dégénéré, mais aussi développé que celui du chien par exemple, j'aurais sans doute pu me faire une idée plus précise des personnes qui avaient habité cette pièce jadis. Les *medicine-men* des tribus primitives peuvent flairer non seulement la présence d'un voleur, mais encore celle des « esprits ».

321 *(780)* Le singulier état de catalepsie hypnoïde auquel ces phénomènes étaient liés chaque fois est à interpréter dans le sens d'une intense concentration, centrée sur une perception olfactive subliminale et de ce fait « fascinante », à peu près comparable à l'état psychique d'un chien d'arrêt qui vient de prendre le vent. Toutefois l'agent fascinant me semble être d'une nature particulière, qui ne suffit pas à expliquer l'hypothèse d'une substance odorifère ; à moins que l'odeur ne soit, elle aussi, la manifestation concrète d'une situation psychique de nature à exciter l'émotion, et ne reporte celle-ci sur le sujet qui la perçoit. Ceci n'est nullement inconcevable si l'on songe au rôle extraordinaire que l'odorat joue chez les animaux. Il n'est pas du tout impossible non plus que ce soit précisément l'intuition qui occupe à présent, chez l'être humain, la place laissée vacante par la disparition du monde des perceptions olfactives liée à la perte d'acuité de l'odorat. Du reste, l'effet produit sur l'homme par l'intuition est comparable à la fascination immédiate qu'exerce sur l'animal la perception olfactive. J'ai eu moi-même l'occasion de faire une série d'expériences où des odeurs « psychiques », c'est-à-dire des hallucinations olfactives concrétisaient des intuitions subliminales, comme j'ai pu le vérifier à chaque fois par la suite.

322 *(781)* Il va de soi que cette hypothèse n'a pas la prétention d'expliquer tous les phénomènes dits occultes, tout au plus est-elle pertinente pour une certaine catégorie d'entre eux. J'ai lu et entendu un grand nombre d'histoires de fantômes. Quelques-unes d'entre elles pouvaient très bien être expliquées comme je viens de le faire, celles par exemple où des

phénomènes se manifestaient dans une chambre où un meurtre avait été commis. Dans l'un des cas dont j'ai eu connaissance, des traces de sang étaient encore visibles, dissimulées sous un tapis. Un chien aurait certainement flairé le sang et peut-être même identifié l'odeur du sang humain, et si les chiens étaient capables d'imagination comme les humains, il aurait pu aussi reconstruire le crime dans une certaine mesure. L'inconscient humain, qui possède une faculté de perception et de reconstruction beaucoup plus fine que la conscience, aurait pu en faire autant, et produire une image visionnaire de la situation psychique qui avait été à l'origine du phénomène. Dans cet ordre d'idées, un parent me raconta un jour qu'il était descendu dans un hôtel alors qu'il effectuait un voyage à l'étranger. Il avait eu pendant la nuit un cauchemar violent, chargé d'angoisse, dans lequel une femme était assassinée dans la chambre qu'il occupait. Le jour suivant il apprit que c'était bel et bien le cas, qu'une femme avait effectivement été tuée dans cette chambre, la nuit précédant son arrivée. Je voulais simplement, par ces quelques remarques, faire observer que la parapsychologie ferait bien de mettre à profit les acquis de la psychologie moderne de l'inconscient.

C. G. Jung
Avril 1950

COMMENTAIRE DE MADAME FANNY MOSER

Le professeur Jung a complété le récit de son étrange expérience dans cette maison hantée anglaise en répondant à un questionnaire :

Il s'agissait d' « une vieille ferme, vraisemblablement du 17e ou du 18e siècle, un endroit solitaire situé à un quart d'heure du village le plus proche. La maison était une construction de briques, sise dans une région doucement vallonnée, dans un paysage composé de prés, de haies et de quelques grands arbres. Aucun cours d'eau de taille importante dans les environs ».

A la question de savoir si « le bruit de gouttes d'eau » cessait dès qu'il allumait la lumière, il répondit : « Non, cela durait au moins trois minutes après que j'avais allumé. »

Le plus important était ce qui suit : « La vision de la tête eut lieu lors d'une nuit perturbée par de très violents bruits de coups frappés. Mais aussitôt que j'eus allumé, tout cela cessa. Et pourtant la tête semblait être bien vivante et avoir la densité d'un corps réel. Elle se trouvait à ma droite, à une distance d'environ quarante centimètres. La vision ne se dissipa pas progressivement, mais disparut au moment même où j'allumai la lumière. Tout se passa naturellement très vite. La vision ne dura donc guère plus d'une ou deux secondes. » Et pourtant l'effet produit sur un homme comme le professeur Jung fut si violent qu'il le fit sortir du lit et qu'il préféra passer le restant de la nuit dans un fauteuil, pour finir par demander ensuite une autre chambre ! Il faut avoir cela bien présent à l'esprit. Il est significatif également que son collègue anglais, après s'être « abondamment moqué de sa crainte des fantômes », n'ait tout de même pas eu le courage de dormir dans le « *haunted room* », mais ait préféré, sous un prétexte dérisoire, dormir au jardin sous la pluie ! — ceci au mépris de sa promesse et de sa « parole d'honneur » de lui donner une « *fair chance* » et de lui rendre compte « sincèrement et avec précision » de ce qui s'était passé. A un niveau conscient, le professeur Jung était pour lui un « *fool* » ; inconsciemment en revanche, il croyait apparemment aux fantômes, et cette crainte l'emporta !

Ce cas est peut-être le plus effrayant de tous, si l'on se représente l'apparition subite de la tête de femme sur l'oreiller, « de la densité d'un corps réel et tout à fait vivante, l'œil droit grand ouvert, le fixant ! »

NOTES

* [« Les revenants : superstition ou croyance fondée ? » Baden, Suisse, 1950.]

1. *Träume eines Geistersehers, erläutert durch Träume der Metaphysik,* 1766 [trad. fr. *Rêves d'un visionnaire*, Edition Kehrbach, p. 45.]

2. *l. c.,* p. 42.

3. [*Latein im Alltag,* éd. Sellner, p. 74 : « Littéralement : la forêt (est appelée forêt) par le fait de ne pas être lumineuse. Quintilien (env. 35-95 après J.-C.) affirme que certaines notions proviendraient de leurs contraires — la forêt : *lucus ;* luire, être lumineux : *lucere.* A titre de comparaison on peut citer l'inversion ironique : *canis a non canendo.* »]

4. 1e partie, vers 1126. Promenade du jour de Pâques. C'est Wagner qui parle.

*PRÉFACE A JAFFÉ « GEISTERERSCHEINUNGEN UND VORZEICHEN. EINE PSYCHOLOGISCHE DEUTUNG »**

323 *(782)* Ce livre, dont l'auteur s'était fait un nom par la publication d'un certain nombre de travaux de valeur, relate d'étranges histoires, marquées du sceau infamant de la superstition et que de ce fait on ne se raconte que de bouche à oreille. L'enquête menée par le *Schweizerischer Beobachter* les a portées à la connaissance du public, et cette revue s'est acquis par là un mérite non négligeable. La masse considérable des informations — les réponses au questionnaire — parvint tout d'abord à ma propre adresse. Mais mon âge et le fait que j'étais intensément occupé à d'autres sujets ne me permettaient pas d'accepter cette charge supplémentaire de travail, et nul ne me semblait plus qualifié que l'auteur pour mener à bien la lourde tâche de trier une pareille collection de matériaux et de la soumettre à une évaluation psychologique. Madame Jaffé a fait preuve en effet, dans son approche d'un univers idéel comparable — celui du « *Vase d'Or* » d'E.T.A. Hoffmann [1] — de tant de finesse et de pénétration dans l'interprétation psychologique, que mon choix se porta sur elle sans aucune hésitation.

324 *(783)* Curieusement, il faut bien le dire, le problème des récits d'événements étranges, tels qu'ils sont couramment racontés, n'a pratiquement jamais — rationalisme ou pas — été abordé sous l'angle psychologique. Ce disant, j'exclus évidemment la mythologie, même si on est en général d'avis qu'elle n'a plus qu'une simple signification historique et

qu'elle est dépourvue d'actualité. De ce fait elle n'est, en tant que phénomène psychique du présent, considérée que comme un terrain de chasse pour marginaux. Mais on ne cesse de relater des histoires de fantômes, de visions prémonitoires ainsi que d'autres événements étranges, et le nombre de gens auxquels « quelque chose » de semblable est arrivé est étonnamment élevé. En outre — et malgré le silence réprobateur des personnes « éclairées » — un assez vaste public n'a pas pu ignorer tout à fait non plus l'existence déjà ancienne d'une science sérieuse appelée « parapsychologie ». Ce fait a peut-être été de nature à encourager l'entreprise d'une enquête de ce genre auprès du public.

Celle-ci a révélé le fait remarquable que parmi les Suisses, 325 *(784)*
que l'on considère généralement comme des gens de sens rassis, dépourvus d'imagination, rationalistes et matérialistes, il se raconte autant d'histoires de fantômes que, par exemple, en Angleterre ou en Irlande. D'autre part mon expérience personnelle, corroborée par celle d'autres chercheurs, m'a appris que même la magie, telle qu'elle était pratiquée au Moyen Age et en des temps beaucoup plus anciens encore, n'a nullement disparu ; elle est aussi florissante aujourd'hui qu'elle l'était il y a des siècles. Mais ce sont là des choses dont « on ne parle pas ». Elles se produisent, tout simplement, et restent ignorées d'une certaine classe intellectuelle. Celle-ci ne se connaît pas elle-même, pas plus qu'elle ne connaît l'homme véritable. Mais dans l'univers de ce dernier la vie des siècles se poursuit — sans toutefois qu'il en soit lui-même conscient — et les mêmes choses qui depuis des temps immémoriaux accompagnèrent la vie des hommes se produisent toujours : les prémonitions, la prescience, les apparitions et autres manifestations d'esprits, le retour des morts, le démonisme, les ensorcellements, les actes de magie, etc.

En notre époque scientifique on veut « savoir » — et c'est 326 *(785)*
bien compréhensible — si de telles choses sont « vraies », sans s'interroger suffisamment quant à la nature d'une telle preuve de vérité, et quant à la possibilité de la fournir. Il faut pour cela considérer ces phénomènes avec bon sens et sans se

laisser impressionner ; dans la plupart des cas il se révèle alors que les plus belles histoires fondent comme neige au soleil, et que ce qui reste « ne vaut pas la peine qu'on en parle ». Personne ne pense à se poser cette question fondamentale : pour quelle raison véritable les mêmes vieilles histoires sont-elles éternellement vécues et racontées, sans rien perdre de leur prestige ? Bien au contraire, elles réapparaissent, fraîches « comme au premier jour », pleines d'une vitalité juvénile toujours renouvelée.

327 *(786)* L'auteur s'est donné pour tâche de prendre ces récits pour ce qu'ils sont, c'est-à-dire pour des *faits psychiques*, et de ne pas les expédier par des ratiocinations sous prétexte qu'elles ne voudraient pas s'intégrer dans le schéma de notre vision du monde contemporain. En conséquence, elle a délibérément laissé de côté la question de la « vérité » de ces phénomènes, déjà obsolète depuis longtemps dans le cas de la mythologie ; en revanche, elle a pris le parti de tenter d'en apprendre davantage sur les causes et les finalités psychiques de ces phénomènes, en se posant les questions suivantes : *qui* est concerné par un phénomène tel qu'une apparition ? Dans quelles conditions psychiques ce phénomène est-il vécu par cette personne ? Quel est le sens de ce phénomène si on le considère du point de vue de son contenu, c'est-à-dire comme un symbole ?

328 *(787)* L'auteur s'y entend à rendre compte des récits sans en modifier le caractère, avec tous ces détails qui répugnent tant au rationaliste. Ainsi l'*atmosphère de clair-obscur* qui leur est particulière se trouve préservée. L'expérience du nocturne et du numineux est nécessairement accompagnée d'obscurcissement de la conscience, d'une intense émotion s'emparant du sujet, de perte de la faculté critique et d'une incapacité à se situer par rapport à l'événement. Il est naturel que dans ce genre d'expériences la compréhension rationnelle cède le pas à une autre instance qui assumera de son propre chef la direction des opérations — expérience singulière, que bon gré mal gré l'on garde pour soi seul, comme on ferait d'un joyau précieux, même si la raison veut s'y opposer parfois. Car tel est le but incompris de ces apparitions : il faut que

l'homme soit touché par un mystère qui s'impose irrésistiblement à lui.

L'auteur a réussi à rendre compte de cette expérience dans 329 *(788)*
son intégralité, en dépit du fait que les récits ne s'y prêtaient guère, et à en faire l'objet de son investigation. Quiconque s'attendrait à obtenir une réponse à la question de la vérité en matière de parapsychologie serait déçu. En première instance en effet le psychologue sera moins préoccupé de savoir quel genre de faits peuvent être établis, selon les critères conventionnels de réalité, que de constater qu'un individu est prêt à défendre l'authenticité de son expérience, indépendamment de toute interprétation. Les récits dont il est question ici ne laissent subsister aucun doute à ce sujet. Leur qualité de récits libres est une garantie de cette authenticité ; en outre ils sont généralement corroborés par d'autres histoires de ce genre, rapportant des faits analogues, indépendamment les unes des autres. C'est là un fait établi : on trouve de tels récits en tous temps et en tous lieux. Il n'y a donc pas de raison suffisante de mettre en doute, par principe, la véracité de chacun d'entre eux pris individuellement. Le doute n'est justifié que dans les cas où il s'agit d'un mensonge délibéré. Mais le nombre de ces cas-là est infime, car les auteurs de ces falsifications sont trop ignorants pour pouvoir mentir avec succès.

Nous devons à la psychologie de l'inconscient tant de 330 *(789)*
lumières nouvelles dans les domaines les plus divers que l'on pouvait espérer qu'elle éclairerait également l'univers obscur de ces récits étranges et doués de jeunesse éternelle. L'abondant matériel qui sert de point de départ à ce livre ouvre effectivement à la psychologie des profondeurs d'importantes perspectives nouvelles propres à enrichir son point de vue. Il convient donc d'accorder à celles-ci la plus grande attention. Je puis de ce fait recommander la lecture de l'ouvrage à tous ceux qui sont capables d'apprécier les effets salutaires de ce qui rompt la monotonie du quotidien, ébranle (parfois) nos certitudes et stimule notre intuition.

C. G. JUNG
Août 1957

NOTES

* [Zurich 1958. Traduit en français sous le titre *Apparitions, fantômes, rêves et mythes,* par Suzanne Capek, Paris, Mercure de France, Le Mail, 1983.]

1. *Bilder und Symbole aus E.T.A. Hoffmanns Märchen « Der Goldne Topf ».*

À PROPOS DES « SOUCOUPES VOLANTES »

Cher Monsieur,

Votre intention de soumettre à la discussion la question 331 *(1431)*
des soucoupes volantes vient certainement fort à propos. Mais il me faut vous dire que si vous ne vous êtes certes pas trompé en vous adressant à moi, je ne suis pas parvenu, quoique m'occupant de ce sujet depuis 1946 environ, à me former une opinion définitive ne serait-ce que sur les fondements empiriques à partir desquels on pourrait formuler des conclusions. J'ai certes pu accumuler au cours des années une somme non négligeable d'observations, à quoi s'ajoutent les témoignages de deux personnes que je connais fort bien (personnellement je n'ai jamais rien vu) ; en outre j'ai lu tous les ouvrages parus à ce jour sur le sujet, mais il ne m'a pas été possible d'établir, même approximativement, la nature de ce qui était observé. Une chose est sûre à ce jour : il ne s'agit pas d'une simple rumeur ; on voit *quelque chose.* Il peut s'agir d'une vision (ou hallucination) subjective — s'il n'y a qu'un seul observateur — ou collective — dans le cas où il y a plusieurs, voire de nombreux observateurs. De même que la rumeur, un tel phénomène psychique pourrait avoir une *signification compensatoire,* c'est-à-dire être une réponse spontanée de l'inconscient à la situation consciente du moment, à savoir à la peur suscitée par la situation politique mondiale apparemment sans issue, qui peut à tout

moment mener à une catastrophe générale. En de pareilles époques on se tourne vers le ciel pour y chercher du secours, et des signes miraculeux venus d'en haut y apparaissent, porteurs de menaces ou de consolation. (Les symboles de forme « ronde » sont particulièrement suggestifs à cet égard et se manifestent aujourd'hui dans de nombreuses productions spontanées de l'imagination, en rapport précisément avec la sombre situation mondiale.)

332 *(1432)* Mais la possibilité d'une explication purement psychologique se révèle illusoire dans la mesure où un grand nombre de ces observations semblent indiquer qu'il s'agit de phénomènes d'ordre physique, même au sens scientifique du terme (explicables en partie par un phénomène de réflexion provoqué par des inversions de la température atmosphérique). L'armée de l'air américaine (malgré ses *statements* contradictoires) ainsi que la canadienne considèrent les choses vues comme réelles et font collecter par conséquent toutes les informations par des « bureaux » spécialement affectés à cette tâche. Les « *discs* », c'est-à-dire les objets eux-mêmes, ne semblent pas fonctionner selon les lois de la science « physique », mais comme s'ils n'étaient pas soumis à la pesanteur, et leur comportement trahit une *direction intelligente,* qui ferait presque penser à un pilotage humain. Mais leurs accélérations sont si rapides qu'aucun humain ne pourrait y survivre.

333 *(1433)* L'opinion selon laquelle ces « *discs* » auraient une existence réelle est si généralement répandue (en Amérique) qu'il était presque fatal qu'il y eût des annonces d'atterrissages. C'est ainsi que j'ai pu lire récemment des récits de ce genre, provenant de deux sources différentes. Dans les deux cas le caractère mystique de la vision ou du fantasme apparaît à l'évidence, dans la mesure où les êtres qui sont censés avoir atterri, tout en étant décrits comme semblables à des humains, se voient attribuer des traits angéliques idéalisés, et leur message est crédité par conséquent d'intentions édifiantes. En revanche, les informations utiles font complètement défaut. Dans les deux cas la photographie a subitement refusé ses services. C'est pourquoi il convient

jusqu'à nouvel ordre de considérer ces récits d'atterrissages avec une certaine prudence.

Ce qui m'étonne le plus, c'est que l'armée de l'air américaine, qui dispose sans nul doute d'un dossier considérable et fait état de sa crainte de déclencher des réactions de panique, semble en quelque sorte ouvrir elle-même la voie à ces dernières et même les intégrer dans son plan (comme celles qui se déclenchèrent au New Jersey à l'occasion de la pièce de Welles [1]) ; elle n'a en effet encore jamais fourni à ce jour de rapport visant à une description authentique et fiable des faits, mais s'est seulement laissé extorquer quelques informations à l'occasion, par des journalistes. Le profane n'a donc pas la possibilité de se faire une idée un tant soit peu exhaustive de ce qui a été expérimenté dans ce domaine. Même si, comme je l'ai dit déjà, j'ai amassé depuis huit ans toutes les informations qui pouvaient se trouver à ma portée, il me faut bien avouer que pour ce qui est de ma connaissance de ces phénomènes je ne suis pas plus avancé aujourd'hui qu'au début de mes investigations : je ne sais toujours pas ce qu'il en est de ces « soucoupes volantes ». Les récits à ce sujet sont tellement étranges que l'on pourrait être tenté, une fois admise la réalité des phénomènes concernés, d'établir un parallèle avec certains phénomènes parapsychologiques. 334 *(1434)*

Mais l'incertitude constante quant aux données de base enlève toute valeur aux spéculations. Il faut attendre de voir ce que l'avenir apportera. Les prétendues explications « scientifiques », comme la théorie de la réflexion formulée par Menzel, ne sont possibles que si l'on fait abstraction, par commodité, de tous les récits qui « ne rentrent pas dans le cadre » du problème. 335 *(1435)*

C'est tout ce que j'aurais à dire sur la question des « soucoupes volantes ». Une interview serait donc dépourvue d'utilité. Vous avez toute liberté, en revanche, de faire usage de la présente lettre. 336 *(1436)*

QUESTIONS COMPLÉMENTAIRES

Pensez-vous — au cas où nous serions espionnés par des êtres non humains, doués d'intelligence — que cette donnée pourrait être intégrée dans le cadre de la vision du monde contemporaine sans dommage pour celle-ci ? Ou bien êtes-vous d'avis qu'il s'agirait là d'une nouvelle révolution copernicienne — et que par conséquent la panique que vous redoutez serait l'expression d'une nécessaire rectification de cette vision du monde ?

D'autre part : y a-t-il lieu, à votre avis, que les responsables prennent des mesures pour éviter des réactions de panique, et quels moyens psychohygiéniques vous sembleraient appropriés pour atteindre ce but ?

Cher Monsieur,

337 *(1437)* Dans ce qui suit je vais essayer de répondre aussi bien que possible à vos questions concernant les « soucoupes volantes ». Les questions 1) et 2) se justifient tout à fait aujourd'hui, dans la mesure où certaines personnalités faisant autorité en la matière et disposant de meilleures informations que moi-même sont d'avis que les phénomènes en question auraient une origine extra-terrestre. Comme dit, je ne peux pas, ou pas encore, partager cette opinion, n'ayant pas été en mesure d'accéder à des données empiriques propres à la fonder. Si toutefois, comme on l'affirme, ces « corps » devaient être d'origine extra-terrestre, c'est-à-dire planétaire (Mars, Vénus), il faut alors tenir compte des observations selon lesquelles certaines « soucoupes » s'élèvent de la mer ou de la terre. A cet égard il faut également prendre en considération le fait que bon nombre de ces descriptions font penser aux phénomènes bien connus de la foudre en boule ou de certains feux follets stationnaires (à ne pas confondre avec les feux Saint-Elme !). Les foudres en boule peuvent, dans certains cas rares, être de taille considérable, elles peuvent prendre l'aspect, par exemple, d'une boule lumineuse jetant autant de clarté qu'un éclair, de la

taille d'une demi-pleine lune, qui se déplace lentement d'un nuage à l'autre, ou bien parcourt une distance d'environ quatre mètres de large et deux cents mètres de long à travers une forêt en pulvérisant tous les arbres sur son passage. Elles sont silencieuses, comme les « soucoupes », et peuvent disparaître sous l'effet du tonnerre. Peut-être la foudre en boule, lorsqu'elle se manifeste sous forme de décharges isolées (les éclairs en chapelet) peut-elle aussi produire ces « soucoupes » disposées en enfilade, déjà photographiées à plusieurs reprises. Les récits font état également d'autres phénomènes de nature électrique se produisant en liaison avec ces « soucoupes ».

Mais si, en dépit de cette possibilité d'explication encore 338 *(1438)*
non confirmée, l'hypothèse d'une origine extra-terrestre de ce phénomène devait s'avérer, ce serait là une preuve de ce qu'il existe entre les planètes un rapport gouverné par une intelligence. Il n'est pas possible d'imaginer ce qu'un tel fait pourrait signifier pour l'humanité. Mais nous nous en trouverions immanquablement transposés dans la situation extrêmement critique qui est actuellement celle des sociétés primitives dans leur conflit avec la culture supérieure de l'homme blanc : le contrôle de la situation nous échapperait, et nous n'aurions alors, comme me le disait un jour un vieux *medicine-man* avec des larmes dans la voix, « plus de rêves », ce qui signifie que nous aurions été fatalement devancés dans le vol ascensionnel que nous accomplissons dans le domaine de l'esprit, et que celui-ci en serait paralysé.

La première conséquence en serait la mise aux oubliettes 339 *(1439)*
de notre science et de notre technique. Quant à la signification d'une pareille catastrophe sur le plan moral, nous pouvons nous en faire une idée en considérant le pitoyable déclin de certaines civilisations primitives tel qu'il se déroule sous nos yeux. Tout le monde s'accorde à penser que la fabrication de telles machines ne peut être que le fait d'une technique scientifique dépassant la nôtre de très loin. De même que la Pax Britannica a mis un terme aux querelles tribales en Afrique, notre monde à nous pourrait replier son rideau de fer et en faire de la ferraille, sans oublier les

millions de tonnes de pièces d'artillerie, de navires de guerre et de munitions. Ce ne serait certes pas si grave, mais nous serions « découverts » et colonisés — ce qui suffirait amplement à susciter une panique universelle !

340 *(1440)* Si l'on veut éviter une semblable catastrophe, il faudrait que les autorités compétentes, qui sont en possession de l'information sur le sujet, n'hésitent pas à éclairer le public aussi rapidement et aussi complètement que possible, et qu'avant toute chose elles en finissent avec leur manie du secret et leurs allusions suggestives. Mais au lieu de cela on a laissé se développer une campagne publicitaire aussi délirante que mensongère — la meilleure condition pour que naissent la panique et les épidémies psychiques !

SUITE DES QUESTIONS COMPLÉMENTAIRES

Votre idée d'idée d'établir un parallèle avec des phénomènes parapsychologiques me semble extrêmement intéressante. Je suppose que vous pensez là à l'ensemble des phénomènes dits spirites.

Vous écrivez qu'en des temps comme les nôtres l'on se tourne vers le ciel pour y chercher du secours. Pensez-vous qu'il pourrait s'agir d'une époque de grand bouleversement de l'histoire, susceptible de provoquer des phénomènes à certains égards comparables ? En d'autres termes : existe-t-il d'autres exemples de visions (ou d'hallucinations) collectives qui se manifesteraient sous une forme analogue ?

Comment expliquez-vous qu'à quelques exceptions près les soucoupes n'aient été observées jusqu'à présent que sur le continent nord-américain ? Croyez-vous que ce fait témoignerait plutôt en faveur d'une origine psychique de ces phénomènes (éventuellement dans le sens d'une variante spécifiquement américaine de « phénomènes spirites ») ou plutôt en celle de leur nature objective ?

341 *(1441)* Réponses aux questions 3), 4), 5) : Il est pratiquement impossible de répondre à votre question concernant l'analogie du phénomène des « soucoupes » avec certains phénomènes parapsychologiques, faute de bases empiriques pro-

pres à confirmer cette hypothèse. Si l'on voulait prendre sérieusement en considération une possibilité de ce genre, il faudrait d'abord établir qu'il existe entre ces phénomènes et certains états psychiques un rapport de causalité, en d'autres termes qu'on aurait, à la place d'un médium individuel, affaire à un groupe de population relativement important qui, sous l'effet de certaines conditions émotionnelles serait capable de produire la même extériorisation d' « énergie » psychique qu'un médium isolé. Nous savons simplement, pour l'instant, qu'il existe des visions collectives. Mais quant à savoir s'il peut y avoir aussi des phénomènes *physiques* à base collective, comme des lévitations, des visions lumineuses, des matérialisations, etc., c'est là une question qui reste ouverte. Pour le moment la référence à la parapsychologie témoigne simplement de la perplexité sans bornes qui règne devant l'état actuel des choses.

Dans cet ordre d'idées je ne puis m'empêcher d'observer 342 *(1442)*
que toute cette problématique soulevée par l' « épidémie de soucoupes volantes » et ressortissant à la psychologie collective se trouve avec notre vision du monde scientifique dans un rapport d'opposition compensatoire. La vision scientifique du monde a aux Etats-Unis une importance peut-être encore plus grande que chez nous. Comme on le sait, elle est essentiellement fondée sur des vérités d'ordre statistique et donc sur la notion de valeurs moyennes. Celles-ci excluent les cas limites se produisant rarement, peu appréciés d'ailleurs des représentants de la science eux-mêmes, parce qu'on ne peut pas les comprendre. De cela résulte une vision du monde entièrement composée de cas normaux. Ceux-ci sont pour l'essentiel, tout comme l' « homme normal », des *fictions,* susceptibles de donner naissance, dans le domaine psychologique tout particulièrement, à de funestes erreurs. Comme — pour parler vite — la réalité se compose essentiellement d'exceptions que l'intellect réduit ensuite à la norme, le tableau coloré du monde fait place à un ensemble de ratiocinations stériles, à une vision aplatie, qui n'ont à offrir à l'âme, dans sa quête d'une compréhension approfondie des choses de l'univers,

que des pierres et pas de pain. Il s'ensuit logiquement une inextinguible soif de l'extraordinaire. Si l'on ajoute à cela la grande défaite de la raison humaine que viennent confirmer chaque jour les nouvelles concernant la politique mondiale et qu'aggrave l'incalculable menace de la bombe à hydrogène, on voit se dessiner à l'échelle mondiale le tableau d'une détresse spirituelle accompagnée de la menace d'un bouleversement psychique dont nous avons des exemples dans le passé, vers les débuts de notre ère, ou lors du grand chaos qui suivit l'an mil, ou encore lors du tournant qui marqua le passage du 15ᵉ au 16ᵉ siècle. Il n'est donc pas étonnant que, comme le rapportent les anciennes chroniques, toutes sortes de signes extraordinaires se manifestent au ciel ou bien qu'on attende de celui-ci une intervention miraculeuse capable de venir en aide à l'impuissance humaine. Ainsi nous pouvons trouver déjà — *mutatis mutandis* — la plupart de nos « observations de soucoupes volantes » dans des récits remontant jusqu'à l'Antiquité, sans toutefois cette fréquence impressionnante qui les caractérise aujourd'hui. Pourtant le passé n'a pas connu la possibilité de détruire des continents entiers offerte de nos jours aux hommes politiques (!).

343 *(1443)* Le phénomène du « Maccarthysme » et l'influence qu'il a exercée témoignent de l'anxiété et du profond sentiment d'insécurité qui règnent au sein du public américain. Voilà pourquoi c'est en Amérique du Nord que l'on voit le plus grand nombre de signes au ciel.

344 *(1444)* Depuis que j'ai été convaincu, au début de ce siècle, que rien de ce qui est plus lourd que l'air ne pouvait voler, et que l'atome était vraisemblablement « atomos » (insécable), je suis devenu très prudent et je répète donc ce que je vous ai écrit au début de notre correspondance : en dépit de ma connaissance assez approfondie de la littérature parue jusqu'ici sur le sujet (six livres et une somme non dénombrée d'articles et d'informations parus dans les journaux, plus deux témoignages oculaires), je ne sais toujours pas quelle peut être la réalité de ces « *flying discs* ». Je ne suis donc pas non plus en mesure de formuler des conclusions, ni de me

former sur le sujet un jugement qui ait quelque fiabilité. Je ne sais pas ce qu'il faut penser de ces phénomènes.

Avec toute ma considération,

Votre très dévoué

JUNG

NOTES

[Lettres adressées à l'hebdomadaire *Weltwoche* XXII/1078 (Zurich, 9 juillet 1954), en réponse à Georg Gersters qui le sollicitait pour une interview. D'autres questions et réponses suivirent, publiées dans la même édition.]

1. [*The War of the Worlds,* adaptation radiophonique du roman de H. G. Wells, par Orson Welles, en 1938. Il s'agit d'une invasion des USA par les martiens.]

COMMUNIQUÉ
À UNITED PRESS INTERNATIONAL

13 août 1958

345 *(1445)* Suite à un communiqué publié dans l'*APRO-Bulletin,* la presse a répandu la nouvelle qu'à mon avis, les OVNI auraient une réalité physique. Cette information est absolument erronée. Dans un essai publié récemment, *Ein moderner Mythos : Von Dingen, die am Himmel gesehen werden* [1], j'ai dit tout à fait expressément que je ne pouvais pas prendre position quant à la question de la réalité ou de l'irréalité des OVNI, ne disposant d'aucune preuve suffisante ni dans un sens ni dans l'autre. C'est pourquoi je me préoccupe exclusivement de l'aspect psychologique du phénomène, car on dispose à cet égard d'un important matériel empirique. J'ai formulé mon point de vue sur la question de la réalité des OVNI dans la phrase suivante : « On voit quelque chose, mais on ne sait pas quoi. » Cette formulation laisse ouverte la question du « voir » : on peut voir quelque chose de matériel ; mais on peut aussi voir quelque chose de psychique. Dans les deux cas il s'agit de réalités, mais elles sont d'un genre différent.

346 *(1446)* Mes relations avec l'APRO (Aerial Phenomena Research Organization) se limitent au fait que l'on m'a aimablement fait parvenir l'*APRO-Bulletin* alors que je collectais du matériel empirique en vue de l'essai mentionné ci-dessus. Lorsque cet organisme me demanda récemment l'autorisa-

tion de me faire figurer parmi ses membres l'honneur, j'acceptai. J'ai envoyé mon livre à l'APRO pour la tenir informée de ma position sur la question des OVNI. L'APRO défend avec beaucoup de zèle et d'idéalisme l'hypothèse d'une réalité physique des OVNI. Je considère son communiqué erroné comme un regrettable incident de parcours.

C. G. JUNG

NOTES

[*Badener Tageblatt,* 29 août 1958.]

1. [Zurich, 1958. Trad. fr. : *Un mythe moderne. Des « signes au ciel »* par Roland Cahen avec la collaboration de René et François Baumann, Paris 1961 et 1980.]

*LETTRE À KEYHOE**

16 août 1958

Major Donald Keyhoe
National Investigation Commitee on Aerial Phenomena
1536 Connecticut Avenue
Washington 6, D.C.

Dear major Keyhoe,

347 *(1447)* Merci beaucoup pour votre gentille lettre ! J'ai lu tout ce que vous avez écrit à propos des OVNI et je me suis abonné au *NICAP-Bulletin.* Je vous suis reconnaissant pour toutes les démarches courageuses que vous avez entreprises pour élucider la difficile question de la réalité des OVNI.

348 *(1448)* L'article paru dans l'*APRO-Bulletin* de juillet 1958, qui a fait couler tant d'encre dans la presse, est malheureusement dépourvu de rigueur. Comme vous le savez je suis psychiatre et psychologue clinicien. Je n'ai jamais vu d'OVNI et ne dispose à ce sujet d'aucune information de première main, pas plus que sur l'attitude douteuse de l'AAF [American Air Force]. Du fait de cette lacune regrettable je suis hors d'état de me former une opinion définitive quant à la nature physique du phénomène des OVNI. En tant qu'homme de science je ne me prononce que sur ce que je peux prouver, et je réserve mon jugement dans tous les cas où je doute de ma compétence. C'est pourquoi j'ai dit : « On voit quelque chose

* Lettre traduite de l'original anglais.

mais on ne sait pas quoi. » Je ne confirme ni n'infirme la réalité du phénomène. On ne peut pourtant mettre en doute qu'il existe au sujet des OVNI une masse de témoignages de toutes sortes. C'est cet aspect du phénomène qui m'intéresse avant tout. Il nous offre bien des possibilités d'en comprendre la portée universelle. Cet intérêt spécifique n'exclut ni la possibilité d'une réalité physique des OVNI, ni celle de leur origine extra-terrestre, pas plus que l'intentionnalité manifestée par leur comportement, etc. Mais je ne dispose pas d'un matériel empirique suffisant pour me permettre de formuler des conclusions définitives. Pourtant les informations qui me sont accessibles sont suffisamment convaincantes pour éveiller en moi un intérêt vif et soutenu. C'est avec la plus grande sympathie que je suis vos courageux efforts pour établir la vérité sur les OVNI.

Même si je suis obligé de suspendre — temporairement, 349 *(1449)*
j'espère — mon jugement quant à la nature des OVNI, j'ai pensé qu'il valait la peine de jeter un éclairage sur l'abondant matériel de productions imaginatives qui s'est accumulé autour de ces étranges observations de phénomènes célestes. Toute expérience nouvelle comporte deux aspects : 1. le fait en lui-même ; 2. la manière dont il est reçu. C'est ce dernier aspect qui m'importe. S'il est vrai que l'AAF ou le gouvernement gardent le secret sur des faits révélateurs, on ne peut que dire alors que c'est là la politique la plus stupide qui soit, et la plus dépourvue de sens psychologique. Rien n'est plus propice à la naissance de rumeurs et à la panique que l'ignorance. Il va de soi que le public devrait être mis au courant de la vérité, car en tout état de cause elle finira bien par apparaître au grand jour. Rien ne saurait produire un plus grand choc que la bombe H, et pourtant tout le monde sait à quoi s'en tenir sans défaillir pour autant.

Pour ce qui est de votre question sur une éventuelle hostilité 350 *(1450)*
des OVNI à notre égard, il me faut insister sur le fait que je ne possède à leur sujet aucune autre information que celles que tout un chacun peut se procurer dans les publications s'y rapportant. Telle est la raison pour laquelle je suis fort éloigné de toute certitude concernant la réalité physique des OVNI.

351 *(1451)* Je vous remercie pour votre aimable offre de me faire parvenir les extraits de presse. J'en ai suffisamment. Il est curieux de constater que chaque fois que je fais une déclaration, celle-ci est immédiatement déformée ou falsifiée. La presse semble trouver plus de plaisir aux mensonges qu'à la vérité. Bien à vous, dear major,

C. G. JUNG

BIBLIOGRAPHIE

A. RECUEILS D'ANCIENS TRAITÉS ALCHIMIQUES DE DIVERS AUTEURS

ARS CHEMICA, quod sit licita exercentibus, probationes doctissimorum iurisconsultorum, Strasbourg, 1556.

I Septem tractatus seu capitula Hermetis Trismegsiti, aurei (pp. 7-31) : *Tractatus aureus.*

ARTIS AURIFERAE, quam chemiam vocant, etc. 2 volumes. Bâle, 1593.

Vol. I

I Allegoriae super librum Turbae (pp. 139-145).

II *Aurora consurgens :* quae dicitur aurea hora (pp. 185-246; IIᵉ partie seulement).

III Rosinus ad Sarratantam episcopum (pp. 277-319).

IV Liber secretorum alchemiae compositus per Calid filium Iazichi (pp. 325-351).

V Tractatus Aristotelis de practica lapidis philosophici (pp. 361-373).

VI Rachaidibi, Veradiani, Rhodiani, et Kanidis regis Persarum : De materia philosophici lapidis, acutissime colloquentium fragmentum (pp. 397-404).

VII Liber de arte chimica incerti authoris (pp. 575-631).

Vol. II

VIII *Rosarium philosophorum* (pp. 204-384; contient

une deuxième version de la *Visio Arislei,* p. 246 sq. Une autre édition d'*Artis auriferae,* citée à l'occasion dans ce volume, parut à Bâle en 1572 et contient le *Tractatus aureus,* p. 641 sq).

BIBLIOTHECA CHEMICA CURIOSA seu rerum ad alchemiam pertinentium thesaurus instructissimus. Ed. par Johannes Jacobus Mangetus. 2 volumes. Genève, 1702.

Vol. I — I Hermes Trismegistus : *Tractatus aureus* de lapidis physici secreto (pp. 400-445).

II Morienus : Liber de compositione alchemiae (pp. 509-519).

Vol. II — III Sendivogius : Epistola XIII (p. 496).

THEATRUM CHEMICUM, praecipuos selectorum auctorum tractatus... continens. Volumes I-III, Ursel, 1602; Volume IV, Strasbourg, 1613; Volume V, 1622; Volume VI, 1661.

Vol. I — I Dorneus : *Speculativa philosophia,* gradus septem vel decem continens (pp. 235-310).

II Dorneus : De tenebris contra naturam et vita brevi (pp. 518-535).

III Dorneus : De transmutatione metallorum (pp. 563-646).

Vol. II — IV Dee : Monas hieroglyphica (pp. 218-243).

Vol. IV — V Hermetis Trismegisti Tractatus vere aureus de lapidis philosophici secreto (pp. 672-797) : *Tractatus aureus.*

VI David Lagneus : Harmonia seu Consensus philosophorum chemicorum (pp. 813-903) : *Harmonia chemica.*

Vol. V — VII Mennens : De aureo vellere... libri tres (pp. 267-470).

B. BIGLIOGRAPHIE GÉNÉRALE

ABRAHAM ELEAZAR (Abraham le Juif) : *Uraltes chymisches Werk, etc.* 2e édition, Leipzig, 1760.

Adumbratio Kabbalae Christianae, id est, Syncatabasis Hebraizans, sive brevis applicatio doctrinae Hebraeorum cabbalisticae et dogmata novi Foederis, etc., Francfort-sur-le-Main, 1634.

AKSAKOW, Alexander N. : *Animismus und Spiritismus. Versuch einer kritischen Prüfung der mediumnistischen Phänomene mit besonderer Berücksichtigung der Hypothesen der Hallucination und des Unbewußten*, 2e édition, Leipzig, 1894.

ALDROVANDUS, Ulysses (Ulisse Aldrovandi) : *Dendrologiae naturalis scilicet arborum historiae libri*, Francfort, 1671.

Amitāyur-dhyāna-Sūtra in : *Buddhist Mahāyāna-Sūtras*, part. II. Traduit par Max Müller et Jungjiro Takakusu. (Sacred Books of the East 49) Oxford, 1894.

AMMIANUS MARCELLINUS : *History*. Transl. (Loeb Classical Library) Londres et Cambridge. Mass, 1956.

(ANONYME) : *Die Tyroler ekstatischen Jungfrauen. Leitsterne in die dunkeln Gebiete der Mystik*. Ratisbonne, 1843.

APTOWITZER, Victor : *Arabisch-jüdische Schöpfungstheorien*. In : *Hebrew Union College Annual* (Cincinnati, 1929), pp. 205-246.

Apokryphen, Neutestamentliche. Ed. par Edgar Hennecke et coll. 2e édition, Tübingen, 1924.

(APULÉE :) *Lucii Apulei Madaurensis Platonici philosophi opera*. Vol. I : *Metamorphoses sive De asino aureo*. Altenburg 1778. All. : *Die Metamorphosen oder Der goldene Esel*. Traduit par August Rode et Hanns Floerke. Munich et Leipzig, 1909.

ARISLEUS : cf. *Visio Arislei*. (A) Artis Auriferae, VIII.

Aurea hora : cf. *Aurora consurgens*.

Aurora consurgens : cf. (A) Artis Auriferae, II.

ADLER, G. : *Studies in Analytical Psychology* (sans autre réf.).

BALLET, Gilbert : *Swedenborg. Histoire d'un visionnaire au* XVIIIe siècle. Paris, 1899.

BÄNZINGER : *Persönliches und Archetypisches im Individuations prozeß* (sans autre réf.).

BAUMGARTNER, Matthias : *Die Philosophie des Alanus de Insulis. Im Zusammenhange mit den Anschauungen des 12. Jahrhunderts dargestellt*. (Beiträge zur Philosophie des Mittelalters. Texte und Untersuchungen, II/4) Münster, 1896.

BERTHELOT, Marcellin : *La Chimie au Moyen Age*. 3 volumes. (Histoire des Sciences), Paris, 1893.

— *Collection des anciens alchimistes grecs*. Paris, 1887-1888.

Bible, La Sainte. Edition Louis Segond (sauf indic. contraire).

BIN GORION, Micha Joseph (pseudonyme de Micha Joseph Berdyczewski) : cf. Born Judas.

BÖHME, Jacob : *Des gottseligen, hochleuchteten J'B' Teutonici Philosophi alle Theosophischen Schriften*. 3 volumes. Amsterdam, 1682.

— *De signatura rerum. Das ist : Von der Geburt und Bezeichnung aller Wesen*.

— *(Drey Principia). Beschreibung der drei Principien göttlichen Wesens.*
— *Hohe und tiefe Gründe von dem dreyfachen Leben des Menschen.*
— *Tabulae principiorum.*
— *(Quaestiones theosophicae) Theosophische Fragen in Betrachtung göttlicher Offenbarung.*
— *Viertzig Fragen von der Seelen Vrstand, Essenz, Wesen, Natur und Eigenschafft, was sie von Ewigkeit in Ewigkeit sey. Verfasset von Dr. Balthasar Walter, Liebhaber der grossen Geheimnüssen, und beantwortet durch J'B'.*
— *Das umbgewandte Auge.* (Annexe du vol. II.)
— *Vom himmlischen und irdischen Mysterium.*
— *Aurora, oder Morgenröthe im Aufgang. Sämtliche Werke,* éd. Stuttgart, 1835, vol. I.

BORN JUDAS, DER : *Legenden, Märchen und Erzählungen. Gesammelt von M. J. bin Gorion.* 6 vol. 2e édition, Leipzig, 1916-1923. Vol. III (1919) : *Mären und Lehren.*

BOUCHÉ-LECLERCQ, Auguste : *L'Astrologie grecque.* Paris, 1899.

BOUSSET, Wilhelm : *Hauptprobleme der Gnosis.* (Forschungen zur Religion und Literatur des Alten und Neuen Testaments X), Göttingen, 1907.

BOZZANO, Ernesto : *Populi primitivi e manifestazioni supernormali.* Verone, 1941.

BUDGE, E. A. Wallis : *The Gods of the Egyptians or Studies in Egyptian Mythology.* 2 vol. Londres, 1911.

CAESARIUS HAESTERBACENSIS (Césarius d'Heisterbach) : *Dialogus miraculorum.* Edité par Josephus Strange. Cologne, Bonn et Bruxelles, 1851.

CAPRON, E. W. : *Modern Spiritualism. Its Facts and Fanaticisms, Its Consistencies and Contradictions.* New York et Boston, 1885.

CASSINI, Jacques Dominique, Comte de Thiry : *Les Tables parlantes au point de vue de la physique générale.* Genève, 1855.

CAUSSINUS, Nicolaus : *De symbolica Aegyptiorum sapientia.* Cologne, 1623.
— *Polyhistor symbolicus.* Cologne, 1623.

CICERO (Marcus Tullius) : *De natura deorum : Academica.* With an English text by H. Rackham (Loeb Classical Library), Londres et New York, 1933.

Coran, Le, traduit par Kasimirski, préface de M. Arkoun. Paris, Garnier-Flammarion, 1970.

CROOKES, William : *Notes on an Enquiry into the Phenomena called Spiritual, during the years 1870-1873.* In : *Quarterly Journal of Science* XI, n.s. IV, Londres, 1874.

CUMONT, Franz : *Textes et monuments figurés relatifs aux mystères de Mithra.* 2 vol. Bruxelles, 1896-1899.

Cvetâçvatara-Upanishad : Cf. Deussen, *Sechzig Upanishad's des Veda.*

DE GUBERNATIS, Angelo : Cf. Gubernatis.

DE JONG, K. H. E. : *Das antike Mysterienwesen in religionsgeschichtlicher, ethnologischer und psychologischer Beleuchtung.* Leyde, 1909.

DELATTE, Louis : *Textes latins et vieux français relatifs aux Cyranides.* (Bibliothèque de la Faculté de Philosophie et Lettres de l'Université de Liège CXIII) Lüttich, 1942.

DEUSSEN, Paul : *Sechzig Upanishad's des Veda. Aus dem Sanskrit übersetzt und mit Einleitungen und Anmerkungen versehen.* 3e édition, Leipzig, 1938.

DIELS, Hermann : *Die Fragmente der Vorsokratiker griechisch und deutsch.* 2 vol. 3e édition, Berlin, 1912.

EISLER, Robert : *Weltenmantel und Himmelszelt. Religionsgeschichtliche Untersuchungen zur Urgeschichte des antiken Weltbildes.* 2 vol. Munich, 1910.

ELEAZAR, ABRAHAM : cf. Abraham Eleazar.

ERMAN, Adolf : *A Handbook of Egyptian Religion.* Londres, 1926.

FICINUS, Marsilius : *Auctores Platonici.* Venise, 1497.

FIERZ-DAVID, Linda : *Der Liebestraum des Poliphilo. Ein Beitrag zur Psychologie der Renaissance und der Moderne.* Rhein-Verlag, Zurich, 1947.

FREUD, Sigmund und C. G. JUNG : *Briefwechsel.* Edité par William McGuire et Wolfgang Sauerländer. Francfort-sur-le-Main, 1974.

FROBENIUS, Leo : *Schicksalskunde (Schriften zur Schicksalskunde V)* Weimar, 1938.

GARBE, Richard : *Die Sâmkhya-Philosophie. Eine Darstellung des indischen Rationalismus.* 2e édition revue et corrigée, Leipzig, 1917.

GESSMANN, Gustav Wilhelm : *Die Geheimsymbole der Alchymie, Arzneikunde und Astrologie des Mittelalters. Eine Zusammenstellung der von den Mystikern und Alchemisten gebrauchten geheimen Zeichenschrift, nebst einem kurzgefaßten geheimwissenschaftlichen Lexikon.* 2e édition, Berlin, 1922.

GOETHE, Johann Wolfgang von : *Werke.* Edition complète, 31 vol. Cotta, Stuttgart, 1827-1834.

— *Faust. Eine Tragödie.* 1re partie in vol. XII (1828). 2e partie in vol. XLI (1833). Egalement dans l'édition complète Insel, Leipzig, 1942. Traduction française par Henri Lichtenberger. 3 vol. Aubier, Paris, 1932.

GÖRRES, Johann Josef von : *Die christliche Mystik.* 4 vol. Regensburg et Landshut, 1836-1842.
GUBERNATIS, Angelo de : *Die Thiere in der indogermanischen Mythologie.* Traduction. En deux parties. Leipzig, 1874.
GURNEY, Edmund, Frederic W. MYERS, et Frank PODMORE : *Phantasms of the Living.* 2 vol. Londres, 1886.
— *Handwörterbuch des deutschen Aberglaubens.* Edité par Hanns Bächtold-Stäubli et coll. 10 vol. Berlin, 1927-1942.
HARDING, Esther : *Das Geheimnis der Seele. Ursprung und Ziel der psychischen Energie.* Traduction. Préface de C. G. Jung. Rhein-Verlag, Zurich, 1948.
HIPPOLYTUS (Hippolyte de Rome, saint) : *Elenchos (= Refutatio omnium haeresium).* Edité par Paul Wendland. *(Die griechischen christlichen Schriftsteller der ersten drei Jahrhunderte)*, Leipzig, 1906.
HÖLDERLIN, Friedrich : *Sämtliche Werke.* Insel Leipzig (s.d.).
— *Gesammelte Werke.* 3 vol. Iéna, 1909. (Vol. II : *Gedichte.*)
HOLLANDUS, Ioannis Isaacus : *Opera mineralia, sive de lapide philosophico, omnia, duobus libris comprehensa.* Middelburg, 1600.
HORNEFFER, Ernst : *Nietzsches Lehre von der Ewigen Wiederkunft und deren bisherige Veröffentlichung.* Leipzig, 1900.
HORUS APOLLO : *Selecta hieroglyphica, sive sacrae notae Aegyptiorum, et insculptae imagines.* Rome, 1597.
I Ging. Das Buch der Wandlungen. Edité par Richard Wilhelm. Iéna, 1924. Trad. franç. par E. Perrot, Paris, Librairie de Médicis, 1973.
IZQUIERDO, Sebastiano (Alcarenze Societatis Iesu) : *Praxis exercitiorum spiritualium P. N. S. Ignatii,* Rome, 1695.
JAFFÉ, Aniela : *Bilder und Symbole aus E. T. A. Hoffmanns Märchen « Der goldne Topf »*, in : Jung, *Gestaltungen des Unbewußten.*
JANET, Pierre : *Les Névroses* (Bibliothèque de philosophie scientifique), Paris, 1919 (1re éd. 1909).
JUNG *, Carl Gustav · *Aion. Untersuchungen zur Symbolgeschichte. (Psychologische Abhandlungen VIII)*, Rascher, Zurich 1951 (G.W.IX, 2, 1976). Trad. franç. par E. Perrot et M. M. Louzier-Sahler, *Aïon, études sur la phénoménologie du soi,* Paris, Albin Michel, 1983.
— *Die Beziehungen zwischen dem Ich und dem Unbewußten.* Reichl, Darmstadt, 1928 (G.W. VII, 1964). trad. franç. *Dialectique du Moi et de l'Inconscient,* par R. Cahen. Paris, Gallimard (Les Essais XIII), 1964.

* Les dates mentionnées sont celles de la première publication de l'œuvre, en édition séparée d'une part, dans les œuvres complètes (*G.W.*) d'autre part.

— *Einige Bemerkungen zu den Visionen des Zosimos.* In : *Eranos-Jahrbuch,* 1937. Rhein-Verlag Zurich, 1938. Réédition augmentée in : *Von den Wurzeln des Bewußtseins.* Cf. ce titre.
— *Der Geist Mercurius.* In : *Eranos-Jahrbuch,* 1942. Rhein-Verlag, Zurich, 1943. G.W. XIII, 1978. Trad. franç. à paraître en 1990, Paris, Albin Michel.
— *Der Geist der Psychologie.* In : *Eranos-Jahrbuch,* 1946. Rhein-Verlag Zurich, 1947. Version ultérieure : *Theoretische Überlegungen zum Wesen des Psychischen.* Cf. ce titre.
— *Gestaltungen des Unbewußten (Psychologische Abhandlungen VII),* Rascher, Zurich, 1950. (Cf. G.W. XV et XVIII/2.)
— *Ein moderner Mythus. Von Dingen, die am Himmel gesehen werden.* Zurich, 1958 (G.W.X., 1974). Trad. franç. : *Un mythe moderne. Des signes au ciel.* Par R. Cahen. Paris, Gallimard (Les Essais XCVIII), 1961. Rééd. Robert Laffont, 1980.
— *Kommentar zu « Das Geheimnis der Goldenen Blüte ».* En coll. avec Richard Wilhelm, Munich, 1929. (G.W.XIII, 1978.) Trad. franç. *Commentaire sur le Mystère de la Fleur d'Or,* par E. Perrot, Paris, Albin Michel, 1979.
— *Paracelsica. Zwei Vorlesungen über den Arzt und Philosophen Theonphrastus.* Rascher, Zurich, 1942 (*Paracelsus als geistige Erscheinung,* G.W.XIII, 1978). Trad. franç. in *Synchronicité et Paracelsica,* par Ch. Maillard, Paris, Albin Michel, 1988.
— *Psychologie und Alchemie. (Psychologische Abhandlungen V).* Rascher, Zurich, 1944. (G.W.XII, 1972.) Trad. franç. *Psychologie et Alchimie,* par E. Perrot et Roland Cahen, Paris, Buchet-Chastel, 1952.
— *Psychologie und Religion. Die Terry-Lectures,* Yale University, 1937. Rascher, Zurich, 1940. (G.W.XI, 1963.) Trad. franç. *Psychologie et Religion,* par M. Bernson et G. Cahen, Paris, Buchet-Chastel, 1958.
— *Psychologische Typen.* Rascher, Zurich, 1921. (G.W.VI 1960.) Trad. franç. *Types psychologiques,* par Y. Le Lay, Genève, Georg, 1950.
— *Die Psychologie der Übertragung. Erläutert an Hand einer alchemistischen Bilderserie, für Ärzte und praktische Psychologen.* Rascher, Zurich, 1946. (G.W.XVI, 1958.) Trad. franç. *La Psychologie du transfert,* par E. Perrot, Paris, Albin Michel, 1980.
— *Die psychologischen Grundlagen des Geisterglaubens.* In : *Über die Energetik der Seele.* Cf. ce titre. (G.W.VIII, 1967 et 1976.) Trad. franç. in *Phénomènes occultes,* par E. Godet et Y. Le Lay, Paris, Aubier, 1939.

— *Seele und Tod.* In : *Europäische Revue* X/4 (Berlin 1934) pp. 229-238. (G.W.VIII 1967 et 1976.) Trad. franç. *Ame et mort,* par E. Godet et Y. Le Lay, in *Phénomènes occultes,* Paris, Montaigne (Aubier), 1939.
— *Seminare. Kinderträume.* Walter-Verlag, Olten, 1987.
— *Symbole der Wandlung. Analyse des Vorspiels zu einer Schizophrenie.* Rascher, Zurich, 1952. 4ᵉ édition revue et corrigée de *Wandlungen und Symbole der Libido* (1912). (G.W.V., 1973.) Trad. franç. *Métamorphoses de l'âme et ses symboles,* par Y. Le Lay, Paris, Buchet-Chastel, 1953.
— *Theoretische Überlegungen zum Wesen des Psychischen.* Première parution sous le titre *Der Geist der Psychologie* in : *Eranos-Jahrbuch,* 1946. Rhein-Verlag, Zurich, 1947 Puis in : *Von den Wurzeln des Bewußtseins.* Voir ce titre.
— *Die transzendente Funktion.* Manuscrit 1916 (G.W.VIII, 1967 et 1976.) Trad. franç. dans le présent volume.
— *Über die Psychologie des Unbewußten.* Rascher, Zurich, 1943. (G.W.VII, 1964.) Trad. franç. *Psychologie de l'inconscient,* par R. Cahen, Genève, Georg et Paris, Buchet-Chastel, 1963.
— *Über die Energetik der Seele (Psychologische Abhandlungen II),* Zurich, 1928. (G.W.VIII 1967 et 1976.) Trad. franç. *L'Energétique psychique,* par Y. Le Lay, Genève, Georg et Paris, Albin Michel, 1956.
— *Über das Verhalten der Reaktionszeit beim Assoziationsexperiment.* In : *Journal für Psychologie und Neurologie* VI/1 (Leipzig 1905) pp. 1-36 (G.W.II, 1979).
— *Versuch einer psychologischen Deutung des Trinitätsdogmas.* In : *Symbolik des Geistes. Studien über psychische Phänomenologie. (Psychologische Abhandlungen VI),* Rascher, Zurich, 1948. (G.W.XI, 1963 et 1973.) Trad. franç. du chapitre : *Le problème du quatrième,* par Y. Le Lay, in La Table Ronde, Paris XII 1957 et I 1958.
— *Die Visionen des Zosimos.* Cf. *Einige Bemerkungen zu den Visionen des Zosimos.*
— *Das Wandlungssymbol in der Messe.* In : *Eranos-Jahrbuch,* 1940/41. Rhein-Verlag, Zurich, 1942. Repris in : *Von den Wurzeln des Bewußtseins.* Voir ce titre. (G.W.XI, 1963 et 1973.)
— *Von den Wurzeln des Bewußtseins. Studien über den Archetypus. (Psychologische Abhandlungen IX),* Rascher, Zurich, 1954. Textes répartis in G.W.VIII, IX/1, XI et XIII. Trad. franç. *Les Racines de la conscience,* par Y. Le Lay et E. Perrot, Paris, Buchet-Chastel, 1971.
— *Zür Phänomenologie des Geistes im Märchen.* Voir *Symbolik des Geistes.* (G.W.IX/1, 1976.) Trad. franç. à paraître 1990, Paris, Albin Michel.

— *Zur Psychologie östlicher Meditation.* In : *Mitteilungen der Schweizerischen Gesellschaft der Freunde ostasiatischer, Kultur* V (Berne 1943) pp. 33-53. Repris in : *Symbolik des Geistes.* Voir ce titre. (G.W.XI 1963 et 1973.) Trad. franç. in *Psychologie et orientalisme,* par P. Kessler, R. Rochlitz et J. Rigal, Paris, Albin Michel, 1984.

— *Zur Psychologie und Pathologie sogenannter okkulter Phänomene. Eine psychiatrische Studie.* Thèse. Oswald Mutze, Leipzig, 1902. (G.W.I., 1966.) Trad. franç. *Phénomènes occultes,* par E. Godet et Y. Le Lay, Paris, Montaigne (Aubier), 1939.

JUNG, Emma : *Ein Beitrag zum Problem des Animus.* In : Jung, C. G. *Wirklichkeit der Seele. Anwendungen und Fortschritte der neueren Psychologie. (Psychologische Abhandlungen IV),* Rascher, Zurich, 1934.

— *Kabbala denudata :* Cf. Knorr von Rosenroth.

KANT, Immanuel : *Träume eines Geistersehers, erläutert durch Träume der Metaphysik.* Ed. par Karl Kehrbach. Leipzig (s.d.).

KARDEC, Allan : *Das Buch der Medien oder Wegweiser der Medien und der Anrufer, etc.* (Trad. all.), 2e éd., Leipzig, 1891.

KERENYI, Karl : *Hermes der Seelenführer. Das Mythologem vom männlichen Lebensursprung.* In : *Eranos-Jahrbuch,* 1942. Rhein-Verlag, Zurich, 1943. Seconde publication : *Albae Vigiliae,* nouvelle série, cahier 1, Rhein-Verlag, Zurich, 1944.

KERNER, Justinus : *Die Geschichte des Thomas Ignaz Martin, Landsmanns zu Gallardon, über Frankreich und dessen Zukunft im Jahre 1816 geschaut.* Heilbronn, 1835.

— *Die somnambulen Tische. Zur Geschichte und Erklärung dieser Erscheinung.* Stuttgart, 1853.

— *Die Seherin von Prevorst.* 2 vol. Stuttgart et Tübingen, 1829.

KEYHOE, Donald Edward : *Flying Saucers from Outer Space.* New York, 1953, Londres, 1954.

KEYSERLING, Graf Hermann : *Südamerikanische Meditationen.* Stuttgart, 1932.

KNORR VON ROSENROTH, Christian [Hg] : *Kabbala denudata seu Doctrina Hebraorum,* 2 vol. Sulzbach et Francfort, 1677/84.

KRAFFT-EBBING, Richard von : *Lehrbuch der Psychiatrie auf klinischer Grundlage für praktische Ärzte und Studirende* (sic). 4e édition, Stuttgart, 1890.

KHUNRATH, Henricus : *Von hylealischen, das ist, primaterialischen catholischen oder algemeinem natürlichen Chaos.* Magdebourg, 1597.

LACTANTIUS FIRMIANUS : *Opera omnia.* Ed. par Samuel Brandt et Georg Laubmann. *(Corpus scriptorum ecclesiasiticorum Latinorum),* 3 vol. Vienne, 1890-1897.

LAGNEUS, David : Cf. (A) Theatrum Chemicum, IV.
LE BON, Gustave : *Psychologie der Massen.* Traduit du français : *La psychologie des masses. (Philosophisch-soziologische Bücherei* II*)*, 2e édition revue et corrigée. Leipzig, 1902.
LEVY-BRUHL, Lucien : *La Mythologie primitive. Le monde mythique des Australiens et des Papous* (Travaux de l'année sociologique), 2e édition, Paris, 1935.
LU-CH'IANG-WU et Tenney L. DAVIS : *An ancient Chinese treatise on alchemy entitled Ts'an T'ung Ch'i.* In : *Isis. International Review devoted to the History of Science and Civilisation* XVIII, Bruges, 1932.
LÜDY, F. : *Alchemistische und chemische Zeichen.* Stuttgart, 1928.
MAIER, Michael(is) : *De circulo physico, quadrato, hoc est auro, etc.* Oppenheim, 1616.
MANGETUS, Jacobus Johannes : cf. (A) Bibliotheca Chemica Curiosa.
MATTHEWS, Washington : *The Mountain Chant.* In : *Fifth Annual Report of the U.S. Bureau of American Ethnology*, Washington, 1887, pp. 379-467.
MEIER, C. A. : *Antike Inkubation und moderne Psychotherapie. (Studien aus dem C. G. Jung-Institut Zurich I)*, Zurich, 1949.
— *Spontanmanifestationen des kollektiven Unbewußten.* In : *Zentralblatt für Psychotherapie und ihre Grenzgebiete* XI/5, Leipzig, 1939, pp. 284-303. Repris dans C. A. Meier, *Experiment und Symbol*, Olten, Walter, 1975.
MENNENS, Gulielmus : Cf. (A) Theatrum Chemicum, VII.
MOSER, Fanny : *Der Okkultismus. Täuschungen und Tatsachen.* 2 vol. Zurich, 1935.
MYLIUS, Johann Daniel : *Philosophia reformata continens libros binos.* Francfort, 1622.
NEUMANN, Erich : *Tiefenpsychologie und neue Ethik.* Rascher, Zurich, 1949.
NEUMANN, Karl Eugen : Cf. *Reden, Die, des Gotamo Buddho's.*
NIETZSCHE, Friedrich : *Werke.* 16 vol. Leipzig, 1899-1911.
— *Also sprach Zarathustra. Ein Buch für Alle und Keinen.* (vol. VI).
ORANDUS EIRENAEUS : *Nicholas Flammel, His Exposition of the Hieroglyphicall Figures, etc.*, Londres, 1624.
Papyri Graecae magicae. Die griechischen Zauberpapyri. Edités et traduits par Karl Preisendanz et coll.; 2 vol. Berlin, 1928/31.
PICINELLUS (Picinello), Philippus : *Mundus symbolicus.* Cologne. 1683

PLATON : *Gastmahl (= Le Banquet)*. Traduction allemande de Rudolf Kassner. 2e édition, Iéna, 1906.

PREISENDANZ, Karl : Cf. *Papyri Graecae magicae.*

PROPERTIUS : *Catullus, Tibullus, Propertius, cum Galli fragmentis et pervigilio veneris,* etc. *Studiis Societatis Bipontinae.* Biponti, 1783.

RAHNER, Hugo : *Die seelenheilende Blume. Moly und Mandragore in antiker und christlicher Symbolik.* In : *Eranos-Jahrbuch,* 1944. Rhein-Verlag, Zurich, 1945. Mélanges pour le 70e anniversaire de C. G. Jung.

Realencyclopädie für protestantische Theologie und Kirche. Ed. par Albert Hauck. 3e édition. 24 vol. Leipzig, 1896-1913.

Reden, Die, des Gotamo Buddho's aus der Sammlung der Bruchstücke Suttanipāto des Pāli-Kanons. Traduit par Karl Neumann. Leipzig, 1905.

REITZENSTEIN, Richard : *Poimandres. Studien zur griechischägyptischen und frühchristlcichen Literatur.* Leipzig, 1904.

RHINE, J. B. : *New Frontiers of the Mind.* Londres, 1937. All : *Neuland der Seel.* Zurich, 1938.

— *The Personality of Man.* 1945 (s.l.).

— *The Reach of the Mind.* New York et Londres, 1948.

RIESSLER, Paul (éd.) : *Jüdisches Schrifttum außerhalb der Bibel.* Augsbourg, 1928.

ROSCHER, Wilhelm Heinrich : *Ausführliches Lexikon der griechischen und römischen Mythologie.* 11 vol. Leipzig, 1884-1890.

RULAND (US), Martin(us) : *Lexicon alchimiae sive dictionarium alchemisticum.* Francfort, 1612.

Samyutta-Nikāya. Die in Gruppen geordnete Sammlung aus dem Pāli-Kanon der Buddhisten. Première traduction allemande de Wilhelm Geiger. Vol. I, Munich, 1930.

SAND, George : *Œuvres autobiographiques.* 2 vol. NRF, Paris, 1970-71.

SCHOPENHAUER, Arthur : *Aphorismen zur Lebensweisheit.* In : *Parerga und Paralipomena. Kleine philosophische Schriften.* Ed. par R. von Koeber. 2 vol. (en un), Berlin, 1891.

— *Die Welt als Wille und Vorstellung.* Ed. par Eduard Grisebach. 2 vol. Reclam, Leipzig, 1891.

SENDIVOGIUS, Michael : *Epistola XIII ;* cf. (A) Bibliotheca Chemica Curiosa.

— *Septem tractatus seu capitula Hermetis Trismegisti ;* cf. (A) Ars Chemica.

SPENCER, Baldwin et F. J. GILLEN : *The Northern Tribes of Central Australia.* Londres, 1904.

STADE, Bernhard : *Biblische Theologie des Alten Testaments.* Vol. I. Tübingen, 1905.

STEVENSON, James : *Ceremonial of Hasjelti Dailjis and Mythical Sand Painting of the Navaho Indians.* In : *Eighth Annual Report of the U.S. Bureau of American Ethnology 1886-87,* Washington, 1891, pp. 229-285.

SUZUKI, Daisetz Teitaro : *Die große Befreiung. Einführung in den Zen-Buddhismus.* Préface de C. G. Jung. Leipzig, 1939. Trad. franç. *Introduction au bouddhisme zen.* Paris, Buchet-Chastel, 1978.

THIRY, comte de : Cf. Cassini.

TONQUEDEC, Joseph de : *Les Maladies nerveuses et mentales et les manifestations diaboliques.* Précédé d'une lettre de S. E. le Cardinal Verdier. 3e édition. Paris, 1938.

VOLLERS, Karl : *Chidher.* In : *Archiv für Religionswissenschaft* XII, Leipzig, 1909, pp. 234-284.

WELLS, Herbert George : *The War of Worlds.* Londres, 1898.

WHITE, Stewart Edward : *Across the Unknown.* New York, 1939.

— *The Betty Book. Excursions into the World of Other-Consciousness. Made by Betty between 1919 and 1936.* New York, 1937, Londres, 1945.

— *The Road I Know,* New York, 1942, Londres, 1951.

— *The Unobstructed Universe.* New York, 1940, Londres, 1949. All : *Uneingeschränktes Weltall.* Préface de C. G. Jung. Zurich, 1948.

WILHELM, Richard et C. G. JUNG : *Das Geheimnis der Goldenen Blüte. Ein chinesisches Lebensbuch. Mit einem europäischen Kommentar von C. G. JUNG.* Dorn-Verlag, Munich, 1929. Préface de JUNG in G. W. XIII.

— Cf. I Ging.

INDEX DES NOMS DE PERSONNES

INDEX THÉMATIQUE

TABLE

Edition Albin Michel
22, rue Huyghens, 75014 Paris
www.albin-michel.fr

Dépôt légal : avril 1990
Achevé d'imprimer en France en juillet 2026
par Dupliprint à Domont (95)
N° d'impression : 2026072295 - N° d'édition : 6020804